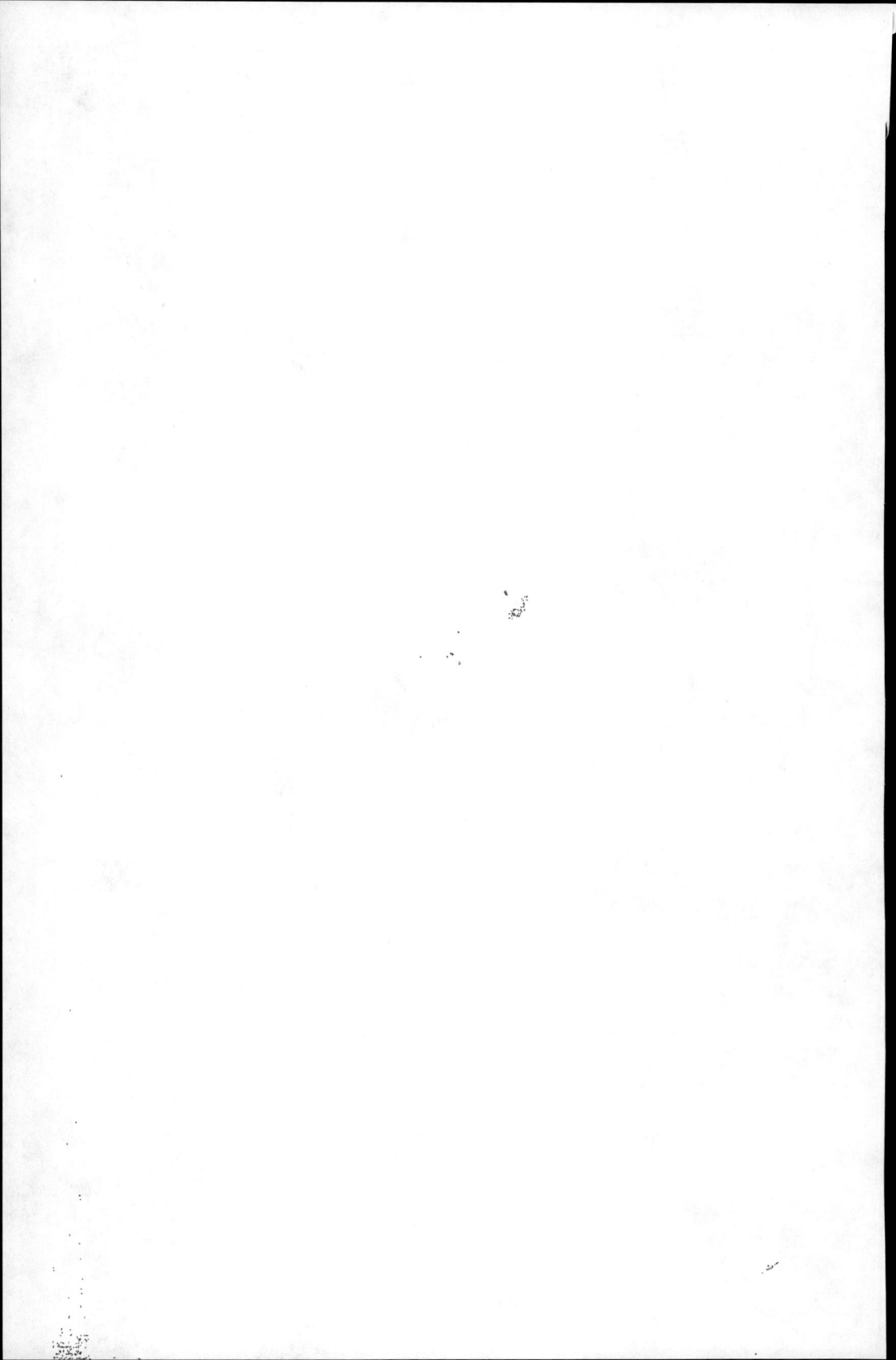

À conserver

S. 1190
7 B. a.

TRAITÉ

SUR LA

CULTURE DE LA VIGNE.

TRAITÉ

THÉORIQUE ET PRATIQUE

SUR LA CULTURE DE LA VIGNE,

AVEC

L'ART DE FAIRE LE VIN,

LES EAUX-DE-VIE, ESPRIT-DE-VIN,

VINAIGRES SIMPLES ET COMPOSÉS;

Par le Cen. CHAPTAL, Ministre de l'Intérieur, Conseiller d'État, membre de l'Institut national de France ; des Sociétés d'Agriculture des Départemens de la Seine , de l'Hérault, du Morbihan ; etc. M. l'Abbé ROZIER, membre de plusieurs Académies, auteur du *Cours Complet d'Agriculture*; les Cens. PARMENTIER, de l'Institut national ; et DUSSIEUX, de la Société d'Agriculture de Paris.

Ouvrage dans lequel se trouvent les meilleures méthodes pour faire, gouverner et perfectionner les VINS et EAUX-DE-VIE ; avec XXI Planches représentant les diverses espèces de Vignes; les Machines et Instrumens servant à la fabrication des Vins et Eaux-de-vie.

TOME PREMIER.

A PARIS,

Chez DELALAIN, fils , libraire, quai des Augustins, n°. 29.

DE L'IMPRIMERIE DE MARCHANT.

AN IX. — 1801.

INTRODUCTION.

Sı les travaux et les écrits des hommes de génie qui consacrent leurs talens au perfectionnement de l'agriculture et des arts, et qui enseignent l'emploi des productions de la nature, sont une source de prospérités et de richesses pour les nations et les siècles qui les ont vu naître, il est peu d'agronomes aussi dignes de la reconnoissance et de l'estime de leurs contemporains que M. l'abbé *Rozier*.

L'agriculture fut de bonne heure sa passion dominante, la nature son premier maître, l'expérience son guide; et ce fut toujours par ses observations propres qu'il apprécia le mérite des théories et des pratiques de ceux qui l'avoient précédé. La chaîne indissoluble qui unit l'art de la culture à toutes les sciences physiques et naturelles l'engagea à étudier celles-ci avec une attention particulière, persuadé qu'un cultivateur est toujours incertain sur le succès des méthodes qu'il emploie, s'il ne sait pas connoître les causes naturelles des phénomènes dont ses yeux sont témoins.

La culture de la vigne fixa son attention d'une manière particulière. La chaleur tempérée de l'heureux climat de la France, l'excellente exposition de ses riches coteaux, la délicatesse et le parfum de ses vins, leur spirituosité qui leur permet de traverser les mers et d'être convertis en eau-de-vie, le commerce immense qui s'en fait dans tout l'univers, concoururent à lui prouver que les cultivateurs français seroient heureux et riches, s'ils savoient toujours tirer le parti le plus avantageux de leurs vignobles. *O fortunatos nimiùm sua si bona nôrint!*

Comment se fait-il donc qu'un grand nombre de vins de France, autrefois renommés, soient tombés dans le discrédit? Pourquoi ces vins sont-ils d'une qualité si médiocre, tandis que ceux d'autres cantons acquièrent ou conservent une réputation méritée ? Un examen réfléchi empêche de l'attribuer à la différence de l'exposition, du climat, ou du sol : c'est donc au peu de soin des cultivateurs, à la pratique d'une aveugle routine, à l'ignorance ou à l'oubli des lois de la nature, à la préférence qu'ils accordent aux cépages les plus abondans en sucs grossiers sur ceux qui produisent les vins de meilleure qualité.

Il n'en est pas ainsi du propriétaire éclairé qui, dirigeant lui-même ses travaux agricoles, est persuadé *qu'il n'est, pour voir, que l'œil du maître*. Il fixe le génie de l'observation sur le produit de ses champs. Les lois de la végétation soumises à ses recherches lui apprennent que la vigne plantée dans un terrein trop gras poussera des sarmens vigoureux, il est vrai, mais que la sève qui se communique du cep au raisin n'étant pas assez élaborée, le vin sera plat et foible. Il modère la vigueur de la vigne, pour obtenir un vin plus généreux. Il choisit le terrein le plus avantageux, les meilleurs plants ; il attend la maturité parfaite des raisins, le tems le plus favorable pour la vendange. La chimie lui fait connoître les élémens du vin, la manière de diriger sa fermentation, le point précis où il doit être tiré de la cuve, les moyens de corriger ses défauts, et de prévenir son dépérissement. Il suit, dans chaque opération, la marche de la nature; il sait l'étudier; il est docile à ses leçons : elle seule ne trompe jamais.

En traçant ce tableau, nous avons peint *Rozier* d'après lui-même, retiré sur le patrimoine de ses pères, y étudiant pendant long-tems l'agriculture pratique, avant d'en tracer les préceptes; comparant les méthodes anciennes avec l'expérience, les pratiques locales avec les principes de la nature et les règles d'une saine physique; suspendant son jugement sur chaque point d'économie rurale, jusqu'à ce que l'expérience lui eût prêté son flambeau, et qu'il fût parvenu à ce degré de savoir où la théorie est le principe de la pratique, et où une pratique éclairée affermit les théories que l'on a puisées dans la nature.

Le perfectionnement de la culture de la vigne, et l'art d'en tirer, dans chaque pays, les meilleurs vins, fut toujours l'objet de ses méditations particulières. On le vit d'abord pratiquer et enseigner une méthode nouvelle de provigner la vigne, et d'entretenir constamment sa vigueur, sans être jamais obligé de l'arracher.

La société d'agriculture de Limoges proposa, en 1767, pour sujet de son prix, *de déterminer la meilleure manière de distiller les vins, et la plus avantageuse relativement à la qualité et à la quantité des eaux-de-vie.* Il traita cette matière avec la supériorité du génie, aidé d'une longue expérience : son mémoire fut couronné.

Les abus nombreux qui existoient dans la manière de faire les vins en Provence engagèrent l'académie de Marseille à proposer, pour sujet de son prix, en 1771, la solution de cette question : *Quelle est la meilleure manière de faire et de gouverner les vins de Provence, soit pour l'usage, soit pour leur faire passer les mers ?* Rozier remonta aux causes premières de la médiocrité de ces vins. Dans un mémoire plein d'observations et de vues, il démontra les abus des pratiques qui privoient les vins de cette province de la réputation qu'ils auroient méritée. Mais il ne se contenta pas de montrer le mal, il en indiqua le remède, et donna un traité complet de l'art de la vinification qu'il réduisit à ces principes : « Si vous voulez obtenir un vin bon pour la santé, pour être conservé, et pour être transporté au-delà des mers, prenez tous les moyens possibles pour procurer aux raisins une maturité parfaite; ils contiendront alors beaucoup de muqueux-doux-sucré, le seul élément véritable de la spirituosité et du parfum des vins; rendez très-vive, dans ses commencemens, la fermentation tumultueuse ; saisissez le point précis du décuvage ; et employez enfin tous vos soins pour empêcher l'évaporation de l'air surabondant et de l'oxygène contenus dans le vin. » Ce savant mémoire obtint à son auteur la palme académique, et excita son ardeur pour étudier tous les objets d'économie rurale.

Le *Cours complet d'Agriculture*, qu'il publia en forme de Dictionnaire, fut l'objet constant de ses travaux, et le plus beau monument qu'il éleva à sa gloire. Il ne perdit pas un jour, sans faire une observation, sans tenter de nouvelles expériences, pour perfectionner son ouvrage.

Les auteurs qui ont travaillé sur le même sujet ont, pour la plupart, composé leurs écrits, sans sortir de leur cabinet, d'après des mémoires qu'on leur a fournis. *Rozier*, au contraire, a toujours vu, exécuté lui-même ce qu'il conseille de faire : c'est un maître qui prêche d'exemple. Dégagé de toute prévention, en garde contre la manie pernicieuse de vouloir tout innover, il ne retranche dans les anciennes méthodes que les abus, et conserve tout ce que le tems et l'expérience ont démontré utile et bon.

On l'y voit toujours traiter avec une complaisance particulière tous les objets relatifs à la culture de la vigne et à ses produits : elle avoit été le premier objet de ses études, il lui devoit sa première réputation. Déjà il avoit publié huit volumes de cet ouvrage qui le plaçoit à côté de *Columelle* et de *Varron*, lorsqu'un coup fatal priva la France de ce savant utile qui périt victime de son zèle et de son amour pour l'humanité, pendant le siège de Lyon. Sa mort fut une calamité publique; mais sa perte eût été irréparable, s'il n'eût tracé auparavant sa théorie complète de la culture de la vigne et de l'art de faire le vin. On regretteroit long-tems son *Traité sur le Vin*, si l'un des premiers chimistes de l'Europe, qui honore le Ministère de l'Intérieur par ses talens, et son siècle par les plus heureuses applications de la chimie aux arts, n'eût bien voulu le suppléer.

Quelques soins qu'eût donnés *Rozier* à un ouvrage auquel il attachoit son immortalité, il ne put le garantir du vice

commun à tous les ouvrages rédigés par
ordre alphabétique, celui de présenter,
mêlés ensemble, sans ordre et sans méthode, tous les objets de la science agricole. Frappé de ce défaut, sentant combien il seroit utile à chaque agriculteur
de trouver séparément les principes de
l'espèce de culture à laquelle il s'applique,
nous avons cru rendre un service éminent
aux propriétaires de vignes, en leur pré-
sentant séparément, sous un format com-
mode, tous les principes de *Rozier* sur
la *Culture de la Vigne* et l'*Art de faire le
Vin*.

La méthode suivant laquelle ces objets
sont présentés est ici seulement notre ouvrage. Ainsi, nos lecteurs verront ou
Rozier enseigner lui-même l'art de cultiver la vigne, ou *Dussieux* mettant en
ordre les notes précieuses que celui-ci avoit
laissées, et y ajoutant des observations et
des vues nouvelles. Ils trouveront *Chaptal*
donnant, sous le titre modeste d'un *Essai*,
le traité le plus complet de l'art de faire
le vin; *Rozier* y tracer encore la mé-

thode pratique de la distillation des eaux-de-vie et l'art de construire les vaisseaux et les instrumens employés à la fabrication du vin ; enfin, *Parmentier* y décrire les méthodes de faire les meilleurs vinaigres.

Tel est le plan de ce recueil : être utile a été notre but : heureux si nous l'avons atteint ! heureux si la pratique des préceptes qu'il contient peut ouvrir de nouvelles sources de richesses à la France, au moment où l'olivier de la paix s'unit aux lauriers de la victoire, où des milliers de guerriers déposent leurs armes triomphales pour venir paisiblement cultiver les champs de leurs pères !

TABLE DES CHAPITRES
DU TOME PREMIER.

TRAITÉ SUR LA CULTURE DE LA VIGNE.

xvj

TRAITÉ

SUR LA CULTURE

DE LA VIGNE.

OBSERVATIONS PRÉLIMINAIRES.

Lorsqu'on réfléchit sur les moyens de prospérité qui appartiennent aux différentes nations, on découvre que les produits de la vigne occupent le second rang dans l'échelle des richesses territoriales de la France. Ces mêmes produits sont offerts aux hommes, soit pour le commerce de consommation proprement dit, soit pour être employés dans les arts sous cinq formes distinctes. 1°. Son fruit naturel (le raisin) quand il est parvenu au degré d'une maturité parfaite. 2°. Ce même fruit préparé par une lente et soigneuse dessication à recevoir dans des caisses un degré de compression tel que, non-seulement il présente un poids spécifique très-considérable en raison de son peu

A

de volume : mais qu'ainsi disposé il peut être gardé pendant plusieurs années et transporté dans les régions les plus lointaines, sans embarras et sans éprouver ni déchet ni aucun genre d'altération. 3°. Le jus exprimé du raisin devient par l'effet d'une fermentation artistement dirigée, une liqueur tellement flatteuse au palais, et si bien appropriée à la constitution des hommes, qu'il a été employé comme un appas irrésistible pour soumettre des nations invincibles par la force des armes, et que son usage modéré est un des moyens les moins équivoques de maintenir l'homme en santé, et de prolonger pendant plusieurs années la durée de sa force et de sa vigueur. 4°. On obtient du vin par la distillation, son esprit ardent ; et cet esprit plus ou moins rectifié par l'application des moyens chimiques, reçoit les noms d'eau-de-vie, d'esprit-de-vin ou alkool. On sait combien ils sont fréquemment employés dans les arts et dans les usages de la vie. 5°. Il est un cinquième produit de la vigne, peut-être plus important encore que les autres, parce que la nécessité d'en user le rapproche davantage de nos premiers besoins : c'est le vinaigre. Il est l'effet de la seconde fermentation que subit le moût du raisin, et qu'on appelle fermentation acéteuse.

Sous tous ses rapports, la vigne est donc une

plante bien précieuse, et le sol et le climat qui
la produisent, douée de toutes les qualités dont
elle est susceptible, a donc reçu de la nature
une bien grande faveur. On l'a déjà dit, la part
que la France a reçue dans cette distribution ne
peut être comparée à celle d'aucune autre partie de la terre.

Nous n'avons point à discuter ici sur l'époque
à laquelle remonte la connoissance de la vigne
cultivée et l'usage du vin. Les auteurs les plus
accrédités, confondant sans cesse les traits de
l'histoire avec ceux de la fable, ne nous ont
transmis, sur cette matière, que des notions tellement vagues et incertaines, qu'elles nous paroissent au moins inutiles à recueillir dans un
ouvrage purement consacré à l'économie rurale (1). Mais ce qu'il importe bien essentiel-

---

(1) Les uns veulent qu'Osiris, surnommé *Dionysus,*
parce qu'il étoit fils de Jupiter, et qu'il avoit été élevé
à *Nysa*, dans l'Arabie heureuse, ait trouvé la vigne
dans le territoire de cette ville, et qu'il l'ait cultivée :
c'est le Bacchus des Grecs. *Voyez* Plutarque, *vie de
Camille.*

D'autres, attribuant cette découverte à Noé, pensent
que ce patriarche est le type de l'histoire du *Bacchus*
des Grecs, et peut-être même du *Janus* des Latins ;
car le nom de ce dernier dérive d'un mot oriental qui

lement de connoître , ce sont le lieu et le climat d'où elle a été tirée , et comment, de proche en proche, on est parvenu à rendre sa culture si familière aux habitans des régions tempérées de l'Europe. L'absolue nécessité de cette connoissance n'est point particulière à la vigne ; elle

---

signifie *vin*. Au reste , il n'est pas douteux que nos végétaux cultivés et nos animaux domestiques ont été trouvés quelque part dans l'état de nature ; et toutes les vraisemblances portent à croire que la culture de la vigne et la fabrication des vins remontent à la plus haute antiquité. Les arts les plus simples doivent être présumés les plus anciens ; et la simplicité de celui-ci a dû faire concourir de très-bonne heure le hasard et la nature à l'enseigner aux hommes.

Les hommes dans un climat chaud , auront exprimé le jus du raisin pour le convertir en une boisson rafraîchissante. Ce moût , dans quelque circonstance , aura été oublié pendant un jour ou deux seulement ; la fermentation s'y sera nécessairement établie : de-là ce que nous appelons du vin-doux. Que la curiosité, ou peut-être même encore, que le hasard ait abandonné, pendant quelques jours de plus, cette nouvelle liqueur à tout l'effet de la fermentation tumultueuse ; de-là , le vin proprement dit. Que celui-ci soit resté, pendant un mois ou deux, exposé au contact immédiat de l'air à une température de 18, 20, 25 degrés de chaleur , il n'aura fallu le concours d'aucune autre circonstance pour lui faire éprouver la fermentation acéteuse, et par conséquent, le changer en vinaigre.

s'étend à toutes les familles de végétaux dont se compose notre agriculture ; parce que les plantes partagent avec les animaux cet instinct, ce secret penchant, si j'ose m'exprimer ainsi, qui les rappelle sans cesse vers leur terre natale. Le cultivateur - vigneron sur-tout ne peut rien faire de trop pour assimiler le sol sur lequel il travaille, et la température de l'atmosphère dans laquelle il s'exerce, à ceux de cette terre natale dont nous venons de parler. De-là, l'indispensable nécessité non-seulement de bien choisir, avant de planter, la nature, la forme et la position du terrein, de raisonner le nombre des labours, la manière et le tems de les donner ; mais de savoir prescrire aux ceps une hauteur relative aux circonstances locales, restreindre ou multiplier à propos le nombre et l'étendue des canaux séveux, enfin maintenir les sarmens dans un ordre et une direction tels que les vues de la nature et les efforts du vigneron se secondent sans cesse mutuellement, les unes pour produire, les autres pour obtenir des baies parvenues au plus haut degré possible de la maturité *vinaire*.

Ce peu de mots renferme tous les principes de l'art du vigneron. Il s'agit de les développer : c'est-là du moins le but que nous nous sommes proposé. Cette tâche est délicate sans doute ; elle

A 3

l'est en raison du grand intérêt public que les Français doivent attacher à ce sujet; aussi avons-nous hésité à prendre la plume. Nous ne nous y sommes déterminés qu'après avoir long-tems agi et médité, nous être familiarisés avec le petit nombre de bons ouvrages qui traitent de la culture de la vigne , avec ceux de Rozier, ce célèbre et malheureux citoyen qui a tant fait pour les progrès de l'agriculture française , et que le destin a si rigoureusement traité. Toutes les vraisemblances vouloient qu'il eût rédigé lui-même cet article ; mais la fortune en a autrement ordonné. Toutefois Rozier n'a point cessé d'être ici notre collaborateur : nous nous sommes fait un devoir d'identifier notre foible travail avec ses utiles travaux ; nous avons religieusement conservé tous ceux de ses principes qui ont été confirmés ou qui n'ont pas été détruits par les nouvelles découvertes qui ont été faites parmi nous, depuis quelques années, dans les sciences physiques ; nous avons même cru devoir employer jusqu'à ses propres expressions, quand nous avons eu à décrire des objets déjà décrits par lui, ou à manifester des idées qu'il avoit déjà développées lui-même. Qu'un écrivain agricole imagine , ou qu'il préconise des procédés utiles , peu importe : son droit à l'estime publique sera toujours en raison du bien qu'aura produit son livre.

Je ne terminerai point ce préliminaire sans parler des obligations que j'ai contractées envers un certain nombre de cultivateurs et de savans, dont les uns connus avantageusement par les résultats d'une pratique éclairée, et les autres célèbres par les ouvrages qu'ils ont publiés, m'ont communiqué des notes utiles ou des observations importantes. Pelleport-Jaunac, de la Haute-Garonne; Desmazières, de Maine et Loir; G. Thaumassin, de la Côte-d'Or; Heurtault-Lamerville, du Cher; Filhot-Maran, de la Gironde; Béthune-Chârost et Beffroy (1), de l'Aisne; Musnier, de la Charente; Chassiron, de la Charente-Inférieure; Montrichard, du Jura; Vanduffel et Picamilh, des Basses Pyrénées; Sageret, de la Seine; Jumilhac, de Seine et Oise; Legrand d'Aussi (2) et Villemorin, de

---

(1) Le citoyen Beffroy a bien voulu déposer en nos mains un mémoire manuscrit qui a remporté en 1788, le prix proposé par la société d'agriculture de Laon, *sur les objets relatifs à l'éducation de la vigne.*

(2) Non-seulement Legrand d'Aussi a trouvé bon que je profitasse, pour la partie historique des vignobles de France, des détails qu'il a publiés sur cette matière dans son bel ouvrage intitulé: *Histoire de la vie privée des Français;* mais il a bien voulu tirer de son portefeuille, et me confier des anecdotes manuscrites qui me paroissent d'un grand prix.

Paris, vous qui m'avez non-seulement aidé de vos propres lumières, mais qui, la plupart, avez porté le zèle jusqu'à emprunter celles de vos amis, pour m'éclairer encore, vous avez tous acquis de justes droits à ma reconnoissance; et je m'applaudirai long-temps de m'être ménagé l'occasion de vous adresser cet hommage.

Malgré tous les soins que nous nous sommes donnés et les nombreux secours que nous avons reçus pour la confection de ce Traité, ce ne seroit pas moins une grande erreur de penser que chaque propriétaire ou cultivateur y doit trouver, quelles que soient et la position topographique de son vignoble, et la nature du sol et les autres circonstances locales, géologiques et thermométriques de son terrein, l'indication précise de chacun des procédés à suivre, et tous les renseignemens de détail nécessaires pour atteindre à la perfection de sa culture. Ceux qui ont étudié la marche de la nature dans l'œuvre sublime de la végétation ont sûrement observé combien est grande l'influence qu'exercent sur elles les causes les moins apparentes. La différence qui existe souvent entre les parties constituantes de deux terreins très-rapprochés; celle qu'établit dans l'atmosphère d'un coteau sa pente plus ou moins rapide, son inclinaison plus ou moins sensible vers l'un ou l'autre des points cardinaux, la forme et la nature des abris, sont autant de moyens qui agissent diversement sur les espèces ou variétés dont se compose la même famille de végétaux ; et il n'en est point de plus susceptible de toutes ces impressions que celles qui appartiennent à la vigne. L'agriculture , comme toutes les sciences, a ses principes généraux sans doute ; mais ils se modifient à l'infini dans leur application ; aussi l'écrivain qui se borneroit même à ne traiter qu'une de ses branches, l'art du vigneron, par exemple, et qui promettroit de tout enseigner dans son livre , donneroit-il une grande preuve d'inexpérience ou de mauvaise foi ; et le lecteur qui se promettroit d'y tout apprendre , annonceroit bien peu de sagacité. La connoissance des lois de la végétation et une pratique raisonnée : voilà les grands maîtres. Nous tâcherons de développer les premières , et d'indiquer ce qu'il importe le plus d'observer pour *bien voir* , et par conséquent pour arriver à l'autre.

Le propriétaire qui travaille sa vigne de ses propres mains, et l'ouvrier-vigneron proprement dit ne liront point cet article. Entièrement étrangers à l'étude de la physique végétale, n'ayant aucune idée ni des avantages qu'obtient, ni des jouissances qu'éprouve celui qui médite et qui raisonne ses procédés, ils ne feront encore que

ce qu'ils ont vu faire et que ce qu'ils font eux-
mêmes depuis long-tems. De-là ces pratiques
constamment vicieuses dans le choix du terrein
et des cépages, dans la plantation, dans la taille,
dans le palissage et l'ébourgeonnement ; de-là
cette foule d'onglets, de chicots, de bois mort,
de fausses coupes non-cicatrisées et de chancres
qui énervent, qui minent incessamment les
plants, et qui amènent sur eux la vieillesse,
la caducité et la mort à des époques qui devroient être celles de leur santé, de leur vigueur
et de toute leur force productive ; de-là enfin
la perte de cette antique renommée dont jouissoient, à juste titre, les vins de plusieurs des
cantons de la France. On ne se la rappelle
plus aujourd'hui qu'avec regret, ou bien on n'en
parle plus qu'avec le sourire du dédain. C'est
aux propriétaires aisés, à eux seuls qu'est réservé l'honneur de cette grande restauration :
ils l'obtiendront comme leurs ancêtres, si,
comme eux, ils ne dédaignent pas de se placer
à la tête de leurs exploitations rurales. Leurs
succès, leurs erreurs même, voilà le grand
livre dans lequel la foule peut lire et apprendre
à activer tous nos grands moyens de richesses
territoriales. Plus on les considère dans leur
nombre et leur diversité, et plus on est frappé
d'étonnement et d'admiration, et plus un Français observateur sent se resserrer les liens qui
l'attachent à sa patrie.

Les Anglais vantent les progrès qu'ils ont fait dans la science agricole ; et c'est à bon droit, il en faut convenir. Mais à quoi attribuer ce brillant essor, ces étonnans succès ? La nature leur auroit-elle donc départi un degré d'intelligence supérieur au nôtre ? Certes, si nous comparons les monumens créés par le génie chez les deux nations, notre orgueil ne recevra aucune atteinte de ce rapprochement. Et quant à l'agriculture, est-ce donc à l'excellence du sol, aux bienfaits d'un climat plus heureux qu'il faut attribuer les grands produits qu'ils obtiennent par la cultivation ? Il s'en faut beaucoup, car il n'est, pour ainsi-dire, aucune sorte de plante, cultivée en Angleterre, que nous ne puissions obtenir en France, et douée de qualités plus éminentes que les leurs. Il est même un grand nombre de végétaux précieux naturalisés parmi nous, et dont ils ont été forcés de faire le pénible sacrifice après de fréquentes, de coûteuses et de vaines tentatives. Par exemple, ils n'ont, ils n'auront jamais ni le mûrier, ni l'olivier, ni le maïs, ni nos excellens fruits, ni sur-tout nos vignes *vinifères*, agricolement parlant (1); car il

_____

(1) On agitoit encore en Angleterre, il n'y a pas long-temps, la question : Si les lieux qui, dans différens comtés portent encore le nom de vignes, ont réellement été des plantations de vignes destinées à faire du vin. C'est

ne faut pas regarder comme vignes propres au vin ces treilles nommées par eux *vigneries*, qu'ils élèvent à grands frais, dans des serres, qu'ils espalient et entretiennent à plus grands frais encore, le long de murailles artistement enduites, surmontées de haut-vents en vitraux qui reposent au midi sur des espèces·de contremurs en verre; précautions indispensables chez eux, et pour garantir à-propos les plants du contact de l'air extérieur, et pour introduire et fixer dans l'enceinte qu'ils occupent une plus

---

un mémoire du *R. Samuel Pegge*, inséré dans le premier volume de l'*Archœologie* de la société des antiquaires de Londres, sur l'introduction, les progrès et l'état de la culture de la vigne dans la Grande-Bretagne, qui donna lieu à cette discussion. Le doyen Barington, dans ses observations sur les plus anciens statuts, combattit l'opinion de M. Pegge, et soutint que ce qu'on appeloit vignes en Angleterre, n'étoit que des vergers, des potagers, ou enfin, tout ce que l'on vouloit, excepté de véritables vignes. A l'appui de sa réplique, M. Pegge a cité l'itinéraire du docteur Stakeley, dans lequel celui-ci prouve incontestablement l'existence d'une vigne près Lhippin-Norton. Il y a eu aussi des plantations de vignes dans le comté de Kent. Enfin Medoc·, dans son histoire de l'Echiquier, rapporte qu'il étoit alloué, dans les comptes des schérifs de Northamptonshire et de Leicestershire, une somme pour la culture de la vigne et la livrée du vigneron du roi, à Buckingham. Il ajoute que feu le

grande masse de lumière ou une plus grande intensité de chaleur. En France même, jamais le raisin de treille, à quelque maturité qu'il parvienne, quelque flatteur qu'il soit au goût, ne produit une liqueur parfaitement vineuse. Si l'on persistoit à vouloir chercher les heureux résul-

---

D. Thomas, doyen d'Ely, lui a communiqué l'extrait suivant des archives de cette église.

	liv.	s.	d.
Exitus vineti	2	15	3
Ditto, *vineœ*.	10	12	2
Dix boisseaux du vin de la vigne. .		7	6
Sept pièces du moût de la vigne. .	15	1	
Vin vendu.	1	12	
Verjus	1	7	
Pour du vin de cette vigne	1	2	
Pour verjus de la même		16	
Point de vin fait; mais du verjus.			

Il résulte clairement de cet extrait, dit M. Pegge, dans une lettre adressée à M. William Speechly, que sous la latitude d'Ely (52 degrés 20 minutes) les raisins mûrissoient quelquefois, et qu'alors les Religieux en faisoient du vin, et que quelquefois aussi ils ne mûrissoient pas: dans ce dernier cas, on les convertissoit en verjus. Il en est de même aujourd'hui dans le Derbyshire. Les treilles qui croissent le long des murailles exposées au Midi, produisent de très-bons raisins quand l'été est chaud ; si la saison est humide et froide, ils ne sont pas mangeables. *A Treatise on the culture of the wine, etc. by William Speechly.*

tats agricoles des Anglois dans une température plus égale que la nôtre, dans l'humidité dont leur atmosphère est sans cesse impregnée, nous citerions pour toute réponse l'exemple de la plupart de nos départemens de l'Ouest, la ci-devant Bretagne, entr'autres, qui sous les rapports du sol et du climat, peut être assimilée à plusieurs comtés de l'Angleterre, aujourd'hui très-fertiles, et qui ne peut leur être comparée sous ceux des produits agricoles.

Nous trouverons la source de cette prospérité, 1°. dans l'éducation très-soignée de ceux qui se destinent aux entreprises rurales de quelque importance. Un *Gentelman farmer* initie aux connoissances de son état ceux de ses enfans qui sont destinés à suivre la même carrière, comme, parmi nous, un négociant, un banquier, un armateur, prépare les siens, dès leur jeune âge, aux grandes spéculations commerciales. Placés ainsi de bonne heure au-dessus de la routine et des préjugés, les cultivateurs se pénètrent aisément de la grande vérité qu'exprime Columelle quand il dit, *Bien misérable est le champ dont le propriétaire est obligé de recourir aux leçons de l'ouvrier qu'il salarie.*

L'aisance dans la fortune, les moyens pécuniaires les laissent toujours à portée de faire avec une sorte de largesse, non-seulement les premières avances nécessaires dans une grande exploitation, mais encore les réparations annuelles et les prompts remplacemens que les circonstances exigent ou que des événemens imprévus peuvent commander. Le propriétaire ne se contente pas d'encourager ses colons par des paroles, il les éclaire de ses lumières, il partage la gloire et les avantages des succès. La protection directe du gouvernement, l'estime de ses concitoyens, l'aggrandissement de sa fortune deviennent l'inestimable récompense de ses soins et de ses travaux assidus. L'accroissement des richesses par l'agriculture est si rare en France, qu'on seroit tenté d'y regarder comme fabuleuses ou du moins comme exagérées les anecdotes anglaises de ce genre, si elles n'étoient appuyées de témoignages irrécusables. Peu après que les défrichemens du Norfolk eurent été commencés, on citoit Monsieur *Marley de Barsham*, qui, par son industrie et ses procédés agricoles, avoit porté en très-peu d'années son revenu annuel de 4,500 à 20,000 fr. L'auteur de l'*Arithmétique politique* fait mention d'un autre cultivateur qui par les mêmes moyens et dans un moindre espace de tems encore, avoit octuplé sa rente territoriale. La France ne nous fournit aucun exemple de ce genre à citer; et l'on ne s'en étonne pas, quand on réfléchit que parmi nous les grands capitaux ont toujours été absorbés, soit par les spécula-

tions financières, soit par l'agiotage; que les entreprises rurales ont été exclusivement abandonnées aux vains efforts de la classe la moins
instruite et la plus pauvre de la nation; que le
gouvernement n'a presque jamais rien fait de ce
qu'il auroit pu, de ce qu'il auroit dû faire
pour les vivifier et les seconder par les puissans
effets d'une protection immédiate. Si quelquefois
il sembla s'en occuper, ce ne fut que pour les
étouffer sous une masse de lois prohibitives ou
fiscales. Il est vrai, Sully pendant son ministère,
donna une grande impulsion à l'agriculture française; mais cet élan fut bientôt arrêté par l'obstacle irrésistible que lui opposa le systême des
Parlemens. Colbert, homme d'état sous tant de
rapports, fut souvent obligé de sacrifier à l'ignorance et au préjugé, les grands principes de
l'économie politique. Il lui fallut pour se conformer à l'esprit du tems, ne voir la source des
richesses nationales que dans les manufactures;
tous ses soins, toutes ses sollicitudes semblèrent
ne se porter que vers les moyens d'approvisionner, au plus bas prix possible, les ouvriers
qu'on y emploie.

Le cultivateur fut aussitôt privé de la faculté
d'exporter le superflu de sa subsistance, non-
seulement au-dehors de la France, mais même
d'une province à l'autre. Cette mesure impolitique

amena

amena une baisse nécessaire dans le prix des
denrées, et chaque entrepreneur agricole chercha
à proportionner le superflu de sa subsistance au
petit nombre de consommateurs qu'il lui étoit
permis d'approvisionner. Mais la chance des
saisons ne répond pas toujours aux calculs des
hommes : ce superflu se trouva bientôt soit au-
dessus, soit au-dessous des besoins des manufac-
turiers ; de-là un cours très-irrégulier dans le
produit des récoltes et dans le prix des denrées,
les deux plus grands fléaux que puissent éprouver
les manufactures et l'agriculture d'une nation.
Un gouvernement peut bien contrarier, mais il
n'est pas en son pouvoir d'anéantir l'intérêt naturel des hommes. Si les Ministres qui ont dirigé
la France, écrivoit, il y a dix ans, un observateur profond (1), eussent adhéré aux grands
principes, il est difficile de dire où la prospérité
de cet empire se seroit arrêtée. Une population
de quarante millions d'habitans et un revenu
public net de deux milliards ne rempliroient
peut-être pas encore la mesure des avantages
dont elle jouiroit aujourd'hui ; car lorsqu'on sait
calculer les données de la nature et la force des
vrais principes, on voit évidemment les germes
d'une pareille grandeur dans le sein de ce puis-

---

(1) *Herrenschwand* ; de l'Economie politique. Dis-
cours fondamental sur la population.

TOME I. B

sant État. En ce moment même, et sur le pied de sa population actuelle, la France considérée dans une parfaite égalité avec l'Angleterre, devroit avoir un revenu public net de près d'un milliard et demi, l'Angleterre jouissant de ce revenu dans la proportion de sa population. Ce que l'Angleterre a fait avec des avantages naturels inférieurs, la France bien gouvernée l'eût opéré sans doute avec des avantages naturels supérieurs, avec le sol le plus riche et le peuple le plus industrieux. Puisse cette remarque n'être pas perdue pour ceux qui la gouvernent aujourd'hui! Puisse l'homme d'état qui compte l'agriculture au nombre de ses attributions ministérielles, la voir sans cesse au rang qu'elle doit occuper! L'agriculture, les arts, le commerce, voilà l'ordre dans lequel se classent naturellement les diverses branches de notre richesse publique. Leurs rapports sont tellement immédiats, leurs succès réciproques sont tellement dépendans du parfait équilibre qui doit régner entre eux, que tous les efforts de celui qui les dirige seroient infructueux, s'ils ne tendoient incessamment à le créer, s'il n'existe pas, ou à les maintenir, s'il existe déjà. Toutefois il est hors de douté que l'impulsion première ne peut être donnée à l'ensemble que par l'agriculture, parce qu'elle en est le principe actif. Nous ajouterons encore un souhait à ceux que nous avons déjà

formés .... l'amovibilité des places parmi
nous, et sur-tout des places éminentes, n'être
pas un obstacle aux heureux effets des grandes
conceptions administratives !

Bernard Palissi avoit dit avant nous : « Il faut
» qu'vn chascun mette peine d'entendre son art,
» et pourquoy il est requis que les laboureurs
» ayent quelque philosophie (1) : ou autrement
» ils font qu'auorter la terre et meurtrir les
» arbres. Les abus qu'ils commettent tous les
» jours ès arbres, me contraignent en parler
» icy d'affection ». L'instruction est nécessaire
sans doute dans tous les genres de culture ; mais
sur-tout dans celui qui a la vigne pour objet. La
vigne n'est point une plante indigène de nos
climats. Les divers effets de sa transmigration
sont même tellement remarquables qu'en la con-
sidérant dans les différentes régions où sa culture
est admise, on pourroit dire qu'elle est tantôt un
arbre, tantôt un arbrisseau, et quelquefois seulement un humble et timide arbuste. Sa force
végétative et sa manière de végéter, les fluides
dont elle s'alimente et l'espèce de terre qui leur
sert de réservoir, different à plusieurs égards

---

(1) Ici le mot *philosophie* équivaut à celui d'*instruction*.
Au tems où écrivoit Bernard Palissi, on disoit un philosophe, pour désigner un homme instruit. *Voyez* l'ouvrage
déjà cité.

B 2

de ceux de tous nos autres végétaux. Outre les connoissances générales, il en est donc de particulières, prescrites impérieusement par le mode de son organisation, à ceux qui veulent parvenir à des succès.

Il n'est pas besoin de recourir à l'autorité des écrivains pour établir la nécessité, non-seulement d'avoir à sa disposition un assez gros capital quand on veut jetter les fondemens d'un vignoble; mais même de posséder un revenu indépendant de celui qu'on peut en espérer, quand il est parvenu à son plein rapport. Les frais indispensables de l'établissement d'une vigne, les fréquens travaux, les soins presque minutieux qu'elle exige pendant son enfance, la lenteur avec laquelle elle laisse comme échapper les premiers signes de sa reconnaissance, leur qualité médiocre et le peu de valeur qu'on y attache, justifient assez la première assertion. La preuve de la seconde, nous la trouvons dans les vicissitudes de la reproduction. En effet, il n'est point de produit territorial sujet à autant de variations que celui-ci. Les blés, les prairies, les bois eux-mêmes ont bien à lutter aussi quelquefois et avec désavantage, contre les tempêtes, les débordemens, l'intempérie des saisons; mais il est rare qu'ils soient atteints de ces fléaux pendant plusieurs années consécutives; encore l'effet de ces désastres n'est presque jamais tellement accablant que le cultivateur ne trouve dans le reste de ses récoltes quelques moyens d'indemnités, par le surhaussement du prix des denrées qui lui restent; mais la chance courue par le propriétaire des vignes est tout autrement incertaine. Les vignes ont bien plus à redouter le terrible effet de la grêle et des orages, parce qu'elles y restent plus long-tems exposées; de l'intensité et de la longueur du froid de nos hivers, parce qu'elles y sont plus sensibles; du givre qui pèse sur les tiges et sur la partie des sarmens qui sort des aisselles. Par son contact, la congélation se communique de point en point, l'épiderme se soulève, le tissu cellulaire s'écarte, et par son déchirement, produit une solution de continuité dans les canaux conducteurs de la séve; d'où résulte la paralysie partielle de la plante, si elle n'est frappée de mort toute entière. Ce n'est pas tout: souvent les pluies équinoxiales de germinal se prolongent assez pour surprendre la vigne pendant sa floraison, à l'époque des noces végétales; en interdisant toute communication entre les parties sexuelles, elles sont un obstacle à l'acte de la fécondation; d'où résulte ce qu'on appelle la coulure, c'est-à-dire la stérilité. Les étés humides, les gelées tardives du printems, les gelées prématurées des automnes sont encore des causes de destruction ou de détérioration des produits de la vigne. Enfin, il est un autre fléau tellement particulier à cette plante, qu'il ne doit

B 3

pas même être soupçonné dans les pays où elle n'est pas cultivée en grand; il est produit par l'abondance excessive de ses récoltes. En effet, quelquefois il arrive que les sarmens sont tellement surchargés de grappes, que le prix des vaisseaux destinés à contenir la liqueur, est double de celui qu'aura le vin qu'ils enfermeront.

Si, dans toutes ou dans chacune de ces circonstances, le propriétaire n'a pas des forces suffisantes pour n'être pas sensiblement atteint, c'est-à-dire, s'il ne peut résister, par des moyens pécuniaires, à la privation d'une ou de plusieurs récoltes consécutives; s'il ne peut attendre que son vin ait acquis une qualité que souvent le tems seul peut lui donner; s'il ne peut atteindre l'époque, quelquefois assez éloignée, où le surhaussement nécessaire du prix le dédommageroit de ses premières avances, de ses déboursés de culture, des intérêts de ces sommes réunies, et du bénéfice qui doit être la conséquence de son industrie: c'en est fait de lui, de sa famille; les voilà tous dans la misère, et peut-être pour n'en sortir jamais. Ces exemples ne sont que trop fréquens parmi nous. Aussi, pénétrez dans nos pays-vignobles; c'est là, il en faut convenir, que vous trouverez une nombreuse, une immense population; mais une population pauvre et misérable. Vous y verrez ces infortunés pro-

priétaires vignerons, qui composent la classe la
plus active, la plus exercée aux travaux les plus
pénibles de l'art agricole, épuisés de fatigue,
dès l'âge de quarante ans, et succomber bientôt
après, sous le poids d'une vie qu'on peut appeler
immodérément laborieuse, parce que les moyens
réparateurs ne sont presque jamais proportionnés à l'épuisement des forces. L'Etat qui voudroit calculer sa grandeur, d'après une telle population, s'exposeroit à tomber dans de bien
graves erreurs. La population, sans doute, peut
servir de régulateur ou de mètre, pour apprécier
ou mesurer la puissance des nations. Mais qui
ne sait que l'excès de procréation ou le manque
de population produisent les mêmes effets; que
dans l'une et l'autre circonstance, un Etat tend
également vers son déclin, et qu'il y a excès de
procréation toutes les fois que les moyens d'existence ne sont pas proportionnés au nombre des
hommes?

Si l'on inféroit de ce peu de mots, qu'à mon
avis la culture de la vigne est un fléau pour la
France, un obstacle à ses richesses, à sa puissance, on me supposeroit une pensée bien
étrangère à mes véritables pensées : on me supposeroit un système d'économie politique et
rurale, entièrement dissemblable de celui que
je professe; on m'attribueroit d'être en contra-

diction avec ce que tout le monde voit, avec ce que j'ai déjà dit et ce que je dirai encore dans le cours de cet ouvrage. Au contraire, j'ai cru devoir établir le principe, non pas seulement parce qu'il est incontestable par lui-même, mais parce que son développement peut être une occasion d'éclairer ceux qui, confondant sans cesse les causes avec les effets, ne trouvent de remède au mal dont ils s'allarment, qu'en proposant une question que j'appellerois volontiers un blasphême politique, et qu'ils posent ainsi : Les vignes ne sont-elles pas nuisibles à la prospérité rurale de la France? Ne seroit-il pas avantageux du moins d'en restreindre la culture?

Ce même principe est encore, à mon avis, un argument sans réplique contre les projets des partisans exclusifs et irréfléchis des petites cultures, du morcellement, des divisions et subdivisions à l'infini des propriétés, qui refusent de voir que c'est là, précisément là, que les moyens sont toujours inférieurs à ceux qu'exigeroit une bonne culture.

On peut ranger sous trois classes principales le plus grand nombre des propriétaires de vignes; savoir : les propriétaires résidans non ouvriers, qui font cultiver par autrui et qui récoltent par eux-mêmes; les propriétaires ouvriers-vignerons,

et les propriétaires soit absens soit résidans qui
sont dans l'usage d'affermer ou de faire cultiver
et de récolter, à moitié fruits. Les premiers en
général ne manquent pas, si l'on veut, des
moyens strictement nécessaires aux premiers besoins ; mais ils languissent, la plupart, dans un
état de gêne, de médiocrité, qui seulement les
laisse vivre, si j'ose m'exprimer ainsi. Leur manière d'être n'est pas la pauvreté elle-même ;
mais elle l'avoisine de si près, que les enfans ne
peuvent aller chercher nulle part l'éducation,
les connoissances qui procurent, ou du moins
qui tiennent lieu de la fortune. A la mort du
chef de la famille, le domaine est divisé en autant de parts que l'on compte d'héritiers ; et
ceux-ci se trouvent introduits dans la classe des
pauvres, par cela même qu'ils sont devenus propriétaires, et qu'ils se reposeront infailliblement
sur le genre de reproduction le plus incertain ;
car il n'a une valeur positive déterminée, que pour
ceux qui peuvent le calculer sur le taux moyen
de sept années de revenu.

Les ouvriers vignerons ont non-seulement à
lutter contre les funestes effets des divisions territoriales, bien plus multipliées encore dans cette
classe que dans la première, parce que la procréation y est plus grande ; mais encore contre
les suites inséparables d'une culture essentielle-

ment négligée. Pressés sans cesse par les besoins, sans cesse obligés de recourir à des salaires, incessamment tourmentés du désir de travailler leur propre héritage, ils se pressent, s'excèdent de fatigues, ne donnent par-tout que des façons incomplettes ; et leur bien, comme celui du voisin qui les a occupés, languit dans le plus mauvais état de culture. Bien plus heureux sont les ouvriers vignerons qui, dégagés de la manie d'être propriétaires, savent borner leur ambition aux seuls bénéfices de leurs entreprises, parce que ceux-ci ne leur manquent jamais.

Que dirons-nous de ceux qui composent la troisième classe, de ces insouciants et coupables propriétaires, qui abandonnent aveuglément leur patrimoine vignoble, à l'ignorance, à la paresse des ouvriers, ou à l'avidité des fermiers ? Aucun genre de propriété n'est moins fait pour un tel abandon, parce qu'aucun n'est plus susceptible d'une prompte dégradation ou de dépérissement total. On peut bien appauvrir, stériliser même en quelque sorte une terre à blé par un mauvais assolement ou la privation des engrais ; mais une ou deux années de soins suffisent communément pour lui rendre sa fertilité première. Une vigne livrée à elle-même, pendant une année seulement, est une vigne perdue à jamais. De grands capitaux, en raison de son étendue,

et quinze années de travail ne pourront obtenir
les mêmes produits du terrein qu'elle couvroit.
La patrie qui ne peut être indifférente sur les
succès ou sur les erreurs des propriétaires, parce
qu'elle est intéressée à maintenir ses approvision-
nemens au-dedans, et la réputation de ses vins
au-dehors; la patrie, dis-je, sera bientôt vengée.
Le propriétaire marche vers sa ruine, et sitôt
qu'il a manifesté son incurie, quelque riche qu'on
le suppose, sa fortune a dû prendre une marche
rétrograde. Champier remarquoit, il y a plus
de deux siècles, que les vins d'Orléans devoient
le renom dont ils jouissoient, à la surveillance,
à l'extrême attention que les propriétaires apportoient, soit à la culture des vignes, soit à la
fabrication des vins. Ils ne s'en rapportoient qu'à
eux seuls; ils formoient de ce travail leur unique
occupation, et portoient jusques dans les moindres
détails l'œil vigilant du maître. Au lieu que les
Lyonnois et les Parisiens, distraits par leur commerce et leurs affaires, achetoient un vignoble
plutôt comme un bien agréable que comme un
bien utile, et en abandonnoient entièrement le
soin à des mercenaires. « D'où vient, dit Liébaut, que rarement vous entendrez dans la
conversation un Orléanois ou un Bourguignon
se plaindre de ses vignes, et que vous entendrez
au contraire un Parisien se plaindre sans cesse
des siennes? C'est que l'un y veille lui-même,

s'en occupe, tandis que l'autre s'en rapporte à un vigneron ignorant ou fripon ».

Les étrangers ont fait la même remarque sur leurs territoires vignobles. Voulez-vous savoir, dit M. Meiners, en parlant du prix des vignes dans la Franconie, pourquoi cinquante acres (environ un arpent) se vendentcinq cents florins à Weitzhœcheim, pendant que près de Wurtzbourg, la même étendue n'en vaut que cent ? C'est que les vignes voisines de Weitzhœcheim sont sous l'inspection et la surveillance immédiate des propriétaires, et que la plus grande partie des vignes de Wurtzbourg sont affermées ou abandonnées à des vignerons intéressés ou négligens ; les propriétaires ne les visitent presque jamais. Plusieurs familles de Wurtzbourg ont été ruinées par leurs vignes, parce que cette culture demande des avances et des soins continuels (1).

Heureusement on compte parmi nous, dans nos grands vignobles sur-tout, un certain nombre de cultivateurs pleins de zèle, de lumière et d'activité, qui, en aggrandissant leur fortune, conservent et propagent l'antique renommée des vins de France. Puisse la foule des cultivateurs

---

(1) Notice historique sur les vins de Franconie et la culture de la vigne dans ces contrées, par *M. Meiners*, à Gottingue, etc.

les prendre pour modèle, et contribuer aux richesses d'une nation qui, dans ce genre de culture n'a point de rivale. La France seule peut recueillir sur ses collines, sur ses rochers granitiques et calcaires, dans ses sables, pour ainsi dire, les plus arides, et sans toucher ni à ses terres à blé, ni à celles qui sont propres aux fourrages, un genre de production par lequel, non-seulement elle approvisionne ses habitans d'une boisson agréable et salutaire, mais qui est, par l'effet de leur propre industrie, le genre de commerce d'exportation le plus lucratif et le plus considérable qu'il y ait au monde.

CHAPITRE PREMIER.

Notice historique sur les vignes et les vins de France.

L'EUROPE est redevable à l'Asie, non-seulement de la civilisation et des arts, mais encore de la plupart de ses graminées, de ses fruits, de ses plantes potagères, et même de la vigne. Les Phéniciens, qui parcouroient souvent les côtes de la Méditerranée, en introduisirent la culture dans les îles de l'Archipel, dans la Grèce, dans la

Sicile (1); enfin en Italie et dans le territoire de Marseille. Elle n'avoit encore fait que bien peu de progrès en Italie, sous le règne de Romulus, puisque ce prince y défendit les libations de vin, qui depuis long-tems étoient en usage dans tous les sacrifices des nations asiatiques. C'est Numa qui, le premier, les permit ; et Pline ajoute que ce fut un des moyens qu'employa sa politique, pour propager ce genre de culture. Bientôt après, les produits en devinrent en effet tellement abondans, qu'on put se livrer, et qu'on s'abandonna à l'usage du vin avec si peu de modération, que les dames romaines elles-mêmes ne furent pas sans reproches à cet égard. Les excès dans ce genre les entraînèrent insensiblement à quelques autres qui atteignirent, de plus près encore, l'amour-propre des maris. Ils réclamèrent avec empressement ; leurs plaintes et leurs cris se firent entendre de toutes parts. De-là la loi terrible qui portoit peine de mort contre les femmes qui boiroient du vin ; et celle moins sévère qui autorisoit leurs parens à s'assurer de leur sobriété en les baisant sur la bouche, partout où ils les rencontroient. Ce dernier usage eut aussi ses inconvéniens. On en vint à mettre

---

(1) On dit la *culture*, parce que dès le tems d'Homère, la vigne croissoit sauvage en Sicile, et probablement même en Italie.

tant d'empressement à offrir, d'une part, la preuve de cette abstinence ; et, de l'autre, à l'acquérir, que les membres des familles se multiplioient en raison des moyens de se plaire mutuellement, et que bientôt il ne fallut plus, pour se prétendre parent, que se trouver aimable. Ce reproche est au nombre de ceux dont Properce se crut en droit d'accabler son infidèle Cinthie (1).

Les mêmes abus avoient provoqué la même peine dans la République marseilloise ; mais là, comme chez les Romains, son extrême sévérité fut un obstacle à son application. On ne tarda pas à fixer, à l'âge de trente ans pour l'un et l'autre sexe, le droit de boire du vin. Bientôt on s'apperçut que c'étoit trop restreindre encore la consommation d'une denrée précieuse, mais devenue si commune que son abondance même étoit un mal : il fallut abandonner à chacun le droit d'en user à son gré.

Cependant la culture de la vigne s'étendoit progressivement dans les Gaules. Elle occupoit déjà une partie des coteaux de nos départemens du Var, des Bouches-du-Rhône, de l'Hérault et de Vaucluse, du Gard et des Hautes et Basses-

---

(1) *Quin etiam falsos fingis tibi sæpe propinquos,*
Oscula ne desint qui tibi jurè ferant.

Alpes, de la Drôme, de l'Isère et de la Lozère, quand Domitien, soit par ignorance, soit par foiblesse, comme le dit Montesquieu, ordonna, à la suite d'une année où la récolte des vignes avoit été aussi abondante que celle des blés chétive et misérable, d'arracher impitoyablement toutes les vignes qui croissoient dans les Gaules : comme s'il y avoit quelque chose de commun entre la manière d'être et de croître de ces deux familles de végétaux ! comme si les produits de l'une pouvoient jamais être un obstacle à la récolte de l'autre ! comme si enfin, les terres à vignes n'étoient pas alors, comme aujourd'hui, au moins dans le sol qu'habitoient les Gaulois (1), des terres entièrement impropres à la reproduction des céréales !

Quoiqu'il en soit, nos pères, par cet édit désastreux, se virent condamnés à ne se désaltérer désormais qu'avec de la bière, de l'hydromel ou quelques tristes infusions de plantes acerbes. Cette privation, qui remonte à l'année 92 de l'ère ancienne, s'étendit à deux siècles entiers. Ce fut le sage et vaillant Probus qui, après avoir donné la paix à l'Empire par ses nombreuses victoires, rendit aux Gaulois la liberté

_____

(1) Voyez ci-après le § où l'on traite du sol et du climat propres à la vigne.

de

de replanter la vigne. Le souvenir de sa culture et des avantages qu'elle avoit produits ne s'étoit point encore effacé de leur mémoire; la tradition avoit même conservé parmi eux les détails les plus essentiels de l'art du vigneron. Les plants apportés de nouveau, par la voie du commerce, de la Sicile, de la Grèce, de toutes les parties de l'Archipel et des côtes d'Afrique, devinrent le type de ces innombrables variétés de cépages qui couvrent encore aujourd'hui les coteaux vignobles de la France. Ce fut un spectacle ravissant, au rapport de Dunod (1), de voir la foule des hommes, des femmes et des enfans s'empresser, se livrer à l'envi et presque spontanément à cette grande et belle restauration. Tous en effet pouvoient y prendre part, car la culture de la vigne a cela de particulier et d'intéressant qu'elle offre dans ses détails des occupations proportionnées à la force des deux sexes, à celle de tout âge. Tandis que les uns brisoient les rochers, ouvroient la terre, en extirpoient d'antiques et inutiles souches, creusoient des fosses, les autres apportoient, dressoient et assujettissoient les plants. Les vieillards, répandus dans les campagnes, désignoient, d'après les renseignemens qu'ils avoient reçus dans leur jeunesse, les coteaux les plus propres

_____

(1) Histoire des Séquanois.

à la vigne ; ivres d'une joie fondée sur l'espoir
de partager encore avec leurs enfans la jouissance de ses produits, ils les consacroient religieusement au dieu du vin, élevoient même sur
leur cime des temples agrestes en son honneur (1).

Soit que le climat des Gaules eût acquis une
plus douce température par le desséchement des
eaux croupissantes, par la destruction des vieilles
forêts (2) ; soit que l'art de cultiver se fût per-

_____

(1) Dunod, *Histoire des Séquanois.*

(2) Il n'est pas douteux que dans l'espace de deux ou
trois siècles, l'accroissement de la population et les travaux de la culture en général n'aient dû contribuer à
modérer la rigueur du froid. Il s'en faut beaucoup que
l'on puisse juger de la température d'un lieu par sa latitude seulement. Les parties de l'Amérique, par exemple, qui sont placées à une latitude correspondante à celles
de la France, de l'Allemagne, de la Prusse, de la Pologne, de la Hongrie, sont infiniment plus sujettes que
celles-ci aux variations atmosphériques, aux grands froids.
Les anciennes descriptions du climat de la Germanie tendent à confirmer que les hivers étoient autrefois beaucoup plus longs, plus rigoureux en Europe, qu'ils ne
le sont aujourd'hui. Diodore de Sicile nous dit (*liv.* 5),
que les grands fleuves qui parcouroient les provinces
romaines, le Rhin et le Danube, étoient souvent pris de
glace dans toute la profondeur de leurs eaux, et capables de supporter les poids les plus énormes ; que les

fectionné, la vigne n'eut plus pour limites, comme
autrefois, le Nord des Cévennes; elle gagna
bientôt les coteaux du Rhône, de la Saône, le
territoire de Dijon, les rives du Cher, de la
Marne et de la Moselle. Dès le commencement

Barbares choisissoient ordinairement la saison rigoureuse
pour faire leurs invasions, parce qu'ils transportoient,
sans crainte, comme sans danger, leurs nombreuses
armées, leur cavalerie et leurs pesans chariots, par ces
grands et solides ponts de glace.

Les naturalistes modernes observent que le renne,
cet utile animal, dont les sauvages du Nord tirent les
seuls soulagemens à leur vie misérable, est d'une constitution telle, que non-seulement il soutient, mais
qu'il exige le froid le plus excessif. On le trouve sur
les rochers du Spitzberg, à 10 degrés du pôle; il semble
se récréer dans les neiges de la Laponie et de la Si-
bérie. Maintenant il ne peut subsister, encore moins se
multiplier dans aucun pays situé au Sud de la mer Baltique; et du tems de César, cet animal, de même que
l'élan et le taureau sauvage, habitoient la forêt Hercinie
qui ombrageoit une grande partie de la Germanie et de
la Pologne. Le Canada est aujourd'hui la peinture exacte
de l'ancienne Germanie. Quoique situé sous le même parallèle que le centre de la France et les comtés les plus
méridionaux de l'Angleterre, on y éprouve le froid le
plus rigoureux; les rennes y sont en grand nombre, la
terre y est couverte de neiges épaisses et durables, et
le grand fleuve Saint-Laurent est régulièrement glacé dans
une saison où les eaux de la Seine et de la Tamise coulent parfaitement libres. C'est à la culture seule que cette
grande différence doit être attribuée.

C 2

du cinquième siècle, c'est-à-dire dans l'espace de deux cents ans, elle avoit fait ces rapides progrès, lorsque les barbares du Nord, attirés par l'appas de la boisson séduisante qu'on en obtient, se précipitant pour-ainsi-dire les uns sur les autres, comme les flots de la mer, vinrent inonder les terres de l'Empire. La fameuse loi *ad Barbaricum* qui défendoit à toute personne *d'envoyer du vin et de l'huile aux Barbares, même pour en goûter*, étoit tombée en désuétude, ou plutôt les Bourguignons, les Visigots et les Francs ne voulurent plus attendre qu'on leur envoyât de l'une ou de l'autre de ces liqueurs, ils vinrent les chercher eux-mêmes. La comparaison qu'ils firent du vin de la Gaule, avec la bière et l'hydromel dont ils avoient coutume de s'abreuver, détermina presque instantanément les uns à fixer leur séjour dans les contrées où la culture de la vigne étoit déjà établie, les autres à la propager de leurs propres mains dans les cantons où elle n'avoit pas encore pénétré. Leurs efforts furent secondés par les réglemens les plus favorables aux planteurs. La loi Salique et celle des Visigots vouloient que des amendes fussent décernées contre ceux qui arracheroient un cep ou qui voleroient un raisin. La protection que le gouvernement accordoit à la propriété des vignes, les fit regarder comme un objet sacré. « Chilpéric ayant taxé chaque possesseur de vignes à lui fournir annuellement un amphore de vin pour sa table, il y eut une révolte en Limosin. L'officier chargé de percevoir ce tribut odieux, y fut même massacré ».

Cependant les tentatives de ces divers peuples ne furent pas également heureuses par-tout. Les vignes ne réussirent pas plus sur les côtes de la Manche que sur celles du Pas-de-Calais, quoiqu'elles occupassent, les premières sur-tout, un sol dont la latitude est beaucoup plus méridionale que celles de Coblentz ou de Bonn, où le raisin parvient à un degré assez satisfaisant de maturité ; et quoique dans toutes les deux, au moins dans quelques endroits, la nature du terrein ne paroisse pas devoir être défavorable à ce genre de culture. N'est-ce point à une circonstance purement locale et particulière aux côtes des haute et basse Normandie, aux parties occidentale de la Picardie et septentrionale de la Bretagne, qu'il faut seulement attribuer le peu de succès des efforts qu'on a tentés à cet égard? Telle est notre opinion : elle est fondée sur une observation qui sera présentée avec quelque développement dans le chapitre V, au paragraphe intitulé : *Du sol et du climat propres à la culture de la vigne.* On est tellement convaincu aujourd'hui de l'impossibilité d'obtenir du vin passable dans ces territoires, que beaucoup de

C 3

personnes doutent que la vigne y ait jamais été
cultivée en grand. Mais les témoignages de l'histoire ne sont point équivoques sur ce fait; ils
sont même assez multipliés. Les environs de
Rennes, de Dol, de Dinan, de Montfort, de
Fougères et de Savigné, ont eu leurs vignobles.
L'historien D. Morice en fait mention, et ajoute
avec une sorte d'humeur, qu'ils sont plus propres
à fournir du bois, du gland et du charbon que
du vin. Un gentilhomme Breton, nomméDulattai,
saisissant un jour l'occasion de louer sa patrie,
dit devant François Ier., qu'il y avoit en Bretagne trois choses qui valoient mieux que dans
tout le reste de la France, les chiens, les vins
et les hommes.

Pour les hommes et les chiens, il peut en être
quelque chose, reprit le roi ; mais pour les vins,
je ne puis en convenir, *étant les plus verds et
les plus âpres de mon royaume.* Il ne s'agissait
sans doute que de ceux de la Basse-Bretagne.

Une vie de Saint-Filibert, abbé de Jumièges,
au pays de Caux, fait mention des vignes voisines de ce monastère. Richard II, duc de Normandie, donna au monastère de Fécamp, le
bourg d'Argentan, qui avoit la réputation de
produire de *très-bon* vin. *Très-bon!* sans doute
en comparaison des autres vins de Normandie.
Il y a eu des vignes à Bouteilles près de Dieppe

et à Pierrecourt, sous Foucarmont. On voit par les détails de la journée dite l'*Erreur d'Aumale*, que Henri IV y perdit deux cents arquebusiers à cheval, qui furent coupés et faits prisonniers parce que les échalas de la plaine d'en bas, voisine de Neufchâtel, les avoit retardés dans leur retraite (1). Huet (2) fait mention des vignobles voisins de Caen; il en existe encore deux, de nos jours, dans la même contrée, Colombel et Argence. Nous avons été à portée de goûter le produit de ce dernier crû; et il faut convenir qu'il seroit difficile de préparer pour la cuisine un verjus plus acerbe que ne l'est ce vin. On voit encore des vignes en Picardie; le territoire de Cagui, près d'Amiens, n'est pour ainsi-dire qu'un vignoble. On en trouve aussi près de Montdidier et dans quelques autres cantons du département de la Somme; mais la qualité des vins qu'ils donnent, diffère peu de celle des crûs de Normandie. Enfin, il n'est pas jusqu'au petit pays de Térouenne, de quelques degrés plus septentrional qu'Amiens, qui n'ait eu son vignoble; puisque dans une charte du septième siècle, par laquelle Clotaire III autorise les moines de Saint-Bertin à faire quelques échanges, on re-

---

(1) Essai sur le département de la Seine-Inférieure, par S. B. J. Noël.

(2) Antiquités de Caen.

marque que les *vignes* font parties de l'un des
lots. On a cru devoir entrer dans quelques détails sur ce fait historique de la végétation, pour
dissiper les doutes que la vraisemblance pouvoit
autoriser. Il est certain que la vigne végète,
mais ne peut produire du vin, même passable,
sur la longue côte maritime qui s'étend depuis
Calais jusqu'à Nantes. Les cultivateurs de cette
grande contrée auroient donné une preuve non
équivoque de sagacité s'ils s'étoient bornés, pour
leur boisson, à la culture des bons arbres à
cidre, qui leur réussit si bien. Que n'imitoient-
ils leurs voisins de la Belgique? Ceux-ci, constamment dirigés dans leurs entreprises agricoles
par un bon esprit et un raisonnement sain, s'en
sont tenus à leur antique culture de l'orge et du
houblon. En effet, le bon cidre et la bonne bière
valent mieux que le vin d'Argence.

Autant ces dernières entreprises vignicoles ont
été déplorables, autant furent heureux les essais
du même genre qu'on en fit par-tout ailleurs. Car
il n'est aucune de nos provinces placées soit à
l'orient, soit au midi, soit au centre de la France
(1); qui n'ait présenté des sites, des territoires

_____

(1) Il faut peut-être en excepter la Marche (le département de la Creuse). « C'est une remarque curieuse,
dit Labergerie, qu'à partir de la ligne de Paris, vers le

entiers favorables à la culture de la vigne; il n'en
est aucune qui ne renferme quelques crûs recommandables et dont les produits en eau-de-vie ou
en vin n'aient acquis quelque renom. Il est vrai
que parmi ces réputations il en est qui n'ont eu
qu'un tems, quelques-unes ont même été bornées
à une durée éphémère, parce qu'une seule circonstance suffit pour les détruire et les faire oublier. Un changement de propriétaire est suivi
communément d'une nouvelle méthode de culture; cette culture moins bien surveillée : quelque négligence dans l'entretien ou le renouvellement des cépages les mieux appropriés au sol et
au climat, quelques soins de moins, ou quelqu'attention omise dans la fabrication des vins, c'en est
assez pour discréditer peut-être à jamais les récoltes d'un vignoble. S'il arrive, comme les exemples n'en sont que trop fréquens aujourd'hui, sur-
tout dans le voisinage des grandes villes, où la
consommation est immense et par conséquent le
débit assuré, que le propriétaire sacrifie le systême de la qualité à celui de l'abondance, il n'est
pas douteux que son crû ne jouira plus désormais de la renommée que lui avoit acquise une

---

Midi, il y ait des vignes dans tous les départemens, sinon
dans celui de la Creuse, qui est entouré de tous côtés par
des vignobles ». *Traité d'Agriculture pratique, ou An-
nuaire des Cultivateurs du département de la Creuse*, etc.

toute autre manière de le diriger. N'est-ce pas à l'avidité ou à l'incurie des colons qu'il faut attribuer l'oubli dans lequel sont tombés les vins italiens de Massique, de Cécube et de Falerne tant chantés par Horace et par ses contemporains ?

Toutefois la France produit des vins qui n'ont rien perdu de leur célébrité pendant une succession de quinze siècles ; et combien n'en produit-elle pas qui sont encore ignorés et auxquels il ne manque que d'être connus ; pour lutter avantageusement peut-être avec les premiers ? Il en est de la réputation des vins comme de celle des hommes ; pour sortir de la foule où l'on reste oublié, il ne suffit pas d'avoir un mérite réel ; quelquefois encore il faut des circonstances favorables, ou un heureux hasard qu'on ne rencontre pas toujours. A qui, en effet, n'est-il pas arrivé en voyageant, de boire dans un canton inconnu, des vins délicieux auxquels il ne manque, pour acquérir une renommée, que d'être produits sur des tables somptueuses ? Les grands qui accompagnèrent Louis XIV à son sacre, rendirent aux vins de Silleri, d'Hautvillers, de Versenai et de plusieurs autres territoires voisins de Rheims, la célébrité qu'ils avoient eue autrefois et dont ils ont joui depuis. Le vin de la Romanée doit la sienne en partie à de bons procédés de culture et de fabrication mais sur-tout à une circonstance heureuse dont

sut habilement profiter, il n'y a guère plus de
soixante ans, un nommé Cronambourg, officier
allemand au service de France, qui avoit épousé
l'héritière de ce vignoble. Les vins de Bordeaux
étoient avantageusement connus dès le quator-
zième siècle, puisqu'ils étoient déjà l'objet d'exportation le plus avantageux au commerce de l'A-
quitaine ; mais la consommation qu'on en fait dans
l'intérieur de la France, à Paris sur-tout, a triplé
depuis quarante ans. Cette espèce de révolution
se rapporte à une anecdote assez futile ; mais elle
trouve naturellement ici sa place, parce que les
conséquences en sont très-importantes au commerce français.

Le Maréchal de Richelieu avoit contribué au
gain de la bataille de Fontenoi ; il revenoit vain-
queur de la campagne de Mahon. Favori de
Louis XV, envié des grands et gâté par les
femmes de la cour, il jouissoit dans le monde,
non pas d'une considération imposante, mais de
cette sorte de célébrité à laquelle on n'est point
insensible quand on n'est pas philosophe. Madame
de Pompadour qui avoit assez d'esprit pour sentir la nécessité d'attacher quelqu'éclat à la misérable qualité d'être publiquement la maîtresse
du roi, conçut le projet de faire épouser made-
moiselle Lenormand sa fille, au duc de Fronsac,
fils de Richelieu. Le Maréchal dédaigna cette al-

liance avec une hauteur qui, en faisant sentir à la favorite toute la bassesse de sa profession, irrita en elle tous les sentimens de la vengeance. Richelieu n'étoit pas un ennemi ordinaire ; cependant elle réussit à l'éloigner de la cour. Il reçut le brevet de commandant de Guienne, l'ordre d'aller établir sa résidence à Bordeaux. On l'y reçut avec un empressement et des honneurs qui, dans des tems moins calmes, auroient pu donner quelqu'inquiétude au souverain qu'il représentoit. Son palais devint bientôt le rendez-vous habituel de tout ce que renfermoit cette belle cité d'hommes riches et bien élevés, de femmes aimables ou jolies. De Gasq, président du parlement et grand propriétaire dans les vignobles du voisinage, y fut accueilli des premiers et avec une sorte de distinction, parce que le ton aisé de sa société, son goût pour le jeu et pour tous les plaisirs, rapprochoient sa manière d'être et ses inclinations de celles du Maréchal dont il devint bientôt en effet l'ami particulier. Dans les fêtes magnifiques qu'il s'étoit fait la douce habitude de rendre à ce commandant de la Guienne, auquel il ne manquoit que le titre de roi, car il en avoit tout le faste et presque toute la puissance, de Gasq ne manquoit jamais de donner aux meilleurs vins de Bordeaux qu'il faisoit servir les noms des crûs où il étoit propriétaire. Ce petit manège assez commun aux possesseurs des denrées de cette

nature, lui réussit tellement que bientôt le Maréchal ne voulut, pour ainsi dire, offrir à ses convives, en vins de Bordeaux, que ceux du président; et si-tôt que les circonstances lui permi-
rent son retour à Paris, il voulut que ses caves
y fussent abondamment pourvues des mêmes vins.
Richelieu, si près de la cour, n'osa pas y étaler
le faste de la vice-royauté qu'il avoit exercée en
Guienne; mais sa réputation d'homme d'esprit
et de bon goût, d'heureux capitaine, d'ancien
favori du roi et de courtisan plutôt adroit que
servile, lui conserva dans le monde une prépon-
dérance marquée sur les hommes de son rang,
qui avoient aussi la manie de vouloir être imités.
Les vins de Bordeaux continuèrent d'être servis
sur la table du Maréchal avec une sorte de pré-
dilection et presque toujours sous le nom de vin
de Gasq. A la cour comme à la ville, le nombre
de ses imitateurs fut bientôt incalculable. Selon
l'usage, pour tout ce qui est de mode, il en
fut de même dans la plupart des grandes villes
de province ; de-là, l'étonnante consommation
qui s'est faite depuis et qui se fait encore dans
l'intérieur de la France, de vins de Bordeaux ou
réputés de Bordeaux (1).

J'aurois voulu présenter ici avec méthode et
placer dans son ordre chronologique la création

---

(1) Voyez le chapitre suivant.

des principaux vignobles français; mais les monumens historiques de l'agriculture nationale ne nous
fournissent rien d'assez précis à cet égard : quoiqu'on en ait dit, nous n'avons point eu de Pline.
Je ne puis mieux faire en ce moment, que de
marcher sur les traces de le Grand d'Aussy, qui
a extrait avec tant de soin des livres imprimés
et manuscrits de nos principales bibliothèques,
tous les renseignemens qu'il est possible de se
procurer sur cette matière, et qui les a présentés
avec tant d'art. Au surplus, si le tableau de la
nomenclature que nous offrirons au lecteur, laisse
beaucoup à désirer quant à la forme, nous ne
croyons pas du moins qu'il en soit ainsi pour le
fond.

Tout annonce que les vignes se sont propagées
parmi nous, à la seconde époque de leur plantation, en partant du Midi, du voisinage de Marseille; cette culture suivit aussi-tôt deux directions,
pour ainsi dire opposées l'une à l'autre; savoir
celle du Nord et celle du Sud-ouest. La première
pénétra par le Dauphiné sur les coteaux du Rhône,
les bords de la Saône et toute cette fameuse côte,
formée de monticules, qui traverse la Bourgogne
du Midi au Nord; de-là elle s'étendit par le pays
des Séquanois (la Franche-Comté), sur la rive
gauche du Rhin, sur les coteaux de la Marne, de
la Moselle et sur ceux qui bordent la Seille.

La seconde branche se dirigea par le Sud-ouest vers le Languedoc, la Gascogne et la Guienne.

Il est vraisemblable que de ces deux branches principales naquirent des ramifications qui s'étendirent à l'intérieur, en raison de la situation topographique des différentes provinces et des relations qu'avoient entre eux ceux qui les habitoient. C'est ainsi sans doute que les Périgourdins, les Limosins, les Angoumoisins, les Saintongeois, les Rochelois et peut-être les Poitevins se procurèrent les plans de vigne et la culture déjà introduits dans la Guienne; que les habitans de l'Auvergne, du Bourbonnois, du Nivernois et du Berri reçurent les leurs du Lyonnois, pour les transmettre de même aux Tourangeaux, aux habitans du Blaisois et aux Angevins. Le Gatinois, l'Orléanois, l'Isle de France reçurent les leurs des vignobles qui servent de limites aux anciennes provinces de Bourgogne et de Champagne. Les plants furent communiqués et leur culture se propagea avec une rapidité qui semble inconcevable, quand on réfléchit avec combien de lenteur on parvient de nos jours à faire adopter les bons principes et les meilleurs procédés de culture. Il est vrai que dans ces tems reculés les grands propriétaires ne dédaignoient pas de diriger personnellement les exploitations rurales ; et il faut ajouter que les souverains eux-mêmes n'étoient pas étrangers aux détails de l'agriculture, *cette belle science*, dit Olivier de Serres, *qui s'apprend en l'école de la nature, qui est prouignée par la nécessité et embellie par le seul regard de son doux et profitable fruit* (1). Les premiers ducs de Bourgogne firent faire beaucoup de plantations pour leur propre compte. On voit dans plusieurs de leurs anciennes ordonnances, combien ils se flattoient d'être qualifiés *seigneurs immédiats des meilleurs vins de la chretienneté, à cause de leur bon pays de Bourgogne, plus famé et renommé que tout autre en croît de vin*. Les princes de l'Europe, dit Paradin (2) désignoient souvent le duc de Bourgogne sous le titre de *Prince des bons vins*. Quand les papes eurent transporté en France le siége pontifical, en 1308, leur table, celle des cardinaux et des principaux officiers de la cour papale, furent toujours fournies de vins aux dépens du monastère de Cluni; et l'on conjecture que c'étoit du vin de Beaune, parce que Pétrarque, écrivant au pontife Urbain V, et réfutant les différentes raisons qui retenoient les cardinaux au-delà des monts, disoit leur avoir entendu alléguer *qu'il n'y avoit point de vin de Beaune en Italie*.

On transportoit à Rheims des vins de Bourgogne pour la cérémonie du sacre des rois de

---

(1) Préface du Théâtre d'Agriculture.
(2) Annales, liv. 3.

France. Lors du couronnement de Philippe de Valois, en 1328 , le vin de Beaune y fut vendu 56 francs la queue , somme très-considérable pour ces tems. Les états-généraux assemblés à Paris, en 1369 , accordèrent un droit sur l'entrée des vins à Paris, droit plus juste dans sa perception, plus politique et mieux raisonné que celui qui fut établi depuis aux barrières de presque toutes les villes de France. Par celui-là, la taxe étoit la même pour les vins de Normandie que pour ceux de Bourgogne; mais le premier établissoit une sage distinction entre la somme à percevoir sur les vins destinés à passer sur la table des riches et celle qu'on imposoit sur ceux qui devoient être consommés par la classe la moins aisée des citoyens. Ce droit d'entrée fut porté à 24 s. ou 120 cent. par queue de vin de Bourgogne, et à 15 s. ou 75 cent. seulement par chaque mesure correspondante sur les vins communs de France. Philippe le Bon ne voyageoit point qu'il n'eût à sa suite des vins de ses domaines pour sa provision, il avoit contracté l'habitude d'en faire passer tous les ans un certain nombre de pièces à Charles le Téméraire.

Les rois de France ne négligèrent pas non plus de faire planter des vignes dans leurs domaines. Les capitulaires de Charlemagne fournissent la preuve qu'il y avoit des vignobles attachés à cha-

D

cun des palais qu'ils habitoient, avec un pressoir et tous les instrumens nécessaires à la fabrication des vins ; on y voit le souverain lui-même entrer, sur cette espèce d'administration, dans les plus grands détails avec ses économes. L'enclos du Louvre, comme les autres maisons royales, a renfermé des vignes, puisqu'en 1160, Louis le jeune put assigner annuellement sur leur produit, six muids de vins au curé de Saint-Nicolas. Philippe-Auguste, suivant un compte de ses revenus pour l'année 1200, rapporté par Bussel, possédoit des vignes à Bourges, à Soissons, à Compiègne, à Laon, à Beauvais, Auxerre, Corbeil, Bétisi, Orléans, Moret, Poissi, Gien, Anet, Chalevane (le seul transport du vin de ce dernier crû coûta cent sols en 1200), Verberies, Fontainebleau, Rurecour, Milli, Boiscommun dans le Gâtinois, Samoi dans l'Orléanois et Auvers dans le voisinage d'Etampes. Le même compte fait mention de vins achetés pour le compte du roi à Choisi, à Montargis, à Saint-Césaire et à Meulan. Ce dernier avoit sans doute été récolté sur la côte d'Evêque-Mont.

Parmi les fabliaux du treizième siècle, publiés par le Grand d'Aussy, il en est un composé sous le règne du même Philippe-Auguste ; et intitulé *la Bataille des Vins*, dans lequel on trouve une liste très-étendue des vins de France réputés alors les meilleurs. Après avoir parlé génériquement de ceux du Gatinois, de l'Auxois, de l'Anjou et de la Provence, il ajoute que l'Angoumois se vante *à bon droit*, de ceux des environs d'Angoulême, comme l'Aunis de ceux de la Rochelle ; l'Auvergne, de Saint-Pourçain (1); le Berry, de Sancerre, de Châteauroux, d'Issoudun et de Buzançais; la Bourgogne, d'Auxerre, Beaune, Beauvoisins, Flavigni et Vermanton; la Champagne, de Chabli, Epernay, Rheims, Hautvillers, Sézanne et Tonnerre; la Guienne, de Bordeaux, Saint-Emilion, Trie et Moissac; l'Isle-de-France, d'Argenteuil, Deuil, Marly, Meulan, Soissons, Montmorenci, Pierrefite et Saint-Yon; le Languedoc, de Narbonne, Béziers, Montpellier et Carcassonne; le Nivernois, de Nevers et Vézelai; l'Orléanois, d'Orléans, Orchèse, Jargeau et Samoi; le Poitou, de Poitiers; la Saintonge, de Saintes, Taillebourg et Saint-Jean-d'Angeli; la Touraine, de Montrichard.

Depuis l'an 1200, il ne s'est pas écoulé de siècle sans que les noms de plusieurs autres provinces ou de vignobles particuliers à des provinces déjà

---

(1) Un autre écrivain du même siècle, parlant d'un homme qui étoit devenu fort riche, dit de lui, pour donner une idée de son luxe, qu'il ne buvoit plus que du vin de St. Pourçain.

citées , n'aient augmenté les listes ci-devant rap-
portées. En 1234, le Pomard est cité par Paradin
comme *la fleur des vins de Beaune*; en 1310,
une somme fut employée par ordre de Philippe-
le-Bel pour faire des expériences sur les vins de
Gaillac , de Pamiers et de Montesquieu (1) Eustache Deschamps , mort en 1420, ajoute (2) à la
nomenclature précédente les nouveaux noms d'Aï,
d'Auxonne, de Cumières, de Dameri, de Ger-
moles, de Givri, Gonesse, Iranci, Pinos, Tournus,
Troy, Vertus et Mantes. En 1510, lorsque les am-
bassadeurs de Maximilien traversèrent la France
pour se rendre à Tours où étoit Louis XII, la
reine leur fit porter à Blois du poisson , de la
marée et *trois barils de vin vieil de Beaune et
d'Orléans.*

Ces dernières citations donnent lieu à plusieurs
remarques. On y voit le vignoble de Mantes, quoique très-voisin de la Normandie, si même il ne
faisoit partie intégrante de cette province , compté
au nombre de nos vignobles les plus distingués.
Il est déchu de sa réputation depuis une quaran-
taine d'années, époque du défrichement du clos
vulgairement nommé des *Célestins.* La négligence
qu'on a mise à maintenir la renommée des vins

___

(1) Histoire de Languedoc , par D. Vaissette.
(2) Poésies manuscrites.

de ce canton est d'autant plus fâcheuse qu'ils sont
pour ainsi dire les seuls récoltés, dans la partie
septentrionale de la France qu'on puisse assimiler
aux vins de Bordeaux, de Cahors et d'autres provinces plus méridionales encore, pour ne rien
perdre de leur qualité dans le cours des plus longs
trajets en mer. On assure qu'un de nos voyageurs
du dernier siècle en transporta jusqu'en Perse,
sans qu'il eût éprouvé la moindre altération; et
nous savons qu'ils ont été du nombre des vins
français les plus recherchés par les Anglois et les
Hollandois (1). Les habitans de Mantes et leurs
voisins de Dreux ont à leur portée un sol, des expositions, des abris tellement avantageux pour la
vigne, qu'ils pourroient être enviés dans des départemens où ce genre de culture jouit depuis
long-tems d'une réputation que personne ne con-
teste.

La liste d'Eustache Deschamps annonce qu'il
existoit déjà de son tems une certaine rivalité
d'industrie, d'émulation et de renommée entre les

---

(1) Quand le commerce est ouvert avec les Anglais
et les Hollandais, les uns et les autres chargent à Bordeaux, à Nantes, à la Rochelle, les vins de Bordeaux,
du Querci, du Languedoc, de la Basse - Navarre et
de Bearn; ils embarquent à Rouen, à Dunkerque
et à Calais ceux de Bourgogne, de Champagne et de
Mantes.

D 3

vins de Bourgogne et ceux de Champagne, rivalité qui a dégénéré depuis en une lutte assez ridicule , et dont nous parlerons avant de terminer
ce chapitre. Le même auteur, en parlant des vins
de Gonesse, nous conduit naturellement aux autres vignobles de Paris dont les nomenclateurs ont
peu parlé jusqu'ici, quoiqu'ils soient très-anciens,
qu'ils aient été peut-être plus multipliés qu'ils ne
le sont de nos jours, et qu'ils aient joui d'une réputation à laquelle on auroit peine à croire, si
elle n'étoit attestée par une foule de témoignages
authentiques. Enfin on vient de voir les vins d'Orléans mis, pour ainsi-dire , en parallèle avec ceux
de Beaune ; les tems sont bien changés à leur
égard. Cependant ils ont éprouvé tant de vicissitudes dans leur fortune, et la consommation qui
s'en fait dans l'intérieur de l'Etat est si considérable que nous devons rapporter ce qu'ils ont
été, parce que ce sera dire ce qu'ils pourroient être
encore. Viendront ensuite les détails que le lecteur a droit d'attendre des fameux vignobles Bordelais et sur ceux de quelques autres départemens auxquels les gourmets donnent une attention particulière. Mais avant tout, pour nous conformer à l'espèce d'ordre chronologique que nous
avons observé jusqu'ici, le lecteur doit être prévenu que nous touchons à l'époque où les vignes
de France furent atteintes d'un fléau dirigé par
l'autorité , et non moins impolitique que celui dont

elles avoient été frappées sous l'empire de Domitien. S'il fut moins désastreux dans ses effets, c'est
que la proscription des vignes ne fut pas univer-
selle comme la première fois. Le même prétexte,
une récolte chétive des blés en 1566, détermina
l'ordonnance de Charles IX, par laquelle ce prince
vouloit qu'il ne pût y avoir désormais que le tiers
du terrein de chaque canton occupé par les vignes,
et que les deux autres tiers fussent consacrés soit
aux prairies, soit aux céréales. Encore une fois,
est-ce qu'un genre de culture quel qu'il soit ne dépend pas autant, et plus encore du climat et de
la nature du sol que du travail des hommes? C'est
une remarque digne d'attention, dit fort agréa-
blement l'écrivain que j'ai tant de plaisir à citer,
et que je copie souvent, parce que je ne pourrois
dire aussi bien : « C'est une remarque dont les
buveurs sur-tout doivent triompher, que les deux
princes qui proscrivirent les vignes en France
aient été, l'un, l'auteur de la Saint-Barthélemi ;
l'autre, un des plus abominables tyrans qui aient
affligé le monde». Ce réglement de Charles IX fut
heureusement modifié par Henri III (1). Celui-ci

_____

(1) Entre la date de ce réglement et la modification
qu'y mit Henri III, il parut une loi très-favorable au
commerce des vins. Les batteliers et charretiers, qui s'oc-
cupoient du transport des vins, se permettoient, pendant leur route, de boire celui qu'ils conduisoient. Ils

recommanda seulement, en 1577, à ses représentans dans les provinces, *d'avoir attention qu'en leurs territoires les labours ne fussent délaissés pour faire plants excessifs de vignes.* Enfin, quoique les lumières acquises pendant le cours de deux siècles eussent dû propager les bons principes en économie politique et rurale, il ne fut

---

remplissoient ensuite les tonneaux avec de l'eau et du sable. Ce désordre étoit si général que, loin de s'en cacher, ils en étoient venus au point de le regarder presque comme un droit. Un nommé d'Arqueville, auquel on avoit rendu du vin ainsi altéré, en prit de l'humeur, intenta procès aux voituriers qui l'avoient amené, et les traduisit au parlement. Le tribunal les condamna comme voleurs, à payer des dommages et intérêts, à faire amende honorable et à être fustigés. Il prononça même que dorénavant ceux qui se rendroient coupables du même délit, seroient pendus. Cet arrêt fameux, rendu le 10 février 1550, fit beaucoup de bruit et n'arrêta point le mal. La même friponnerie reprit bientôt son cours et subsiste encore aujourd'hui, malgré le moyen qu'on a pris, qu'on auroit dû croire suffisant pour la prévenir, celui d'abandonner aux voituriers une ou deux pièces de vin, pour leur consommation, pendant la durée du transport. Souvent persuadés, et presque toujours mal-à-propos, que le vin mis à leur disposition est le moins bon de la charge, ils goûtent à toutes les pièces qu'on leur a confiées, consomment le meilleur vin et frélatent presque tout le reste. Ce brigandage est un des plus grands obstacles que puisse éprouver le commerce des vins, sur-tout des vins de choix.

pas moins défendu, sous le règne de Louis XV
en 1731, de faire de nouvelles plantations de
vignes, et de renouveller, par le travail, celles
qui seroient restées incultes pendant deux années seulement. Pourquoi contraindre? pourquoi
décourager sans cesse le cultivateur et ne pas lui
laisser la faculté, pour payer les charges dont on
l'accable, de tirer le meilleur parti possible de
son champ? Il en connoît la qualité mieux que
personne, mieux que les hommes d'état eux-
même.

La plantation des vignes aux environs de Paris,
remonte à des tems bien reculés, puisque l'em-
pereur Julien a donné des éloges aux vins qu'elles
produisoient. On a déjà parlé de celles de Mont-
morency, de Deuil, de Marli, de Gonesse, de
Riz et d'Argenteuïl. Renaud, comte de Boulogne,
en posséda, dans ce dernier territoire, qui pas-
sèrent ensuite à Philippe Auguste: lequel les donna
à Guérin, évêque de Senlis. Un certain Boileau,
qui vivoit sous Philippe-le-Bel, fit présent aux
Chartreux de Paris d'une vigne située dans le
même canton; et les moines regardèrent ce legs
comme si précieux que, par reconnoissance, ils
inhumèrent le donateur dans leur grand cloître(1).
Lorsque les économes de la maison du roi avoient

---

(1) Histoire du diocèse de Paris, *par l'abbé Lebœuf.*

fait choix, pour la bouche, d'une certaine quantité de vin, produit dans les enclos des domaines situés à Paris, ils faisoient crier la vente du surplus dans les rues ; et pendant cette criée, toutes les tavernes de la ville étoient fermées. Une ordonnance de Louis IX, sous l'année 1268, porte : *se li roy met vin à taverne, tuit li autres taverniers cessent : et li crieurs tuit ensemble doivent crier le vin le roy, au matin et au soir, par les carrefours de Paris.* Liébaut parle avec éloges des vins de Sèvre et de Meudon ; l'abbé de Marolles, de ceux de Surêne, Ruel et Saint-Cloud. Ces même vins, dit Pierre Gauthier de Roanne, auxquels il ajoute celui de Riz, font les délices du monarque. C'est de Louis XIV qu'il parloit, et ce prince étoit alors âgé de trente ans. *Vive le pain de Gonesse*, écrivoit Patin en 1669, *avec le bon vin de Paris, de Bourgogne et de Champagne, sans oublier celui de Condrieux, le muscat du Languedoc, de Provence, de la Ciotat et de Saint-Laurent !* Enfin Paumier, médecin normand, qui a écrit sur le cidre et sur le vin, ne parle qu'avec enthousiasme *des vins français* : c'est ainsi qu'il nomme ceux de l'île de France. Il va jusqu'à leur donner la préférence sur ceux de Bourgogne. *Tout ce que peut prétendre celui-ci*, dit-il, *quand il a perdu toute son âpreté, et qu'il est en sa bonté, c'est de ne point céder aux vins français.* Certes, nous ne discon-

venons pas qu'il n'y ait beaucoup d'exagération,
ou même une partialité ridicule dans ce jugement du docteur Paumier : mais il tend à prouver
avec les autres passages déjà cités, que les vins
des environs de Paris ont joui, pendant plusieurs
siècles, d'une réputation qui n'existe plus aujour-
d'hui ; et ce qui prouve aussi qu'elle s'est main-
tenue jusqu'au commencement du dix - huitième
siècle, c'est que l'abbé de Chaulieu, dans une pièce
de vers écrite en 1702, représente le marquis de
la Fare, son ami, allant souvent boire du vin à
Surène.

> Et l'on m'écrit qu'à Surène,
> Au cabaret on a vu
> Lafare et le bon Silène,
> Qui, pour en avoir trop bu,
> Retrouvoient la porte, à peine,
> D'un lieu qu'ils avoient tant connu.

La Fare, homme aimable, à talens, accoutumé
à ne vivre que dans les sociétés les mieux choisies,
qu'aux tables les plus délicatement servies ; lui
qui contribuoit pour beaucoup aux charmes des
réunions de l'hôtel de Rambouillet : la Fare n'eût
pas donné la préférence aux cabarets, où l'on ne
buvoit vraisemblablement que du vin du crû de
Surène, si ce vin n'avoit pas eu d'autres qualités
que celles qui le caractérisent aujourd'hui.

On chercheroit peut-être vainement ailleurs
que dans les progrès excessifs de la population de

Paris, depuis un siècle, la première cause du discrédit où sont tombés les vins de son voisinage. Le nombre des artisans et des ouvriers s'étant multiplié, dans cette grande ville, en raison des besoins de ses habitans riches ou aisés, les tavernes, les cabarets, les guinguettes y sont devenus infinis dans leur nombre. Constamment remplies par des consommateurs d'un goût peu délicat, ils forment un marché permanent; ils sont un débouché, dans tous les momens, ouvert à l'écoulement de la denrée dont nous parlons. Les propriétaires sûrs de la placer avantageusement, en quelque quantité qu'ils en soient pourvus, et de se procurer une reprise avantageuse sur le transport, dont les frais sont presque nuls comparés à ceux qu'entraînent de longs charrois, les ont décidés à porter leurs spéculations sur la quantité plutôt que sur la qualité. L'abondance des engrais, la facilité de se les procurer à bon compte, entr'autres ceux qu'on nomme *boue-de-Paris*, et qui contiennent les principes les plus actifs de la végétation, ont puissamment secondé leurs vues. Il n'a plus fallu ensuite que négliger l'entretien ou la multiplication des plants choisis qui produisent toujours peu, et les sacrifier aux espèces communes ou grossières qui donnent beaucoup pour faire perdre à ces vignobles la célébrité qu'ils avoient acquises et justement méritée. Nous connoissons quelques propriétaires dans les territoires d'Argenteuil et de Sèvre, qui

s'occupent des moyens de la leur conquérir de nouveau. Puissent les soins qu'ils donnent à cette
louable entreprise, et l'intelligence avec laquelle
ils la dirigent être suivis de succès rapides! ils auroient bientôt de nombreux imitateurs.

Les vignobles d'Orléans n'ont pas joui constamment non plus du même degré de faveur. L'espèce
de déchéance dans laquelle on les a vu tomber,
pourroit bien avoir aussi sa source dans l'immense
consommation qui s'en fait, non en nature de vin
proprement dit; mais après sa conversion en
eaux-de-vie, et sur-tout en vinaigre. Sous ces dernières formes, les produits des vignobles de l'Orléanois sont recherchés des nationaux et des étrangers avec tant d'empressement, que beaucoup de
propriétaires auront sans doute trouvé peu d'intérêt à maintenir leur ancienne réputation comme
vin. Elle a fait dire autrefois à l'auteur du *siége
de Thèbes*;

> Et mil muids de vin Orléanois
> Aine millor ne but queus ne rois.

Louis le Jeune, écrivant de la Terre Sainte
à Suger et au comte de Vermandois, Régens du
royaume pendant son absence, leur prescrit de
donner à *son cher et intime ami* Arnould, évêque
de Lisieux, soixante mesures de son *très-bon vin
d'Orléans*. On présume que ce prince parloit du

vignoble de Rébréchien devenu depuis Henri I, une possession des rois de France. Champier dit dans un ouvrage déjà cité, que les habitans de l'Artois et du Hainaut recherchoient les vins de Beaune, mais que les autres habitans de la Flandre leur préféroient ceux de l'Orléanois. *L'Hercule Guépin*, poëme plus que médiocre, composé sur les vins dont nous parlons, indique comme premiers crûs de ce vignoble, Bouc, Cambrai, Chéci, Combleux, Coudrai, Fourneaux, la Gabillère, Lécot, Louri, Marigni, Maumenée, Olivet, Ponti, Samoi, Saï, Saint-Martin, Saint-Mémin, Saint-Hilaire et Saint-Jean de Braies. On lit dans la liste des vins de France, publiée par l'abbé de Marolles (1) au passage sur l'Orléanois, Génetin, Saint-

---

(1) Voyez sa traduction de Martial. Voici l'ordre dans lequel ce traducteur rapporte les noms des principaux vignobles de France : pour l'Auvergne, Thiers et la Limagne ; pour le Berri, Aubigni, Issoudun, Sancerre et Vierzon ; pour le Blaisois, St.-Dié, Vineuil et les Grois de Blois (Prépateur et Châteaudun y sont omis mal-à-propos) ; pour la Bourgogne, Auxerre, Beaune, Coulanges, Joigni, Iranci, Vermanton et Tonnerre ; pour la Champagne, Aï, Avenai, Chabli, Epernai et Jaucourt ; pour le Dauphiné, l'Hermitage ; pour la Franche-Comté, Arbois ; pour la Guyenne, Bordeaux, Chalosse, Grave et Médoc ; pour l'Isle de France, Argenteuil, Ruel, St.-Cloud, Soissons et Surène ; pour le Languedoc, Frontignan, Gaillac, Limoux ; pour le Nivernois, Pouilli et la Charité ; pour la Normandie, Mantes ; pour l'Or-

Mémin et l'Auvernat *si noble qu'il ne peut souffrir l'eau, quoique d'ailleurs il soit généreux.* Boileau parle de cet Auvernat d'une manière bien
différente, quand il dit:

> Un laquais effronté m'apporte un rouge bord
> D'un Auvernat fumeux, qui, mêlé de Lignage,

léanois, *lisez* le texte ; pour la Provence , Cassos , la
Cioutat et St.-Laurent; pour la Touraine , Amboise,
Azai-le-Féron, Bléré, Bouchet, la Bourdaisière, Cla-
veau-la-Folaine, Maillé, Mézières, Montrichard, Mont-
Louis, Nazelles, Noissai, Plaudet, St.-Avertin, Vérets,
Vernon et Vouvrai.

Le lecteur a sans doute remarqué combien est nombreuse la liste que l'abbé de Marolles nous présente des
bons crûs de la Touraine, et combien est resserrée celle
de la Bourgogne, de la Champagne et du Bordelais ; mais
l'auteur étoit Tourangeau.

Olivier de Serres, lui-même, n'a pas été tout-à-fait
exempt de cette petite foiblesse ; car dans la nomenclature qu'il a laissée des principaux vins de France, ceux
du Midi s'y trouvent dans une proportion presque ridicule, comparés à ceux de nos départemens du centre
et du Nord-Est. En voici le propre texte : « Les excel-
» lens vins blancs d'Orléans , de Couci, de Loudun en
» Languedoc , d'Anjou, de Beaune, de Joyeuse, de
» l'Argentière de Montréal, de Lambras, de Cornas,
» en nostre Vivarets , de Gaillac, de Rabastens, de
» Nérac, d'Aunis, de Grave. Les friands vins-clérets
» de Cante-Perdrix, terroir de Beaucaire ; de Castelnau,
» de Monssen-Giraud, de Baignols, de Montelimar, de

Se vendoit chez *Crenet* (1) pour vin de l'Hermitage;
Et qui, rouge et vermeil, mais fade et douucerenx,
N'avoit rien qu'un goût plat et qu'un déboire affreux.

Hamilton ne s'exprime pas sur ces vins d'une manière plus avantageuse.

.... Le vin dont les dieux vont buvant,
    Auprès du vôtre en parallèle,
    Paroîtroit du vin d'Orléans.

Ces satyriques ne connoissoient pas sans doute ceux de Saint-Denis-en-Val, de Saint-Jean et de Saint-Y dont la réputation existoit cependant au tems où ils s'égayoient de cette sorte, et se maintient encore de nos jours. Pierre Gautier de Roanne, parlant des qualités des différens vins de France dans ses *Exercitationes hygiasticæ*,

---

» Villeneuve-de-Berg ma patrie, de Tournon, de Ris,
» d'Aï, d'Arbois, de Bordeaux, de la Rochelle et autres
» diverses sortes croissans aux provinces de Bourgogne,
» d'Anjou, du Maine, de Guyenne, de Gascogne, du
» Languedoc, du Dauphiné, de la Provence. Sur tous
» lesquels vins paroissent les muscats et blanquettes de
» Frontignan, et Miranaux en Languedoc, dont la valeur
» les fait transporter par tous les recoins de ce royau-
» me ». *Théâtre d'Agriculture.*

(1) C'est le nom de celui qui tenoit alors à Paris, le fameux cabaret de la *Pomme de Pin*, près le pont Notre-Dame.

publiées

publiée en 1668 et citées par Tessier (1), entr'autres de ceux d'Orléans, de Bourgogne, de Gascogne, d'Anjou, de Champagne et des environs
de Paris, dit que les premiers ont peu de corps
et cependant qu'ils sont généreux, spiritueux et
très-bons à leur seconde année. Il est assez remarquable, ajoute-t-il, que tout distingués qu'ils
sont par un goût très-agréable, il y ait une dé-
fense imposée au grand-maître de la maison du
roi très-chrétien, de permettre qu'on serve du vin
d'Orléans sur la table de sa majesté, et cet officier
promet de s'y conformer sous la foi du serment.
Plusieurs autres écrivains ont cité ou répété la
même anecdote, mais aucun n'a désigné le titre
original où il l'a puisée; ainsi on peut ou révo-
quer en doute son authenticité, ou se livrer à beaucoup de conjectures, pour assigner un motif à
son existence. Ne seroit-il pas possible qu'un prince
ou quelqu'autre personnage important de la cour
en ait pris d'une manière démesurée et dans un
état douteux de santé; que cette ivresse ait produit quelque grave accident, et qu'un médecin
plus adroit que véridique ait jugé convenable de
l'attribuer plutôt à la qualité du vin qu'à la foible
constitution ou à l'intempérance du buveur?

---

(2) Annales de l'Agriculture française, tom. II.
pag. 295.

L'Hermitage, Arbois et Condrieu ont à peine figuré dans les listes qu'on a parcourues jusqu'ici. Nous avons même pris sur nous de retrancher Condrieu de celle de l'abbé de Marolles, non que ce vignoble ne mérite une mention particulière ; mais parce que l'auteur l'a placé dans le Langue-doc, tandis qu'il appartient au Lyonnois.

Le roi, écrivoit Patin en 1666, a fait présent au roi d'Angleterre de deux cents muids de très-bon vin ; savoir : de Champagne, de Bourgogne et de l'Hermitage.

Quant au vin d'Arbois, les mémoires de Sully ont depuis long-tems fait connoître l'anecdote suivante qui lui est en quelque sorte relative.

» En 1596, le duc de Mayenne après avoir mis bas les armes et traité avec Henri IV, se rendit à Monceaux où étoit le roi pour l'assurer de sa fidélité. Celui-ci, en ce moment se promenoit dans le parc avec Sully. Mayenne s'étant jetté à ses genoux, il le releva, l'embrassa trois fois ; puis le prenant par la main, il le mena par les différentes allées du parc, pour lui en faire ad-mirer les beautés. Leste et dispos, il marchoit à grands pas : le duc au contraire qui étoit fort gras, et qui d'ailleurs étoit incommodé d'une sciatique, ne pouvoit le suivre qu'avec une peine infinie. Il suoit à grosses gouttes et souffroit cruel-

lement sans pourtant oser s'en plaindre. Le roi
enfin s'en étant apperçu, lui dit : Parlez vrai,
mon cousin, n'est-il pas vrai que je vais un peu
vîte pour vous ? Mayenne répondit qu'il étouffoit,
et que si sa Majesté eût continué, elle l'eût tué sans
le vouloir. Touchez-là, mon cousin, reprit le roi
en riant, et lui frappant sur l'épaule : car, par-
dieu, voilà toute la vengeance que vous aurez de
moi ; et en même-tems il l'embrassa de nouveau.
Mayenne, pénétré jusqu'aux larmes, fit un effort
pour se jetter à genoux une seconde fois. Il baisa
la main du roi et lui jura qu'il le serviroit désormais contre ses propres enfans. Or sus, je le crois
répartit Henri ; et afin que vous puissiez m'aimer
et me servir plus long-tems, *je vais vous faire*
donner deux bouteilles de vin d'Arbois, car je
pense que vous ne le haïssez pas ».

« Quand Sully, nommé duc et pair, donna
pour sa réception un grand repas, le roi vint
tout-à-coup le surprendre et se placer au nombre
des convives. Cependant, dit le duc, comme il
avoit faim et qu'on tardoit à servir, il alla en
attendant *manger des huîtres et boire du vin*
d'Arbois ».

Il nous reste à parler maintenant d'un des plus
grands et des plus célèbres vignobles de la France,
celui de Bordeaux.

La majeure partie des vins recueillis dans le territoire Bordelais, ayant été pendant plusieurs siècles, étant encore de nos jours, plutôt un objet de commerce extérieur très-important, que de consommation intérieure, comme nous l'avons déjà observé, il n'est pas surprenant que nos écrivains, desquels ils étoient en général peu connus, n'en aient parlé que d'une manière très-succinte, et, pour ainsi dire, en passant. Ausone qui vivoit au quatrième siècle, lui donne des éloges dans plusieurs de ses écrits. Mathieu Pâris, parlant des dispositions de mécontentement et d'aigreur où étoit la Gascogne, en 1251, contre les Anglais, leurs dominateurs, dit que cette province se seroit soustraite dès lors à l'obéissance de Henri III, si elle n'eût eu besoin de l'Angleterre, pour le débit de ses vins. Il est constaté par un registre des droits de la douane de Bordeaux que, dans le cours de l'année 1350, il sortit du port de cette ville cent quarante et un navires, chargés de treize mille quatre cent vingt-neuf tonneaux de vin (le tonneau est composé de quatre barriques, et chaque barrique contient deux cents pintes), qui avoient produit 5 mille 104 livres, 16 sols, de droits, *monnoie bourdelaise*. En 1372, dit Froissard, on vit arriver à Bordeaux, *toutes d'une flotte, bien deux cents voiles et nefs de marchands qui alloient aux vins.*

Les anciens documens que nous avons été à

portée de recueillir sur ce grand et beau vignoble,
se bornent à ce peu de citations ; mais il est d'une
telle importance, comme partie du produit territorial de la France, que nous croyons devoir faire
connoître, avec quelque détail, les principaux
crûs dont il est formé.

On les divise d'abord en quatre parties principales ; savoir : 1°. le Médoc ; II°. les Graves ;
III°. les Palus ; IV°. les Vignes-Blanches. On doit
y ajouter trois autres cantons : quoiqu'inférieurs
aux premiers, ils occupent un rang distingué dans
la liste des principaux vignobles de la France. Ce
sont ceux 1°. d'Entre-deux-Mers ; 2°. de Bourgeais ; 3°. enfin de Saint-Emilion.

Vignobles Bordelais du premier ordre.

I. Le vignoble du Médoc commence à-peu-près
à la distance de 12 à 14 lieues, nord, au-delà de
Bordeaux. Il a son exposition au Levant et au
Midi, longeant la rive gauche des rivières de Gironde et de Garonne. Il se termine en deçà de
Blanquefort, deux lieues et demie avant Bordeaux. C'est au centre de cette ligne qu'on recueille
les vins les plus renommés du pays ; parce que
c'est-là que sont situés Calon, dans Sainte-Estephe ;
Lafitte et Latour, dans Poillac ; Léoville et Grau,
dans Saint-Julien, Château-Margaux et Rauzan,
dans Margaux : Cantenac termine la chaîne des

E 3

grands vins de Médoc. Ceux des Châteaux, Lafitte, Latour et Margaux se disputent la priorité; en effet, depuis long-tems, leurs différens propriétaires obtiennent le même prix de leurs vins Dans les bonnes années, ils montent jusqu'à 2,500 liv. le tonneau; le *minimum* est de 1,500 liv. lorsque le tems n'a pas été favorable à la végétation de la vigne

De tous les vignobles du Bordelais, celui du Médoc est le plus heureusement situé. Il cotoye les rivières de Garonne et de Gironde, sur lesquelles il domine, ainsi que sur des atterrissemens plus ou moins considérables; et l'on remarque que la qualité du vin s'amoindrit à mesure que le vignoble s'écarte de la rivière. Calon, Lafitte, Latour et Saint-Julien sont à une grande élévation au-dessus de la rivière, à cause de l'escarpement du site qu'ils occupent, et néanmoins très-près de ses bords.

Le sol du Médoc présente à sa superficie un sable granitique ou graveleux, d'un roux plus ou moins foncé. Les habitans ont remarqué que le gravier qui repose sur un sable gras et dont la couche est épaisse, produit beaucoup, sans que la qualité soit altérée par l'abondance de la récolte : observation importante et qu'on a rarement occasion de faire. C'est sur un pareil terrein que sont plantées les vignes de Lafitte, de Latour et de Margaux.

II. Le vin de Grave prend son nom de la nature du terrein qui le produit. Autrefois on désignoit plutôt, sous ce nom, du vin blanc que du vin rouge ; et on étendoit ce nom aux vignobles blancs, jusqu'à Langon, situé à huit lieues de Bordeaux. Aujourd'hui, on nomme indistinctement vin de Grave, les vins blanc et rouge qu'on récolte dans les Graves voisines de Bordeaux, jusqu'à la distance de deux lieues de cette ville, tant du côté du Nord que du côté du Sud, en s'appuyant à l'Ouest.

L'exposition de ce dernier vignoble est moins avantageuse à la vigne que celle du vignoble du Médoc. Il est plus bas, plus exposé l'hiver à l'humidité, plus aride en été et plus ombragé par les bois et les maisons. Le sol, formé d'un sable assez gras, a moins de profondeur que celui du Médoc, et est porté tantôt par de la terre propre à la végétation des Landes, tantôt et plus souvent par un banc de gravier ou de sable qui a beaucoup de profondeur.

A la tête des vins rouges de Grave est celui du château d'Haut-Brion, à une demi-lieue, ouest, de Bordeaux. Il n'a pas même de concurrent dans son vignoble, puisqu'il va, pour ainsi dire, de pair, pour le prix et la qualité, avec les vins de Lafitte, de Latour et de Margaux. Il est, de tous les vins de Bordeaux, celui qui se rapproche le plus des bons vins de Bourgogne ;

E 4

il est vif, brillant et léger; mais il n'a pas le bouquet des vins du Médoc.

Les vins du Haut-Talence occupent le second rang, parmi les vins de Grave; viennent ensuite ceux de Mérignac. Le prix de ces vins de seconde sorte n'approche pas de celui des seconds vins du Médoc.

III. Le vignoble blanc qui porte aussi le nom de Grave est distinct et comme séparé du premier. Quoiqu'entouré de vignes à ceps rouges, il forme, pour ainsi dire, un canton à part. Vers le Nord, un seul vignoble blanc jouit d'une réputation avantageuse; il est dans Blanquefort, à deux lieues nord-ouest de la ville. Mais on trouve à trois quarts de lieue, au midi, le canton très-estimé de Saint-Bris, et plus loin, au sud-ouest, celui de Carbonien. Le terrein de Saint-Bris est un sable granitique léger; et celui de Carbonien, une grave rousseâtre assise sur une couche d'argile. Ces trois territoires, quoique couverts de vignes à ceps blancs, ne forment cependant pas le vignoble blanc proprement dit, parce que, d'une part, ils sont comme enfermés dans les vignes rouges de Grave, et de l'autre, parce qu'il existe un assez long espace de là au vignoble blanc.

C'est à Castres, à quatre lieues Sud de Bordeaux, que commence la chaîne non interrompue des vignobles blancs. Elle s'étend sur la rive gauche de la Garonne, jusqu'à Langon, et reprend, vis-à-vis de cette petite ville, sur la rive, pour se prolonger, en la descendant, pendant quatre lieues. La Garonne semble enfermer ces éminences par une diagonale qui part de Castres pour aller atteindre Langoiran.

Quoique le vignoble de la partie droite de la rivière soit magnifiquement situé, puisqu'il occupe une chaîne de coteaux très-élevés au Sud et au Sud-Ouest, il est bon d'observer que le vignoble de la rive gauche de la Garonne est infiniment supérieur au premier; car c'est dans ce dernier qu'on récolte les vins de la première qualité, et il s'y en fabrique peu de médiocre. Il faut donc attribuer à la différence du terrein l'inégalité du mérite dans les produits. Les vignes de la partie gauche occupent un sol assez uniforme dans sa composition, et peu élevé au-dessus du niveau de la rivière, en comparaison de celles de la droite. Ce terrein est un gravier fin, un sable purement granitique, tandis que celui de la droite n'est qu'une terre argileuse, mêlée de pierrailles. Le territoire de Barsac occupe, au centre du grand vignoble de la gauche, un sol unique dans son genre. C'est une couche de terre rouge, argileuse, et presque dépourvue de gravier; mais elle n'a souvent que trois ou quatre pouces d'épaisseur, et repose sur une roche quartzeuse ou granitique. Ce roc s'étend très-loin; il traverse la rivière au-dessous de son lit, et se prolonge, toujours par une inclinaison rapide , sous les vignes de la rive droite, où il supporte un banc de coquillages d'huitres, lequel n'a pas moins de vingt à trente pieds d'épaisseur. Sur cette dernière zone est assise la terre argileuse dans laquelle sont plantées les vignes du côté droit.

Entre tous les vins blancs, le vin de Barsac jouit de la première réputation. Il est très-recherché des marchands parce qu'il est plus propre qu'aucun autre à fortifier les petits vins blancs avec lesquels il se combine très-bien. Les vins de Sauterne , Beaume et Preignac lui disputent le premier rang ; ceux de Langon , Cerous et Podensac sont ensuite estimés les meilleurs de la rive gauche. Sur la rive droite viennent d'abord les vins de Sainte-Croix-du-Mont ; mais ils n'occupent que la seconde place dans le vignoble blanc.

IV. Les PALUS sont composés de terres grasses et fertiles qui bordent dans une étendue assez considérable les deux rives de la Garonne et de la Dordogne. Cette contrée prend le nom de Palus à quatre lieues ou environ de Bordeaux , vers le point où commence le vignoble blanc de la rive gauche de la Garonne , et où finit celui de la rive droite. Le vignoble des Palus descend la Garonne jusqu'au Bec-d'Ambez, où il se replie sur la Dordogne en se prolongeant jusqu'à Libourne.

Le sol des Palus a été formé par les dépôts successifs de la rivière, qui en s'élevant dans les grandes marées sur-tout, charrie avec elle et dépose où elle s'arrête, les terres et les sables que la vague a détachés plus haut. C'est un mélange d'argile et de sable ; mais celui-ci y est en très-petite quantité en comparaison de l'argile ; aussi, quand le hâle et la sécheresse la surprennent nouvellement imprégnée d'eau, elle se durcit, se gerce et se détache par portion qui acquièrent la dureté de la pierre. Le *detritus* des nombreuses plantes qu'elle produit et des vignes elles-mêmes en font une terre beaucoup trop riche pour l'objet auquel on la consacre.

Les bonnes terres paluviennes ont deux ou trois pieds de profondeur ; mais cette première couche diminue d'épaisseur à mesure qu'elle s'éloigne de la rivière. La seconde couche est une argile plus compacte encore que la première, et dont la couleur est d'un brun grisâtre ; elle repose sur un banc de tourbières, dont la profondeur est inconnue.

Le meilleur vignoble des Palus est celui des Queyries, vis-à-vis de Bordeaux. Le terrein qu'il occupe a moins de liaison parce que le sable s'y trouve mêlé dans une plus grande proportion qu'ailleurs ; il reçoit en outre les terres légères que les pluies amènent du coteau par lequel il est dominé. Les Queyries produisent un vin très-coloré, très-vineux, et qui offre le parfum de la framboise. Les qualités qui lui sont particulières, le font rechercher des marchands qui l'employent à augmenter la force des vins du Médoc, avec lesquels ils le mêlent souvent.

Les vins de Montferrant sont les seconds vins des Palus ; et ceux d'Ambez occupent le troisième rang. A la gauche des Queyries, en remontant la rivière, on trouve encore quelques bons crûs.

Il importe d'observer que si les premiers vignobles de Bordeaux, soit en rouge, soit en blanc, sont situés sur la rive gauche de la rivière, les meilleurs vins des Palus occupent au contraire la rive droite. Ces derniers sont aussi très-précieux pour le commerce : par eux, on communique aux autres de la force et de la couleur. Quand on ne les a pas fait voyager, il faut attendre au moins dix ans pour les boire dans toute leur bonté ; et ils ont par-dessus les vins du Querci, du Languedoc et de la Provence, le mérite d'éprouver, sans en être altérés, la fatigue des plus longs voyages.

Vignobles Bordelais du second ordre.

1°. On appelle *Entre-deux-mers* cette langue de terre qui sépare les rivières de Dordogne et de Garonne, et qui partant du Bec-d'Ambez se prolonge vers le Levant et le Midi, dans une étendue de huit à dix lieues. Les vignes n'y sont point plantées en masse, comme dans les autres vignobles que nous venons de parcourir ; on pourroit même dire qu'elles n'y sont qu'un accessoire aux autres genres de culture. Le territoire des premiers vignobles de Bordeaux, des trois premiers sur-tout, seroit vraisemblablement inculte ou propre tout au plus à produire du bois, s'il n'étoit planté en vignes ; dans l'Entre-deux-mers, au contraire, les seuls coteaux exceptés, le surplus du terrein planté de vignes pourroit être converti en champs à bled et même en prairies. On y cultive les ceps rouges et les ceps blancs ; souvent même ils sont mêlés les uns avec les autres. Ces vignes d'Entre-deux-mers produisent aussi des vins qui ont de la qualité ; mais le prix en varie peu et est toujours inférieur à celui des vins récoltés dans les premiers vignobles. Les coteaux y étant très-multipliés, le sol varie beaucoup ; il est en général composé de terre tantôt forte, tantôt légère ; on y trouve d'épaisses carrières de roche quartzeuse, quelquefois des marnières et des bancs de gyps dont on ne tire aucun parti. Le goût du terroir est plus sensible dans ce vignoble que dans tout autre de ces contrées.

2°. Le vignoble du Bourgeais et du Blayois a

produit le vin le plus renommé du Bordelais, après celui de Grave. Sa prééminence étoit telle, il y a cent ans, que celui qui y étoit propriétaire avoit communément des possessions du même genre dans le Médoc, et que quand il vendoit sa récolte du Bourgeais, il imposoit au marchand la condition de le débarrasser de celle du Médoc. Le seul motif qu'on puisse donner à cette préférence, c'est que les vignes du Médoc étoient encore jeunes alors. A cette époque les vins de Bourg, bons par eux mêmes, propres au commerce et à la consommation intérieure, devoient être recherchés, tandis que ceux du Médoc, encore jeunes et peu connus, pâles et peu liquoreux, attendoient des goûts plus fins et plus exercés pour être appréciés à leur valeur.

Les vins de Bourg sont estimés dans le commerce, soit comme vins de Côte, soit comme vins de Palus. On les préfère communément à ceux dits d'Entre-deux-mers. Le vignoble de la Palu est à la droite de la Dordogne, non loin de la Gironde, et dominé par celui de la côte; garanti des vents du Nord, il est frappé des rayons du soleil au Levant et au Midi, comme au Couchant. Le sol du Bourgeais est formé d'un sable gras dont la couche est profonde et repose sur une chaîne de carrières précieuses pour la construction, parce que les pierres qu'on en extrait se durcissent à l'air.

La côte du Blayois, contigue à celle du Bourgeais, est séparée du Médoc par la Gironde. Le
débit de ses vins est toujours sûr, parce que le
prix en est médiocre. Les vignes sont exposées
à l'ouest, et la terre qu'elles occupent est humide
et blanchâtre.

3°. Il nous reste à parler en dernier lieu des
vignobles de Canon et de Saint-Emilion ; leur vin
a un caractère qui lui est propre, du bouquet
et de la qualité. Canon est cette côte qu'on apperçoit par-delà la Dordogne, près de Fronsac,
à trois quarts de lieue de Libourne. Elle a pour
exposition le Midi et le Couchant.

Saint-Emilion est un autre coteau derrière
Libourne, qui reçoit tous les rayons du soleil de
midi. La terre qui le couvre est formée par le
detritus d'une roche à grain très-fin. Les vins
de ces deux cantons ont plus de vigueur et de
bouquet que ceux de Grave. Celui de Canon,
sans avoir le parfum de la trufe, comme celui
de Juvançon dans le Béarn, peut lui être comparé sous plusieurs rapports; mais il est beaucoup moins capiteux. ...

Nous terminons ce chapitre par une remarque
assez importante: c'est qu'à Paris comme à Bordeaux, rien n'est plus rare que le vin de Bordeaux de la première qualité, c'est-à-dire, des

premiers crûs et d'une bonne année. Les Anglais seuls consomment ordinairement ces premiers vins, parce qu'ils sont assez riches pour satisfaire leur goût. « Depuis vingt ans que j'habite Bordeaux, m'écrit le correspondant qui a bien voulu me communiquer des renseignemens précieux sur les vignobles de cette province, je n'ai pas goûté trois fois des vins de cette première qualité; cependant je suis à portée de les connoître et de m'en procurer quand il y en a. Les vins de l'année 1784 étoient si supérieurs à ceux des autres années, que je n'en ai pas retrouvé de semblables.

Si les premiers vins ne valent pas moins de deux mille livres le tonneau dans une bonne année, à l'époque de la récolte (et en l'an 6 ils ont été portés jusqu'à deux mille quatre cents), et qu'il faille les attendre six ans, alors ils ont doublé de prix; et si on ajoute à ce capital les intérêts depuis les vendanges, les frais de mise en bouteille et en caisse, ceux du transport, ils vaudront au moins six francs la bouteille; et on n'en vend pas chaque année mille bouteilles à ce prix. ».

Les propriétaires des vignobles Bordelais, assurés du débit constant de leurs vins, fiers même du haut prix auquel il est porté par les étrangers riches, ne se sont point mêlés aux querelles survenues

urvenues entre les Bourguignons et les Cham-
enois, au sujet de la suprématie à laquelle
hacun des partis s'est cru en droit de prétendre
xclusivement. Cette moderne *bataille des vins*
n'a point été le sujet d'un fabliau, comme du
ems de Philippe-Auguste, mais d'une thèse sé-
ieusement soutenue et gravement écoutée, en
1652, aux écoles de médecine de Paris. Le can-
idat à la licence tendoit à prouver sur-tout que
e vin de Beaune est la plus saine comme la plus
gréable de toutes les boissons. L'aggression eut
eu de succès, parce qu'elle ne parut que ridicule. Mais quarante ans après, la Bourgogne
produisit un nouveau champion ; le gant est
jetté une seconde fois aux Rhémois. Ceux-ci le
relèvent et font à leur tour soutenir une thèse
dans les écoles de leur faculté, où le champion
rétorque contre la Bourgogne, toutes les injures
que l'aggresseur avoit prodiguées à la Champagne. Il ne manqua pas d'associer aux autres
vignobles célèbres du Rhémois les noms d'Aï,
Pierri, Versenay, Silleri, Hautvillers, Tassi,
Montbre, Vinet et Saint-Thierri, qui tous, à
son avis, l'emportoient de beaucoup sur les
crûs les plus vantés de la Bourgogne.

Enfin, le docteur Salins, doyen des médecins de Beaune, fut chargé de la réplique ; et
son ouvrage eut un tel succès, qu'il fut réim-
primé cinq fois dans l'espace de quatre années.

TOME I. F

Il tend à prouver que les vins de Bourgogne ont la *propriété exclusive* de fournir successivement une excellente boisson pour toutes les saisons de l'année. Il les place dans l'ordre suivant : Pomard, Beaune et Volnai ; les vins blancs de Mulsaut, les rosés d'Alosse et de Savigni ; puis Chassagne, Santenai, Saint-Aubin, Mergeot et Blegni ; enfin Nuits, *qui n'a pas son pareil et ne peut être assez prisé*. Les médecins conseillèrent à Louis XIV l'usage de ce dernier vin, après une maladie qu'il éprouva en 1680.

Si le docteur Salins avoit plaidé cette cause de nos jours, il n'auroit pas manqué sans doute de rapporter que le petit vignoble de *la Romanée* proprement dit, qui ne consiste qu'en cinq arpens et un quart, a été vendu environ quatre-vingt-dix-sept mille francs, en 1772.

Les propriétaires dans les vignobles d'Auxerre et de Joigny, mécontens de ce que les défenseurs des vins de Bourgogne s'étoient bornés à confondre les vins de leur territoire avec les autres bons vins de cette province, mais sans en rien dire de particulier, témoignèrent leur mécontentement d'une pareille injustice. Ils entreprirent à leur tour le panégyrique de leurs vins d'Auxerre, et sous ce nom ils comprenoient Iranci, Coulanges, les Isles, Chauvent, Côtes-Chaudes, la Chenette, la Palette, Migraine,

Boivin, Quétard, Clérion, Chaumont, Nantelle,
Chapoté, Montembrase, Saint-Nitasse et Poiri.
Ces vins, à leur avis, étoient au-dessus de tous
les autres vins de France. Ils en donnoient pour
preuve l'usage qu'en faisoit alors Louis XV,
le choix qu'en avoit fait Fagon pour Louis XIV,
quand il crut devoir lui interdire ceux de
Rheims; enfin, ajoutoient-ils, n'est-ce pas de
nos vins d'Auxerre, d'Iranci et de Coulanges
qu'Henri IV faisoit sa boisson ordinaire? circonstance qui donna lieu à des couplets dont ils
ont long-tems répété le refrein:

> Auxerre est la boisson des rois;
> *Heureux* qui les boira tous trois!

Ce mot *heureux* rappelle qu'en effet on attri-
buoit depuis long-tems aux habitans d'Auxerre
de trouver quelque bonheur à boire, car ils sont
désignés dans un manuscrit du treizième siècle,
intitulé *Proverbes*, sous la qualité *des buveurs*
d'Auxerre.

Ceux de Joigny disoient, du ton le plus sé-
rieux, *que le bon vin fait faire des enfans mâles*,
et que c'est à cette cause qu'on doit attribuer le
mode de population de Joigny, où l'on compte
moitié plus de garçons que de filles.

Il faut convenir que toutes ces prétentions à la
prééminence en faveur de tel ou de tel vin, de

F 2

la part des propriétaires des crûs les plus renommés de la France, est bien ridicule. Chacun des vins qu'ils produisent n'a-t-il pas un caractère particulier, des qualités qui lui sont propres? Et les buveurs qui s'établissent juges, quelques bons gourmets et quelques désintéressés qu'on les suppose, n'ont-ils pas aussi chacun une constitution et des habitudes particulières qui ont la plus grande influence sur les jugemens qu'ils portent? Voyez Dufouilloux, dans sa vénerie : il donne les plus justes éloges au vin de Grave; et le mot qu'en a dit madame de Sévigné, annonce le peu de cas qu'elle en faisoit. En parlant de monsieur de Lavardin, *c'est un gros mérite*, dit-elle, *qui ressemble au vin de Grave.*

CHAPITRE II.

Des frais de culture et du produit des vignes de France.

LA culture des vignes, comme celle des grains, peut être divisée en grande, en moyenne, en petite culture. La première a lieu dans les départemens où le produit des vignes est plutôt destiné à être converti en eaux-de-vie, que consommé en nature de vin; comme dans les ci-devant provinces d'Angoumois, de Saintonge et d'Aunis;

dans une partie de celles du Poitou, de l'Anjou
de la Gascogne et du Languedoc, Il n'est pas rare
de trouver dans ces contrées des propriétés particulières en vignes, de cent cinquante, deux
cents arpens et plus, d'étendue.

La culture moyenne est plus habituellement
suivie que la grande. Son produit est presque
généralement consommé en nature de vin; et les
propriétés particulières dans lesquelles elle est
adoptée, ne sont guère composées que de cinq,
de huit, de douze, quinze et vingt arpens. Telles
sont, en général, celles des ci-devant Franche-
Comté, Dauphiné, Lyonnois, Bourgogne, Beau-
jolois, Champagne, Orléanois, Berri, Touraine,
Nivernois, partie de l'Anjou et du Poitou.

La petite culture n'embrasse pas, comme les
deux autres, des départemens entiers ou presque
entiers. Elle est répandue çà et là; elle est en
usage dans certains cantons seulement. La rencontre d'un site et d'un genre de terres favorables,
ou seulement présumés tels, a quelquefois décidé
des cultivateurs intelligens à planter un ou deux
arpens en vignes, dans l'espérance de trouver
dans leur propre domaine la consommation en
vin de leur maison; mais le plus souvent ce projet
a été mis à exécution par des spéculateurs, qui,
sans consulter ni l'exposition, ni la qualité du sol,
ont apperçu autour d'eux des débouchés certains

pour l'écoulement de la récolte, tels que le voisinage des villes, ou seulement celui de quelques grands ateliers. Il résulte du but que ces divers planteurs se proposent, une très-grande différence dans la manière de cultiver et dans le mérite de leurs récoltes. Les premiers ne négligent rien pour obtenir un vin de bonne qualité, parce qu'ils le destinent à leur propre consommation. Les autres ne travaillent, au contraire, que pour obtenir des produits abondans, parce que la classe des acheteurs, sur lesquels ils fondent leur spéculation, est toujours assez nombreuse et assez peu gourmette, pour rendre certaine la vente des récoltes les plus abondantes. On l'a déjà dit, et l'expérience le prouve sans cesse : plus les vins ont de qualités, moins on en recueille; la qualité est presque toujours en raison inverse de la quantité.

Ces divers genres de culture ne présentent pas par-tout une culture riche ou même aisée. On voit dans plusieurs cantons de la plupart de nos départemens, des vignes si mal entretenues, si misérablement travaillées, que l'habitude seule peut faire supporter l'aspect de leur dégradation.

Ici, c'est le salaire qui manque à l'emploi du nombre des bras nécessaires pour opérer une bonne exploitation, pour que les labours soient

donnés au tems et saison convenables, et pour
que rien ne manque aux accessoires des bonnes
façons. Souvent on charge un seul ouvrier du
travail d'un homme et demi ; c'est-à-dire de façonner cinq ou six arpens; tandis que, dans une
terre commune propre à la vigne, quatre arpens
suffisent à l'assiduité et aux efforts du vigneron le
plus laborieux.

Là, ce sont des cépages si mal appropriés au
sol, au climat, au local, qu'ils produisent avec
une abondance vraiment désastreuse, des raisins
de si mauvaise qualité, qu'on ne peut se débarrasser qu'au plus vil prix, du vin qu'on en obtient.

Ailleurs, on ne voit que des plants surannés ;
la plupart ont peut-être vieilli cinquante ans de
trop ; aussi, il s'en faut souvent d'un tiers que la
valeur de leur récolte ne couvre les frais de leur
exploitation. Le propriétaire cultivateur se dissi-
mule trop souvent ses dépenses de détail ; et il
omet presque toujours dans ses calculs, les reprises auxquelles il doit prétendre, quand il remplit par lui-même les fonctions de fermier ; c'est-
à-dire, quand il s'expose à toutes les chances, ou
qu'il court tous les hasards d'une entreprise agricole. L'attention à tout compter, la connoissance
de toutes les reprises auxquelles il a nécessairement droit, sont d'une telle importance dans une

F 4

administration rurale, vignicole sur-tout ; que celui qui les néglige dans quelques-unes de ses parties, court insensiblement vers sa ruine.

Pour mettre le cultivateur vigneron à portée d'éviter toute méprise, toute omission à cet égard, nous croyons devoir les placer ici dans tous leurs détails, et faire précéder, par leur énumération, les états raisonnés des dépenses et des produits des principaux vignobles de la France, que nous allons mettre sous les yeux du lecteur.

Les calculs que nous lui présenterons ont été formés avec soins et sur de bons renseignemens. On a opéré pour établir un terme moyen d'après le prix de main-d'œuvre et la valeur de la denrée, pendant les dix années qui ont précédé la ré-volution. L'un et l'autre ont été, depuis cette époque, trop variables, trop incertains, pour former une base sur laquelle il fût raisonnable de compter. On peut donc donner assez de confiance aux résultats de ces calculs, pour estimer plus sûrement, d'après eux, que d'après toute autre donnée, et dans presque tous les différens vi-gnobles de la France, le produit brut et le revenu net d'une propriété en vigne, et par conséquent sa véritable valeur foncière, s'il s'agit d'en faire l'acquisition ; car, dans cette circonstance, il suffit de connoître les frais de culture, le produit moyen en quantité, son prix commun et le tems de la durée de la vigne, pour avoir tous les renseignemens qui doivent servir de guide pour rompre ou pour conclure un marché de ce genre.

Celui dont les vues s'étendent par-delà son intérêt personnel, et qui goûte quelque plaisir à s'occuper des moyens de richesses propres aux différentes nations, trouvera peut-être à tirer de ces états des conséquences assez curieuses sur la quantité de terrein consacrée en France à la culture de la vigne; sur celle qui pourroit y être ajoutée, sans nuire aux autres productions utiles du sol; sur le revenu qui résulte pour la nation, du produit brut des vignes; et sur les autres objets de consommation, de commerce et d'industrie, auquel il donne lieu : tels que ceux du bois à brûler pour la fabrication des eaux-de-vie (et même des vinaigres dans les départemens du Centre et du Nord), de l'exploitation du merrain, des cercles, des osiers pour les façonner en futailles; sur la conversion des lies en tartres, en cendres gravelées, etc.

Nous devons prévenir que nous avons été obligés d'excepter des inventaires ce qu'on appelle les *têtes de vin*, dont la concurrence seule des gens très-riches et des étrangers élève les valeurs au-dessus de leur niveau naturel.

Des avances et reprises à faire par le cultivateur.

Le plus sage parti que puisse embrasser un propriétaire de vignes, est celui de les faire valoir par lui-même, d'en surveiller la culture avec le plus grand soin, et de ne rien économiser sur les avances annuelles. La terre rend avec usure les trésors qu'on lui confie. Nous avons détaillé plus haut une grande partie des inconvéniens qui résultent du fermage de ces sortes de propriétés.

L'exploitation de celles-ci n'exigeant point, pour emplette des bestiaux, d'instrumens aratoires, de semences, etc. des avances primitives, comme celles des terres à blé; il suffit d'établir, par un calcul simple et précis, 1°. les sommes qu'on dépense annuellement pour cultiver sa vigne; 2°. les reprises auxquelles cette culture donne droit, et auxquelles on ne songe presque jamais.

Les premières consistent, 1°. dans le prix qu'on accorde au vigneron, pour les différentes façons qu'il est tenu de donner à chaque arpent ou demi-hectare; 2°. dans les frais d'échalas, pour ceux qui les emploient; 3°. dans ceux des engrais, quand on en fait usage; 4°. dans ceux des fûts qu'on remplit année commune; 5°. dans ceux de la vendange et de la fabrication des vins au pressoir.

Les secondes consistent dans le prélévement de dix pour cent des avances annuelles, en supposant toujours que le propriétaire réunit en lui la qualité de fermier. Il a droit en outre à une indemnité pour le dédommager des pertes occasionnées par les fléaux extraordinaires, tels que la grêle, les insectes, parce que ces accidens ne font point partie des crises communes. On ne peut guère porter cette indemnité au-dessous du dixième du produit moyen total.

Voici une autre reprise, non moins juste, non moins intéressante, et dont on ne semble guère s'occuper non plus; c'est celle à laquelle donne droit la dépense du renouvellement indispensable de la vigne. Tout le monde sait que le plant de la vigne se détruit peu-à-peu comme tous les autres végétaux, comme tout ce qui appartient à la nature. Après une plus ou moins longue durée, suivant la qualité des ceps, la nature du sol et du climat, il faut la replanter. A compter du premier moment de cette opération jusqu'à celui où elle commence à dédommager le propriétaire par une première récolte, il s'écoule au moins cinq ans pendant lesquels on est non-seulement privé de tout produit net, mais il faut faire, excepté les frais de vendange, tous les autres frais de culture,

Ainsi pour que le propriétaire parvienne à la juste estimation du revenu constant de sa propriété, il est obligé de soustraire du premier produit net qui se trouve après tous les prélève- mens qu'on vient de détailler, le montant des frais de culture de cette jeune vigne pendant cinq années, de même que la privation du revenu pendant le même tems, divisé par le nombre des années que subsiste la vigne. De sorte, par exemple, que si le produit net de la vigne est de 24 francs par arpent ou demi-hectare, si les frais de culture se montent à 60 francs, et s'il convient de renouveller la vigne tous les quarante ans, il faut multiplier ces deux sommes réunies (84 fr.) par cinq ans de non-valeur : ce qui donne 420 fr., diviser ce dernier nombre par 40 : ce qui donne 10 francs 50 centimes ou 10 livres 10 sous, les- quels doivent être prélevés annuellement, si l'on veut trouver l'exacte indemnité du renouvelle- ment de la vigne. On conçoit aisément que si ce renouvellement peut n'avoir lieu, sans perte, qu'après quatre-vingt ans, il suffit de prélever par chaque année la moitié de 10 francs 50 centimes ; de même que s'il doit être fait tous les vingt ans, le prélèvement doit se monter au double, c'est-à- dire à 21 francs, en un mot, ainsi de suite, en plus ou en moins, à proportion de la durée des plants, dans un état de vigueur tels qu'ils produi- sent chaque année une récolte avantageuse.

L'omission de ces deux dernières reprises, dans le calcul du produit, a fait trouver des vides désolans à ce petit nombre d'amis de l'ordre qui se plaisent à compter avec eux-mêmes, à se rendre raison de leur dépense et de leur recette; aussi avons nous eu grand soin de les établir dans chacun des états ou inventaires suivans.

Toutes les mesures agraires en usage dans les ci-devant provinces où sont situés les vignobles dont on parle, y sont réduites au demi-hectare ou au ci-devant arpent commun de France, et la mesure de capacité à la barrique ou au poinçon de deux cent quarante pintes, qui revient à deux hectolitres vingt-trois litres des mesures nouvelles.

Pour mettre quelqu'ordre dans cette suite d'inventaires, on s'est assujetti, autant qu'on l'a pu, à suivre une marche régulière, en partant du Midi pour aller au Nord.

INVENTAIRES.

Département des BOUCHES-DU-RHONE
(Ci-devant *Provence*).

Territoires de MARSEILLE et d'AIX.

Avances annuelles.

	fr. c.		fr. c.
Salaire du vigneron, par arpent ou demi-hectare.	46		
Leur intérêt à dix pour cent. . .	4	50	62 50
Pour indemnité.	12		
Produit commun, six barriques ou poinçons et deux tiers, évalués en tout. . . .	120		
Produit net	57	50	

Observations.

Les vignobles de Provence, quelque faible que soit la qualité de leur vin, rendoient aux propriétaires un revenu très-supérieur, comparativement à celui des autres vignobles de la France. Cette différence doit être attribuée à deux circonstances particulières à cette contrée.

Premièrement la vigne n'y occupe, dans plusieurs cantons, qu'une partie de terrein ; elle y est plantée en rangs éloignés les uns des autres de cinq à sept mètres (quinze à vingt pieds). Ces espaces sont labourés à bras ou à la charrue, et ensemencés en diverses sortes de grains, dont la récolte sert à payer une grande partie de la culture de la vigne, comme les frais de fumiers, des voitures pour le transport de la vendange, de la cueillette des raisins et des travaux au pressoir.

Les États de Provence, en second lieu, avoient le privilège, et ils en usoient, il en faut convenir, d'une manière abusive, d'établir des taxes sur les vins qu'on vouloit introduire dans leur province. Il est évident que par le moyen de ces sur-taxes ils se conservoient exclusivement le profit des ventes et des reventes dans le commerce du Levant.

Département du GERS. (Ci-devant *Armagnac.*

Territoire d'AUCH et de LECTOURE.

Avances annuelles.

	fr. c.	fr. c.
Au vigneron, pour toutes façons, les avances comprises	18	} 22
Pour entretien et renouvellement de quatre vieilles futailles	4	

Produit brut.

Le prix moyen est de 8 fr. par pièce, la valeur des quatre	32

Partage de ce produit.

	f. c.	27 40
1°. Pour les avances annuelles .	22	
2°. Intérêt à dix pour cent. . .	2 20	
3°. Pour indemnité, le dixième du produit total.	3 20	
Produit net		4 60

Départemens du LOT et de la GARONNE
(Ci-devant *Guienne.*)

Territoires d'AGEN et de BORDEAUX.

Avances annuelles.

Pour trois façons de labour à des   fr. c. ⎫
ournaliers 24   ⎪
   Pour tailler, épamprer et lier la   ⎬ fr. c.
vigne 6   ⎪ 6o
   Pour quatre barriques, à 6 fr.   ⎪
5o c. chacune 26   ⎪
   Pour frais de vendanges et façon   ⎪
du vin. 4   ⎭

Produit brut.

Le prix moyen du tonneau de vin marchand, composé de quatre barriques, produit d'un demi-hectare, est de. 1oo

Partage de ce produit total.

1°. Pour les avances annuelles . 6o   ⎫
2°. Intérêt de dix pour cent . . 6   ⎪
3°. Indemnité, dixième du pro-   ⎪
duit total 10   ⎪
4°. Pour le renouvellement de la   ⎬ 8o 5o
vigne qui a lieu au moins tous les   ⎪
cinquante ans, la dépense de culture   ⎪
pendant cinq ans, la privation du   ⎪
revenu pendant ce même tems. . 4 5o ⎭

Produit net. 19 5o

Observations

Observations.

On a déjà prévenu qu'il ne s'agiroit point dans ces inventaires des vins *choisis*. Sous le nom de vin *marchand*, on entend à Bordeaux le vin commun, celui qu'on charge ordinairement pour l'Amérique et la Hollande. Au-dessous de ces vins sont ceux appelés *petits* vins. Leur qualité inférieure, et la difficulté du transport, parce qu'ils sont fabriqués loin des rivières, oblige, pour l'ordinaire, de les convertir en eaux-de-vie. Ils sont en effet si foibles, qu'année commune il n'en faut pas moins de dix mesures pour en obtenir une d'eau-de-vie; et après cette conversion, le propriétaire n'obtient pas plus de 5 ou 6 francs de produit net par barrique, la barrique de deux cents pintes.

Les premiers vins de ce fameux vignoble de Bordeaux, sont bien différens de prix et de qualité. Il n'est pas rare qu'ils vaillent 2,000 fr. le tonneau ou 500 fr. la barrique. Le tonneau a même été vendu en l'an 6 (1798) et, pour ainsi dire, sortant de la cuve, 2,400 fr. Si on ajoute à ce capital son intérêt jusqu'au moment où le vin aura acquis toute sa bonté (6 ou 7 années) et, en outre, les frais de mise en bouteilles, en caisses, et ceux du transport, ce vin reviendra à 5 ou 6 fr. la bouteille. Il est vrai que dans le cours d'une année on n'en vend pas mille bouteilles à ce prix.

TOME I. G

Département de l'ISÈRE (Ci-devant *Dauphiné*).

Avances annuelles.

Au vigneron, pour façons. . . 24   } fr. c.
Pour engrais 6   } 54
Pour échalas. 12
Pour frais de vendange 12
On n'emploie point de poinçons.

Produit brut.

On recueille dans l'étendue d'un demi-hectare, neuf charges de vin; la charge contient cent douze bouteilles, mesure de Paris, et vaut, année commune, 12 fr. 108

Partage de ce produit.

1°. Avances annuelles. 54   }
2°. Intérêt à 10 pour 100. . . . 5   40 }
3°. Indemnité, dixième du produit brut. 10   80 } 78 6.
4°. Pour les frais du renouvellement de la vigne 8   40 }

Produit net 29   40

Département de la CHARENTE-INFÉRIEURE
(Ci - devant *Aunis*).

Avances annuelles.

Pour façons au vigneron 16   }
Pour l'entretien de cinq vieilles futailles, à 30 cent. chacune, et leur renouvellement tous les six ans, 75 cent. par an. . . . . 5 25 } 28 75
Pour frais de vendange et la façon du vin à 1 fr. 50 cent. la barrique . . . . 7 50 }

Produit brut.

Le prix moyen de la barrique de vin est   fr. c.
de 8 fr., pour cinq 40

Partage du produit brut.

1°. Avances annuelles. 28   75 ⎫
2°. L'intérêt à dix pour cent . . 2   75 ⎬ 35 5o
3°. Indemnité, dixième du pro- ⎭
duit net 4

Produit net 4 5o

Département de la CORRÈZE

Territoires du SAILLANT, ALLASAC, BOUTTESAC.

Avances annuelles.

Au vigneron, pour façons . . . 38 ⎫
Pour échalas . . . . 15 ⎪
Pour fumage. . . . . 20 ⎬ 105
Pour le prix de cinq fûts. . . . 20 ⎪
Pour frais de vendange et fabri- ⎪
cation du vin . . . . 12 ⎭

Produit brut.

Le prix moyen est de 3o fr. la barrique;
chaque demi-hectare en donne cinq. 15o

Partage du produit brut.

1°. Pour les avances annuelles . 105 ⎫
2°. Pour leur intérêt à dix pour ⎪
cent. . . . . 10 5o ⎪
3°. Pour indemnité, dixième du ⎬ 142 5o
produit brut . . . . 15 ⎪
4°. Pour dédommagement du re- ⎪
nouvellement de la vigne qui a lieu ⎪
très-fréquemment. . . . . 12 ⎭

Produit net 7 5o

Observations.

C'est en quelque sorte mal-à-propos que nous avons parlé de bénéfice net dans cet inventaire, puisqu'il s'en faut de plus de 25 fr. qu'il n'en existe réellement. Nous n'avons pas rapporté dans la liste de partage, la reprise qui résulte du non rapport, pendant cinq ans, de la vigne renouvellée, parce que le produit ne nous a rien offert à retenir. Une pareille culture doit cacher quelque vice, dont on apperçoit la racine dans les traités que les propriétaires ou les vignerons font ordinairement dans la plupart des vignobles de ce département. Le revenu du propriétaire n'est réellement que factice, et la spoliation du vigneron est bien évidemment prouvée. C'est ainsi que dans tous les genres de culture, et spécialement dans celui qui a la vigne pour objet, toutes les fois que l'avidité du maître fait taire la raison, pour obtenir un revenu qui dans le fait n'est qu'un revenu apparent ou supposé, le maître et l'ouvrier vigneron qu'il emploie sont essentiellement dupes l'un de l'autre. Dans le cas dont il s'agit, où le propriétaire tire à lui la moitié de la récolte, il croit avoir un produit net de 50 fr., tandis qu'il n'a pas en effet le quart de cette somme; et le malheureux qui a façonné la vigne est obligé, pour vivre, de tailler à fruit le plus qu'il le peut, et par conséquent d'abréger de plusieurs années l'âge de vigueur des plants qui lui ont été confiés.

Départemens du PUY-DE-DOME et du CANTAL (Ci-devant *Auvergne*).

Avances annuelles.

Au vigneron pour façons. . . .	33	
Pour échalas	7	fr. c.
Pour fumier ou terreau.	12	104
Pour huit fûts à 4 francs. . . .	32	
Pour frais de vendange et fabrication du vin.	20	

Produit brut.

Le prix moyen du poinçon est de 20 francs, on en récolte huit. 160

Partage du produit brut.

1°. Pour les avances annuelles. .	104	
2°. Leur intérêt à dix pour cent.	10	40
3°. Pour indemnité, dixième du produit brut	16	
4°. Pour dédommagement du renouvellement de la vigne, reconnu nécessaire tous les quarante ans et les cinq années de non-jouissance. .	8	25

> 138 65

Produit net. 21 35

G 3

Observations.

Le résultat est conforme au prix de ferme usité dans le pays. Le propriétaire trouve dans les 28 fr. qu'il reçoit pour le revenu d'un demi hectare, les 8 fr. de dédommagement pour le renouvellement de la vigne. S'il les confond, comme produit, net avec les 21 fr. relatés ci-dessus, il est induit en erreur. Il est fâcheux de rencontrer, dans ces mêmes départemens, des propriétaires qui louent à moitié fruit, sauf à entrer pour moitié dans la dépense des échalas et des poinçons. Il touche alors 56 fr. 50 cent. de revenu, et tout cet excédent est une vraie spoliation faite à l'ouvrier.

Département du RHONE (Ci-dev. *Lyonnois*).

Territoires de LIMONIE , SAINTE - COLOMBE , SAINT-GEORGES - DE - RENEIN , CÔTE - ROTIE.

Avances annuelles.

	fr.	c.	
Au vigneron, pour façons . . .	103	50	
Engrais	103	50	
Pour échalas à 3 fr. le cent. . .	102		
Osier et paille pour lier la vigne.	30		483 fr.
Pour cueillir le raisin, et la fabrication du vin.	69		
Pour quinze fûts à 5 fr. la pièce,	75		

Total des avances annuelles de l'autre part. 483 f.

Produit brut.

En compensant les plus hauts prix avec les plus bas, le prix de la pièce est de 50 fr. Les quinze produisent 750

Partage du produit brut.

	fr.	c.		fr.	c.
1°. Pour les avances annuelles. .	483				
2°. Pour l'intérêt de cette somme, à dix pour cent.	48	30		606	30
3°. Pour l'indemnité des accidens particuliers, dix pour cent du produit total.	75				
Produit net				143	70

Observations.

Ce résultat est conforme de même que le précédent, au prix du fermage des vignes. Mais la méthode de les affermer y est rare. Pour l'ordinaire les vignes s'y donnent à moitié fruit ; et, dans ce cas, si le propriétaire ne paye pas la moitié des frais du provignage, des échalas, de la vendange et des futailles, le métayer est dupe de son marché.

On n'a point fait mention dans cet inventaire du droit de reprise pour le renouvellement de la plantation, parce qu'on est dans l'usage de pro-

G 4

vigner. Toutefois il ne faut pas taire que les frais du provignage ne sont pas inférieurs à ceux de la replantation.

Département du JURA. (Ci-dev. *Franche-Comté.*)

Territoires de SALINS, ARBOIS, POLIGNY, LONS-LE-SAULNIER.

Avances annuelles.

fr.

Au vigneron, pour façons	36	
Pour le labour du tiercément qui a lieu tous les deux ans et qui se paye chaque année par moitié.	6	
Pour les fosses de provignage . .	12	100 fr.
Pour les petits échalas de coudrier.	7	
Pour douze demi poinçons (appelés feuillettes) à 2 fr. 30 cent. .	30	
Pour les frais de la vendange et de la façon du vin.	9	

Produit brut

Le prix moyen de ces vins est de 12 fr. la feuillette ; pour douze feuillettes. 144

Partage du produit brut.

1°. Pour les avances annuelles. .	100	
2°. Leur intérêt, à dix pour cent	10	124
3°. Indemnité, dixième du produit brut.	14	
Produit net.		20

Observations.

Le mode d'exploiter ces vignes est encore de les prendre à moitié. Les frais de culture et la moitié de ceux de la vendange montant à 81 fr., tandis que la valeur du produit brut n'est que de 143 fr., dont la moitié ne donne au vigneron que 68 fr. spoliation de 13 fr. ; aussi la misère de ces cultivateurs est-elle extrême.

Département du CHER. (Ci-devant *Berri*).

Territoire de VATAN.

Avances annuelles.

	fr. c.		fr. c.
Pour façons au vigneron. . . .	25		
Pour fumage des provins	12		73
Achat de quatre poinçons à 4 fr.	16		
Pour frais de vendange et façon de vin.	20		

Produit brut.

Le prix moyen du poinçon est de 24 fr. pour quatre. 96

Partage du produit brut.

1°. Avances annuelles.	73		
2°. Intérêt de cette somme à dix pour cent.	7	30	89 90
3°. Pour indemnité, dix pour cent du produit brut.	9	60	
Produit net.			6 10

Territoire de SANCERRE.

Nota. Le produit net de chaque demi hectare de ce vignoble semble se monter jusqu'à 40 fr., parce qu'on ne sépare pas du revenu les justes reprises auxquelles de fortes avances donnent lieu.

Département de la NIÈVRE (Ci-dev. *Nivernois*).

Territoires de POUILLY, IRANCY et MESVRES.

Avances annuelles.

	fr.	c.		fr.	c.
Au vigneron, à raison de 3 fr. 50 cent. par jour; pour dix-neuf journées [et demie.	38	25			
Pour trente-neuf bottes d'échalas à 60 cent.	22				
Pour le fumage des provins. . .	24	75		267	
Frais de vendange et façon du vin.	76				
Pour dix-neuf poinçons à 4 fr. pièce.	76				

Produit brut.

Le prix commun de ce vin, en prenant un terme moyen entre la valeur du rouge et celle du blanc, est de 22 fr. 50 cent. pour les dix-neuf poinçons. 427

Partage du produit brut.

		fr.	c.
1°. Avances annuelles. 267			
2°. Intérêt de cette somme, à dix pour cent. 26 70		336	40
3°. Indemnité, dix pour cent du produit brut. 33			
Produit net.		90	60

Territoire de CLAMECY.
Avances annuelles.

Au vigneron, pour la façon. . .	30 f. c.	
Pour perches et échalas.	9	fr. c.
Pour engrais.	15	94
Pour cinq poinçons à 4 fr. pièce.	20	
Frais de vendange et façon du vin.	20	

Produit brut.

Cinq poinçons à 30 fr. la valeur des cinq est de. 150

Partage du produit brut.

1°. Avances annuelles.	94		
2°. Pour intérêt, à dix pour cent.	9	40	
3°. Pour indemnité, dixième du produit total.	15		127 50
4°. Pour dédommagement du renouvellement de la vigne, supposé nécessaire tous les quarante ans. . .	9	10	
Produit net.			22 50

Département de la COTE - D'OR.
(Ci - devant *Bourgogne*.)

Territoires de CHALONS-SUR-SAONE, BEAUNE et DIJON.
Avances annuelles.

Au vigneron, pour toutes les façons.	36	
Engrais et terrotage des provins.	18	
Pour douze cents échalas, à 1 fr. 50 centimes le cent.	18	104
Pour l'achat de trois poinçons. .	12	
Frais de vendange et façon du vin.	20	

Total des avances annuelles de l'autre part.   104 fr.

Produit brut.

Le prix moyen entre les vins fins et les vins médiocres, étant de cent cinquante francs la queue ou les quatre feuillettes ; trois poinçons ou la queue et demie donnent.   225

Partage du produit brut.

1°. Pour les avances annuelles. . 104 fr.
2°. Leur intérêt à dix pour cent. 10
3°. Pour l'indemnité, le dixième
du produit brut. 22

} 136

Produit net. 89

Observations.

Les vins les plus communs, qui sont récoltés dans la Haute-Bourgogne, n'ont souvent que la moitié de la valeur que nous venons d'assigner à ceux d'une meilleure qualité. Le revenu de l'arpent n'en est guère moindre pour cela, parce que le cultivateur se trouve dédommagé par la quantité ; et alors le surcroît des frais ne porte que sur ceux de la vendange.

Départemens de la COTE-D'OR et de l'YONNE.

(Ci-devant Bourgogne).

Territoires de SEMUR et d'AVALON.

Avances annuelles.

Au vigneron, pour façons. . . 36 fr.
Pour perches et échalas. . . . 12
Pour le terrotage des provins. . 8
Achat de six vieux poinçons. . . 12
Frais de vendange et façon du vin. 15

} fr.
83

Total des avances annuelles de l'autre part. 83 fr.

Produit brut.

Le prix moyen de la queue, qui contient deux poinçons, est de cinquante francs pour six poinçons. 150

Partage du produit brut.

	fr. c.		fr. c.
1°. Avances annuelles.	83		
2°. Intérêt de cette somme à dix pour cent.	8 30		106 30
3°. Indemnité; dixième du produit brut.	15		
4°. Pour renouvellement de la vigne, parce qu'on provigne. . . .	»		

Produit net. 43 70

Département de l'YONNE (Même Province).

Territoire d'Auxerre.

Avances annuelles.

Au vigneron, pour façon d'un demi-hectare.	60	
Pour les provins, pour les osiers nécessaires à l'accolage.	12	
Pour cinq cents perches et un mille d'échalas.	26	212
Pour engrais.	30	
Pour huit fûts à trois francs. . .	24	
Frais de vendanges et façon du vin.	60	

Total des avances annuelles de l'autre part. 212 fr.

Produit brut.

Cinq poinçons, mesure de Paris. 400

Partage du produit brut.

fr.

1°. Avances annuelles. . . . . 212 ⎫
2°. Intérêt de cette somme à dix ⎪
pour cent. . . . . 21 ⎬ 273
3°. Pour indemnité, dix pour cent ⎪
du produit brut. . . . . 40 ⎭

Produit net. 227

Département d'INDRE ET LOIRE

(Ci-devant *Touraine*).

Avances annuelles.

Pour façons d'un arpent, compris ⎫
la plantation des échalas. . . . . 30 ⎪
Pour terrotage des provins. . . 12 ⎪
Prix des échalas. . . . . 12 ⎬ 89
Achat de quatre fûts à cinq francs ⎪
pièce. . . . . 20 ⎪
Pour les vendanges et la façon du ⎪
vin. . . . . 15 ⎭

Produit brut.

Le vin de première qualité de ce territoire est connu sous le nom de vin *noble*. Son prix, année commune, est de quarante francs le poinçon. Pour quatre poinçons. 160

Total du produit brut de l'autre part . . . . . 160 fr.

Partage du produit brut.

	fr.	c.
1°. Avances annuelles.	89	
2°. Leur intérêt à dix pour cent.	8	90
3°. Indemnité; dixième du produit brut.	16	
4°. Pour le renouvellement, parce qu'on est dans l'usage de provigner.	»	

fr. c.
131 90

Produit net. 46 10

Observations.

Le prix du bon vin rouge de ce département se soutient, parce qu'il suffit à peine pour la consommation de ses habitans les plus aisés. Paris est le débouché des petits vins du même territoire. Ceux-ci proviennent de vignes plantées en cépages de très-mauvais produit pour la qualité, mais qui donnent d'abondantes récoltes. On remarque, dans cette contrée, les cantons de *Vouvray* et de *Roche-Courbon*, dont le vin blanc tient du sol une qualité qui le fait rechercher des étrangers, entr'autres des Hollandois. Ces vignes sont bien plus favorables au propriétaire, que celles qui produisent le *rouge-noble*, parce que les frais de culture en sont moindres, le produit double en quantité et la valeur non moins forte.

Département de la MAYENNE (Ci-dev. *Anjou*).

Avances annuelles.

Au vigneron, pour toutes les façons.	fr. c. 24	⎫
Pour engrais..	10	⎪
Valeur de trois poinçons à 3 fr. chacun.	9	⎬ 52 fr.
Frais de vendange et de la fabrication du vin.	9	⎭

Produit brut.

Le prix moyen du poinçon étant de 24 fr. le total est de.   72

Partage du produit brut.

1°. Avances annuelles.	52		⎫
2°. Intérét de cette somme à dix pour cent.	5	20	⎬ 64 40
3°. Indemnité, dixième du produit total.	7	20	⎭
Produit net.			71 60

Nota. Sans le provignage, le produit net suffiroit à peine aux reprises du renouvellement.

Département

Département de LOIR ET CHER

Territoire de BLOIS.

Avances annuelles.

		fr.	
Pour façons au vigneron		43	
Pour les échalas		14	
Pour engrais		50	
Achat de huit poinçons à 4 francs pièce		32	163 fr.
Frais de vendange et de la fabrication du vin		24	

Produit brut.

Le prix moyen de chaque poinçon étant de 30 fr. pour les huit poinçons. 240

Partage du produit brut.

1°. Avances annuelles	163	
2°. Intérêt de cette somme à dix pour cent	16	215
3°. Indemnité, dixième du produit total	24	
4°. Reprises pour le renouvellement à faire tous les cinquante ans	12	
Produit net		25

TOME I.

H

Observations.

Il ne s'agit ici que des vins de première qualité, qu'on n'obtient que dans une foible partie de ce territoire, le surplus étant en petite culture, et par conséquent d'un produit net presque nul.

Même Département.

Territoire du ci-devant VENDOMOIS.

Avances annuelles.

	fr.	c.
Au vigneron, pour façons . . .	32	
Dix bottes d'échalas à 50 cent. .	5	
Pour engrais.	20	
Achat de dix poinçons à 4 francs pièce.	40	
Frais de vendange et de la fabrication du vin.	30	

127 fr.

Produit brut.

Le prix moyen est de 20 fr. le poinçon ; le produit de dix est de. 200

Partage du produit brut.

	fr.	c.
1°. Avances annuelles.	127	
2°. Intérêt à dix pour cent. . .	12	70
3°. Indemnité, le dixième du produit brut.	20	
4°. Frais du renouvellement, qui doit avoir lieu tous les quarante ans.	10	
5°. Pour les frais de culture du jeune plant, et pour la non-jouissance pendant cinq ans.	10	30

170

Produit net. 30

Département du LOIRET (Ci-dev. *Orléanois*).

Territoire d'ORLÉANS.

Avances annuelles.

	fr. c.	fr. c.
Au vigneron, pour toutes les façons.	40	
Pour engrais.	12	
Pour les échalas.	10	105 50
Acquisition de six poinçons. . .	25 50	
Frais de vendange et de la fabrication du vin.	18	

Produit brut.

Le prix moyen de chaque poinçon de vin étant de 30 fr. les six nous donnent. 180

Partage du produit brut.

		fr. c.
1°. Avances annuelles.	105 50	
2°. Intérêt de cette somme à dix pour cent.	10 15	
3°. Indemnité, dix pour cent du produit brut.	18	144 90
4°. Pour le renouvellement des vignes, qui doit avoir lieu tous les quarante ans, et pour les cinq années de non-jouissance.	11 25	
Produit net.		35 10

H 2

Même Département.

Territoire de GIEN (Ci-devant SOLOGNE).

Avances annuelles.

	fr. c.	
Au vigneron, pour façons. . . .	29	
Pour échalas, seize bottes à 5o centimes.	8	
Pour engrais.	8	fr. c. 69
Pour l'achat de quatre poinçons, à 4 fr. la pièce.	16	
Frais de vendange et de la fabrication du vin.	8	

Produit brut.

Le prix moyen du poinçon étant de 25 fr. les quatre donnent pour produit. 100

Partage du produit brut.

1°. Avances annuelles.	69	
2°. L'intérêt de cette somme à dix pour cent.	6 90	
3°. Indemnité, dixième du produit brut.	10	93 48
4°. Pour le dédommagement du renouvellement de la vigne, tous les quarante ans..	7 58	
Produit net.		6 52

Même Département (Ci-devant *Sologne*).

Territoire de ROMORANTIN.

Avances annuelles.

Au vigneron, pour façons. . .	60 fr.	
Pour échalas.	7	
Engrais.	14	153 fr.
Achat de douze vieilles barriques.	36	
Frais de vendange et de la fabrication du vin.	36	

Produit brut.

On récolte, année commune, douze poinçons au prix moyen de 20 fr. 240

Partage du produit brut.

1°. Avances annuelles.	153		
2°. Intérêt de cette somme à dix pour cent.	15	30	
3°. Indemnité; dixième du produit brut.	24		206 30
4°. Dédommagement du renouvellement de la vigne tous les quarante ans, et de la non-jouissance pendant cinq ans.	14		

Produit net. 33 70

Observations.

Ce produit raisonnable donne lieu à une remarque assez curieuse. Tous les cultivateurs desirent

H 3

le voisinage des grandes routes ou des rivières navigables, comme moyens de faciliter le transport et par conséquent l'écoulement de leurs denrées. Ici (à Romorantin) il en est tout autrement : les routes y sont si mauvaises; les communications si difficiles, qu'on y éprouve les mêmes obstacles pour recevoir que pour donner. Par cette raison le produit du petit vignoble de ce territoire, étant presque toujours un peu au-dessous du besoin de ses consommateurs, donne un revenu passable aux propriétaires.

Même Département.

Territoires de PITHIVIERS et MONTARGIS, (Dans le ci-devant GATINOIS).

Avances annuelles.

Au vigneron, pour façons. . .	38 fr.	⎫
Echalas	20	⎪
Engrais	22	⎬ 108 fr.
Pour l'emplette de six poinçons à 4 fr. pièce.	24	⎪
Frais de vendange et de la façon du vin	24	⎭

Produit brut.

Six poinçons de récolte à 25 fr. chacun. . . 150

Total du produit brut de l'autre part. . . . 150 fr.

Partage du produit brut.

fr. c.

1°. Avances annuelles. 108

2°. Intérêt de cette somme, à dix pour cent 10 80

3°. Indemnité ; dixième du produit brut. 15

4°. Dédommagement pour le renouvellement de la vigne tous les quarante ans, et les cinq années de non jouissance , environ. 8

fr. c.

141 80

Produit net 8 20

Département de la SARTHE. (Ci-dev. *Maine*).

Avances annuelles

Au vigneron, pour façons. . . . 15

Quatre cents provins par demi-hectare. 5

Pour le fumage de ces provins. . 8

Pour cinq busses ou poinçons à 5 f. 25

Frais de vendange et de la façon du vin. 10

63

Produit brut.

Le prix moyen du poinçon est de 24 fr. ; la valeur des cinq. 120

H 4

Total du produit brut de l'autre part. . . . 120 fr.

Partage du produit brut.

	fr. c.	fr. c.
1°. Avances annuelles.	63	
2°. Intérêt, à dix pour cent, de cette somme	6　30	81　30
3°. Indemnité ; dixième du produit brut.	12	
Produit net		38　70

Département d'EURE ET LOIR. (Ci-dev. *Beauce*).

Territoire de CHARTRES.

Avances annuelles.

Façons ordinaires d'un arpent ou demi-hectare, au vigneron	72	
Pour l'excédent des fosses qu'il fait au-delà des premières conventions.	8	
Fumage des provins.	24	202
Echalas.	10	
Emplette de huit poinçons à 5 fr. chacun.	40	
Frais des vendanges et de la façon du vin.	48	

Produit brut.

Le prix moyen du vin est de 40 fr. le poinçon ; la valeur de huit est. 320

Total du produit brut de l'autre part. . . . 320 fr.

Partage du produit brut.

1°. Avances annuelles . . . . . 202 fr.
Intérêt de cette somme, à dix
pour cent. . . . . 20 } 254
2°. Indemnité des risques, dix
pour cent du produit brut. 32

Produit net 66

Même Département.

Territoire de CHATEAUDUN. (Ci-devant DUNOIS).

Avances annuelles.

Au vigneron, pour les façons . . 56
Engrais. 12
Echalas, six cents par demi-hec-
tare, à 12 fr. le millier. . . . . . 7 20 } 119 20
Achat de six poinçons à 4 f. pièce. 24
Frais de vendange et de la façon
du vin 20

Produit brut.

Le prix commun est de 30 fr. le poinçon ; la
valeur de six. 180

Partage du produit brut.

1°. Avances annuelles. 119 20
2°. Intérêt de cette somme à dix
pour cent. 11 90
3°. Indemnité, le dixième du pro- } 160 35
duit brut. 18
4°. Dédommagement du renouvellement et de la non-jouissance. . 11 25

Produit net. 19 65

Département de la SEINE. (Ci-d. *Ile-de-France*).

Territoire des environs de P A R I s.

Avances annuelles.

Au vigneron, pour toutes les façons qui sont plus multipliées que dans les autres vignobles. 104

Paille de seigle pour accoler la vigne. 5

Façon du provignage. 9

Echalas 45

Engrais. 56

Frais de la vendange et de la façon du vin. 24

Achat de douze poinçons à 5 fr. pièce. 60

} 3o3

Produit brut.

Le prix moyen de 40 fr. par poinçon , donne pour douze 480

Partage du produit brut.

2°. Avances annuelles 3o3

2°. Intérêt de cette somme à dix pour cent. 3o   3o

3°. Indemnité des fléaux particuliers , dix pour cent du produit brut. 48

} 38r 3o

Produit net 98 7o

Département de la MARNE. (Ci-d. *Champagne*).

Avances annuelles.

	fr.	c.		
Au vigneron , pour façons d'un arpent ou demi-hectare.	36			
Pour les provins et façons extraordinaires.	30			
Echalas.	13	50		
Engrais transporté par hottées , à 15 fr. le cent	18		174	50
Pour couvrir de terres rapportées les racines des provins.	7			
Achat de cinq poinçons à 4 f. pièce	20			
Frais de vendange et de la façon du vin	50			

Produit brut.

Le prix commun des vins ordinaires de Champagne , est de 50 fr. la barrique ; le produit total d'un arpent qui en donne cinq , est donc de. 250

Partage du produit brut.

1°. Avances annuelles.	174	50		
2°. Intérêt de cette somme à dix pour cent.	17	45	216	95
3°. Indemnité des risques , le dixième du produit brut.	25			
Produit net			33	15

Observations.

La différence entre le produit des vins *fins* et des vins communs est immense. Les cantons d'élite, tels que *Sillery*, *Hautvillers*, *Versenay*, *Romant*, *etc.* ne produisent, année commune, que quatre poinçons par arpent ou demi-hectare ; mais leur prix moyen est au moins de 200 fr. pièce. La valeur du produit brut est donc de 800 fr., et les frais de culture n'excédant pas ceux des vignes communes, il résulte des premières un produit net de 528 fr. par arpent. Tel est la différence de profit que donnent les productions destinées à la consommation des gens riches et des étrangers. Il est vrai qu'à peine la dixième partie du territoire de la Champagne produit des vins de la qualité supérieure.

Département de l'AISNE. (Ci-dev. *Soissonois*).

Avances annuelles.

Au vigneron, pour façons y compris le provignage	50	fr.
Echalas.	30	
Pour l'engrais et son transport. .	17	} 163 fr.
Pour l'emplette de trois fûts qui contiennent chacun trois poinçons mesure de Paris.	46	
Frais de la vendange et de la façon du vin	20	

fr. c.

Total des avances annuelles de l'autre part. . 163 50

Produit brut.

Le prix moyen de ces vins est de 25 fr. le muid; dix muids valent donc. 250

Partage du produit brut.

1°. Avances annuelles 163

2°. Intérêt de cette somme à dix pour cent. . . . . 16 30 } 204 30

3°. Indemnité, dix pour cent du produit brut. 25

Produit net. 45 70

Observations.

Les frais de culture, dans le territoire Laonois, sont à-peu-près les mêmes que dans celui du Soissonnois. Les vins du Laonois ont moins de qualité que ces derniers; mais les circonstances locales leur donnent un plus haut prix.

Une lecture attentive de ces divers tableaux doit convaincre que la plus mauvaise méthode de cultiver les vignes, est celle qui se fait à moitié ou par métayers, comme dans une partie des territoires des ci-devant Aunis, Bas-Limosin, Nivernois, Berri, Franche-Comté, etc. Par elle, l'ouvrier meurt de faim et le propriétaire admet, comme rente, de petites rentrées qui ne forment en effet qu'un revenu apparent, puisqu'il n'introduit au compte des dépenses, ni l'intérêt de ses premières avances, ni aucune des reprises aux-quelles il a droit.

Il en est bien autrement de la grande culture, dirigée par une main sage et libérale. Celle-ci veut de fortes avances, il est vrai ; mais elles ne restent jamais infructueuses. Voyez les Inventaires du ci-devant Lyonnois, de la Bourgogne, du département de la Marne et même du Soissonnois; ils vous donneront encore l'occasion de vous assurer qu'il faut être dans l'aisance pour faire cultiver la vigne avec avantage. A qui appartenoit, avant la révolution, la plus grande partie des vignobles les plus célèbres et les plus lucratifs de la France ? aux moines ; c'est-à-dire, à la classe la plus aisée des citoyens. Les moyens d'améliorer, de renouveller ne leur manquoient jamais. Aussi les capitaux, que leurs biens en vignes étoient censés représenter, toutes les avances, toutes les reprises de droit déduites, ne donnoient pas un intérêt au-dessous de neuf à douze pour cent, par an ; intérêt très-considérable pour des capitaux placés en terres ; et immense, quand on considère la foible qualité de celles qui conviennent à la vigne. Qu'on se garde donc bien, comme l'ont fait quelques écrivains irréfléchis, de confondre la culture de la vigne en général, avec le mode de la cultiver ; et parce qu'il y a des ouvriers-vignerons à la mendicité, et des propriétaires de vignes dans l'indigence, de demander l'arrachage ou la suppression d'une partie de nos vignes. L'intérêt bien entendu des particuliers et de l'état rejette bien loin cet absurde système.

Pour que la proposition fût admissible, il faudroit que le terrein qu'occupent les vignes, manquât à la reproduction d'une denrée plus précieuse à celle du blé; ou que le vin fût tellement commun en France, que ses habitans, suffisamment abreuvés de cette liqueur, et les demandes des étrangers plus que satisfaites à cet égard, il y en eût un excédant en pure perte pour l'état comme pour les propriétaires. Mais combien il s'en faut qu'une telle supposition soit vraie, et par conséquent plausible! Faut-il encore répéter que les terres à blé ne sauroient convenir à la vigne, et que le terrein le plus propre à cette plante, est celui qui, dans notre climat, convient le moins à tout autre genre de productions? Un arpent de vigne de Lafitte, de Latour, de Margaux en Médoc, ou de Haut-Brion, dans les Graves de Bordeaux; qui rapporte annuellement trois pièces de vin, à raison de 500 ou 600 fr. chacune (1500 ou 2000 fr. les trois), donneroit à peine, en seigle ou en bois, 10 ou 12 fr. par an. Par quel végétal utile remplaceroit-on la vigne, dans les territoires d'Arbois, de Condrieu, et sur presque toute la côte du Rhône ?

Ajoutons à cela que le terrein, consacré en France, à la culture de la vigne, seroit d'une étendue presque double de celle qu'elle y occupe aujourd'hui, que son produit suffiroit tout au plus à la consommation en vins de ses habitans. En prenant pour base de ce produit, les vignes dont la culture est soignée, et dont une aveugle parcimonie ou une pitoyable indigence ne restreint point les frais d'exploitation, on obtient, année commune, sept poinçons par arpent. Mais comme, dans la combinaison de la valeur vénale du produit d'un tel arpent, nous avons soustrait un huitième de chaque propriété, censé employé au renouvellement du vignoble; nous devons borner le rapport à six poinçons et un huitième.

Voyons maintenant quel est le nombre d'arpens ou de demi-hectares employés à cette culture. Plusieurs écrivains se sont occupés de cette importante question, d'autant plus difficile à résoudre, qu'il n'a encore paru aucun travail élémentaire ou méthodique, qui puisse diriger une pareille recherche. Toutefois nous adopterons, comme les plus vraisemblables, les calculs résultant des méditations et des travaux de cette classe d'hommes estimables qui auroient tant fai

pour

pour les progrès des sciences politiques et pour
le bonheur des hommes, s'ils ne s'étoient obstinés
à vouloir appliquer indistinctement à tous les
pays, à tous les gouvernemens, à la Hollande,
comme à la Lombardie, dont les sources de
prospérité publique sont d'une nature si différente, un systême d'imposition d'autant plus dangereux dans son application, qu'ils la veulent
exclusive : ce qui suppose à chacun des membres
des sociétés, non pas la même nature de revenu,
mais les mêmes moyens de richesse, ou si l'on
veut, d'existence. Quoiqu'il en soit, les écono-
mistes étant, de tous nos écrivains, ceux qui
semblent avoir le plus approché de l'exactitude
dans les calculs qu'ils ont faits sur ce sujet, nous
eu admettrons les résultats. Ils ont porté à un
million six cent mille, le nombre des arpens employés en France, à la culture de la vigne. Cette
quantité de terrain, à six poinçons un huitième
de produit brut par demi-hectare, donne un
total de neuf millions six cent quatre-vingt-huit
mille barriques. Nous le porterons à dix millions,
moins pour éviter les fractions, que pour faire
entrer, dans ce compte rond, l'excédent du produit des vignes qu'on récolte dans les nouveaux
départemens du Rhin, la consommation de ses
habitans prélevée. En effet, la situation de ce
territoire, en très-grande partie, par-delà le
cinquantième degré de latitude, ne permet pas

d'y supposer une exportation de plus de trois cent trente-deux mille barriques.

La population de la France, avant la révolution, étoit généralement évaluée à 24 millions d'individus, desquels on doit en déduire quatre pour les enfans hors d'état de faire usage du vin, la moitié des autres citoyens en sont privés, ou par indigence, ou parce que d'autres boissons, suppléent à celle du vin. Ainsi la consommation du vin se trouvera restreinte aux besoins de dix millions d'individus.

La consommation habituelle et modérée d'un homme est de deux barriques ou poinçons; la moitié suffit pour celle d'une femme. On en devroit donc consommer annuellement en France, quinze millions de pièces, dont les deux tiers à l'usage des hommes, et l'autre à celui des femmes. Si on ajoute à cette quantité de vin, celui qu'on emploie à la fabrication des eaux-de-vie et des vinaigres, à l'usage de la pharmacie, des cuisines, et enfin celui qu'on exporte à l'étranger, on trouvera un nouveau déficit de dix-huit cent mille pièces sur ce que devroit être le rapport des vignes de France, soit pour la consommation intérieure, soit pour son commerce du dehors; puisqu'il faudroit pour remplir l'une et l'autre de ces destinations, un produit général d'au moins seize millions huit cent mille pièces ; c'est-à-dire, d'une part, la récolte de deux millions huit cent mille arpens, donnant chacun sept barriques; et en outre, l'emploi en jeunes ceps, pour le renou-vellement des vignes, de trois cent quarante-trois mille autres arpens. Il faudroit donc que la cul-ture de la vigne occupât, sur le sol français, deux millions sept cent quarante-trois mille arpens ; tandis qu'un million six cent mille seulement lui sont consacrés. Dans le premier cas, le produit territorial des vignes de France, converti en ar-gent, chaque arpent produisant sept barriques, et chaque barrique représentant la valeur de quarante-cinq francs vingt-cinq centimes, porte-roit cette seule branche de revenu annuel à la somme de sept cent soixante-un millions deux cent soixante-dix mille francs.

Le gouvernement français doit donc les plus grands encouragemens à la culture des vignes, soit qu'il considère ses produits, relativement à la consommation intérieure, soit qu'il les envisage sous le rapport de notre commerce avec l'étranger, dont il est en effet la base essentielle. Nous lui de-vons d'avoir déterminé en notre faveur la balance du commerce de l'Europe. En 1790, on exporta du seul port de Bordeaux, plus de trois cent mille pièces de vin de deux cents pintes chacune. On voit par les registres de la fiscalité, que les droits perçus en France, avant la révolution, sur les vins, eaux-de-vie et liqueurs transportés à l'étranger par les cinq grosses fermes seulement, se montoient à cinq cent mille francs. Ces mêmes droits s'élevoient dans les autres provinces, à près de deux millions. Aussi on peut croire qu'ils entroient pour soixante millions, au moins, dans la balance générale du commerce de France.

Les tableaux ci-dessous mettront le lecteur à portée de vérifier ces divers calculs. Le premier offre les détails de l'exportation des vins, eaux-de-vie, liqueurs et vinaigres, en 1778. Il est sorti des cartons du célèbre *Turgot*.

Le second tableau fait connoître les progrès du commerce français d'exportation, depuis les premières années (1720) jusques vers la fin de ce dix-huitième siècle (1790). On verra qu'il a presque doublé dans un espace de soixante ans; et en comparant les derniers résultats (ceux de 1790) avec les totaux de 1778, consignés à la fin du premier tableau, on s'assure que notre commerce d'exportation en vins, eaux-de-vie, liqueurs et vinaigres, s'est accru, en douze ans seulement, de dix-huit millions neuf cent quarante-quatre mille deux cent vingt trois livres.

Nous avons cru qu'il pourroit être agréable ou utile à une certaine classe de lecteurs, de trouver ici les moyens de faire ces rapprochemens : c'est ce qui nous a décidé à publier le tableau par lequel ce chapitre est terminé. Nous en sommes redevables aux profondes recherches et au savoir communicatif du citoyen *Arnould*.

ETAT des quantités de *VINS*, *EAUX-DE-VIE*, *LIQUEURS*, et *VINAIGRES*, exportés de France, en 1778.

VINS.	PAYS.	QUANTITÉS.	VALEUR.	TOTAUX.
D'Amont . . .	Allemagne.	422 tonneaux.	126712	
	Flandre.	1355 tonneaux. 1 q.	406694	
	Hollande.	457 tonneaux 1 d.	137250	670656
d'Aubagne.	Iles.	78 barriques.	. . . . .	4680
de Bordeaux..	Allemagne.	10 tonneaux.	4000	
	Angleterre.	1062 muids.	531000	
	Danemark	640 tonneaux 1 q.	233825	
	Espagne.	436 tonneaux.	163300	
	Nord.	187 tonneaux.	84150	1365809
	Portugal.	2040 bouteilles.	15100	
	Etats-Unis.	44 tonneaux 1 q.	303233	
	Iles.	3022 barriques 1 d.	2260	
	Guinée.	96 tonneaux.	28941	
de Haut.	Angleterre.	260 tonneaux 1 d.	104200	
	Flandre.	225 tonneaux 1 d.	67650	
	Hollande.	5211 tonneaux 3 q.	1563525	
	Nord.	2129 tonneaux 1 d.	638850	2990800
	Russie.	23 tonneaux 3 q.	7125	
	Suède.	216 tonneaux.	94800	
	Iles.	1612 tonneaux.	483600	
	Guinée.	103 tonneaux 1 d.	31050	
de Ville.	Angleterre.	654 tonneaux 1 q.	719675	
	Flandre.	309 tonneaux 1 d.	123800	
	Hollande.	9177 tonneaux 3 q.	3571100	
	Nord.	9121 tonneaux 1 q.	3648533	
	Russie.	104 tonneaux.	41600	12380580
	Suède.	840 tonneaux.	339600	
	Etats-Unis.	. . . .	1200	
	Iles.	9508 tonneaux.	3724740	
	Guinée.	342 tonneaux 3 q.	110332	
				17412525
de Bourgogne.	Allemagne.	70 muids.	9194	
	Angleterre.	117 muids 3 q.	45775	
	Danemark.	64 muids 7 huit.	10254	
	Flandre.	1688 pièces 1 tiers.	217678	316658
	Hollande.	22 muids.	6474	
	Nord.	27 muids 2 tiers.	8308	
	Russie.	47 muids 3 q.	14325	
	Suède.	15 muids et demi.	4650	
d'Auxerre	Suisse.	9 pièces et demi.	570	1773
		20 pièces	1203	
de Beaune	Allemagne.	1540 poinçons.	192500	
	Angleterre.	20 poinçons 3 l.	2550	246550
	Flandre.	381 poinçons	47625	
	Suisse.	31 poinçons.	3875	
de Dijon	Allemagne.	163 poinçons.	12225	
	Flandre.	112 poinçons.	8400	29290
	Suisse.	115 poinçons 1 d.	8665	
				594271

VINS.	PAYS.	QUANTITÉS.	VALEUR.	TOTAUX.
de Bourgogne.		De l'autre part...	......	1741252:3
		De l'autre part......	594271	
Id.	Allemagne.	32 muids 3 q.	6550	
de Macon.	Genève.	30 muids 1 q.	6050	6088 71
	Suisse.	10 muids.	2000	
de Nuits.	Allemagne.	283 poinçons.	42450	54825
	Flandre.	82 muids 1 d.	12375	
de Champagne.	Allemagne.	156 poinçons.	15606	
	Angleterre.	283 muids 1 d.	115402	
	Danemark.	66 muids.	26425	
	Flandre.	843 poinçons 1 t.	168675	
	Hollande.	6788 bouteilles.	15248	451447
	Nord.	120 muids 3 q.	48295	
	Russie.	151 muids 1 q.	60500	
	Suède.	4 muids 3 q.	1900	
	Iles.	698 bouteilles.	1396	
de Montagne.	Allemagne.	5327 pièces.	533700	614880
	Flandre.	576 pièces 1 d.	81180	
Id. de Reims.	Allemagne.	165944 bouteilles.	248916	
	Flandre.	23894 bouteilles.	35841	
	Hollande.	8027 bouteilles.	12040	307438
	Italie.	1858 bouteilles.	2787	
	Suisse.	5298 bouteilles.	7854	
de Rivière.	Allemagne.	34 pièces 1 d.	4140	37926
	Flandre.	281 pièces 1 d.	33786	
de Charente....	Flandre.	190 tonneaux.	34185	60879
	Hollande.	148 tonn. 1 q.	26694	
de Comté........	Suisse.	172 muids 1 q.		15472
de Dauphiné....	Savoie.	231 barriques.		1155
d'Espagne........	États-Unis.	3 barriq. 1 d.		1050
de Barcelone.	Allemagne.	580 pipes.	58000	66100
	Iles.	21 pipes.	2100	
de Madère......	États-Unis.	20 pipes.	6000	
Français.........	Danemark.	55 tonneaux.	13200	
	Espagne.	20 tonn. 2 t.	3085	
	Flandre.	439 tonn. 1 d.	65925	
	Hollande.	117 tonneaux.	17555	286852
	Nord.	1158 tonn. 1 q.	173737	
	Portugal.	12 tonn. 1 d.	1875	
	Iles.	229 barriq. 1 d.	11475	
de Frontignan..	Angleterre.	3 muids 1 six.		1584
de Gênes........	Iles.	5 tonneaux.		1000
de Languedoc.	Suède.	5203 muids.	520300	530300
	Iles.	33 tonneaux.	9900	
			TOTAL.	20452310

VINS.	PAYS.	QUANTITÉS.	VALEUR.	TOTAUX.
		Ci-contre............	....	20452210
de la Rochelle.	États-Unis	86 tonneaux.		13760
de liqueurs......	Allemagne	1299 bouteilles.	2599	
	Angleterre	2 muids 1 d.	1500	8908
	Iles.	1603 bouteilles.	4809	
Nantais..........	Allemagne	1261 tonn. 1 q.	151410	
	Flandre.	206 tonn. 1 q.	24750	180340
	Hollande.	31 tonneaux.	3100	
	Nord.	6 tonneaux.	1080	
de Naples.......	Iles.	500 veltes.		1200
d'Oleron..........	Guinée.	13 tonneaux.		1040
Ordinaire........	Allemagne	13940 bouteilles.	6970	
	Angleterre	26 muids.	4151	
	Danemark	5205 muids 3 q.	520652	
	Flandre.	2605 muids.	260550	
	Hollande.	27 muids 1 q.	4072	1546509
	Nord.	10467 pots.	10467	
	Russie.	19 muids 1 d.	2925	
	Suède.	7 muids.	1050	
	Iles.	378 muids 1 q.	57067	
	Guinée.	44029 pots.	44029	
	Indes.	6345 barriq. 3 q.	634576	
de Provence.	Gênes.	26950 foudres.	2695	
	Savoie.	21217 foudres.	2121	
	Suède.	21980 millerolles.	2198	469534
	Iles.	55667 millerolles.	445336	
	Indes.	1432 millerolles.	17184	
de Quercy.......	Iles.	4 tonneaux.		1200
de Ré............	Danemark	51 tonneaux.	7650	
	Hollande.	624 tonneaux.	93600	258075
	Nord.	1045 tonn. 1 d.	156825	
Rouge...........	Espagne.	2442 charges.	37845	
	Flandre.	18 pièces.	2160	
	Hollande.	8288 muids.	828798	
	Italie.	18789 millerolles.	151319	
	Naples.	19570 foudres.	1957	1362541
	Gênes.	4838 millerolles.	38728	
	Levant.	288620 foudres.	2886	
	Nord.	2173540 foudres.	217354	
	Savoie.	6559 millerolles.	55518	
de Roussillon.	Italie.	3304 muids.		330400
de Saintonge.	Iles.	10 tonneaux.		1800
			TOTAL.	24627517

MARCHANDISES.	PAYS.	QUANTITÉS.	VALEUR.	TOTAUX.
EAU-DE-VIE.	Allemagne.	1167 muids 3 q.	. . . .	116771
	Angleterre.	4165 barriques.	. . . .	555426
	Danemark.	1336 barriq. 3 q.	. . . .	178457
	Espagne.	1382 pipes.	. . . .	276403
	Flandre.	2659 pipes.	. . . .	531827
	Genève.	4050 foudres.	. . . .	1417
	Hollande.	3723 pipes.	. . . .	744606
	Italie.	46450 verges.	. . . .	155424
	Levant.	3800 foudres.	. . . .	1140
	Nord.	2406 muids.	. . . .	384300
	Russie.	155 barriques.	. . . .	21600
	Savoye.	53783 foudres.	. . . .	17962
	Suède.	38809 veltes	. . . .	247239
	Suisse.	22805 foudres.	. . . .	7980
	États-Unis.	2256 veltes.	. . . .	9026
	Iles.	270263 pots.	. . . .	270263
	Guinée.	402 muids.	. . . .	80418
	Indes.	2264 ancres 1 q.	. . . .	52715
				3552774
LIQUEURS..	Angleterre.	1 muid 3 q.	. . . .	1050
	Danemark.	10274 foudres.	. . . .	10274
	Espagne.	49766 foudres.	. . . .	49766
	Flandre.			2578
	Hollande.	22391 foudres.	. . . .	22391
	Italie.	34509 foudres.	. . . .	34509
	Naples.	9500 foudres.	. . . .	9500
	Gênes.	1850 foudres.	. . . .	1850
	Levant.	42850 foudres.	. . . .	42850
	Savoye.	11397 foudres.	. . . .	11397
	Suède.	10992 foudres.	. . . .	10992
	Iles.	162759 foudres.	. . . .	489115
	Guinée.	2329 foudres.	. . . .	4659
	Indes.	56 foudres.	. . . .	16716
				707447
VINAIGRES.	Allemagne.	43 muids.	2144	14121
	Angleterre.	34 muids.	6870	
	Danemark.	25 tonn. 1 q.	5107	
	Espagne.	10 tonn. 1 q.	2630	127772
	Flandre.	43 tonn. 1 d.	8726	
	Hollande.	173 tonn. 1 d.	28460	
	Italie.	229 milleroles.	1374	
	Nord.	144 tonn. 1 d.	28915	
	Russie.	9 tonn. 1 d.	1950	
	Suède.	18 tonneaux.	3450	
	Iles.	261 tonn. 1 d.	52267	
				141893

SIGNES CARACTÉRISTIQUES

LES PLUS APPARENS,

Tirés des FEUILLES et des RAISINS, pour faire distinguer les espèces, ou les variétés de la Vigne.

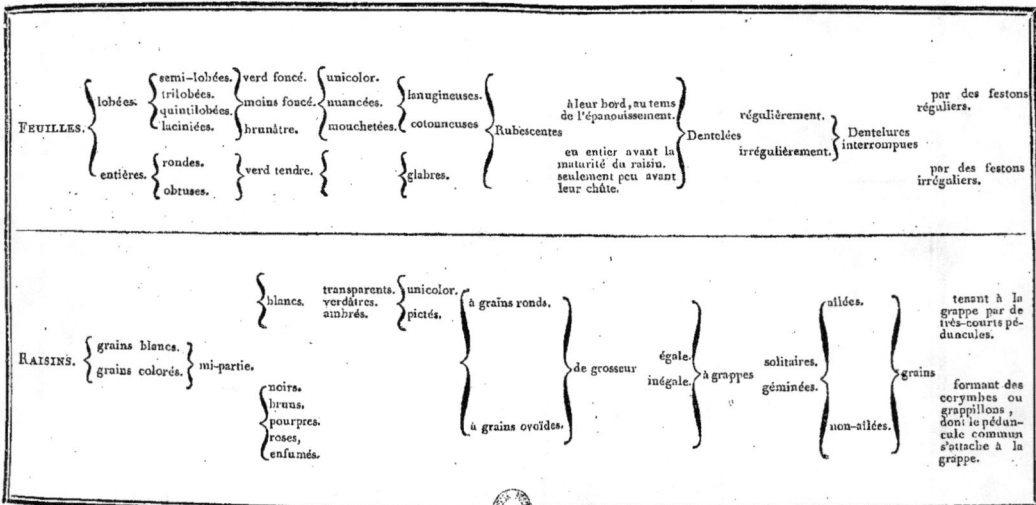

FEUILLES.
{
lobées.
{
semi-lobées.
trilobées.
quintilobées.
laciniées.
}
entières.
{
rondes.
obtuses.
}
}

verd foncé.
moins foncé.
brunâtre.

verd tendre.

unicolor.
nuancées.
mouchetées.

lanugineuses.
cotonneuses.

glabres.

Rubescentes
{
à leur bord, au tems de l'épanouissement.

en entier avant la maturité du raisin.
seulement peu avant leur chûte.
}

Dentelées
{
régulièrement.
irrégulièrement.
}
Dentelures interrompues

par des festons réguliers.

par des festons irréguliers.

RAISINS.
{
grains blancs.
grains colorés.
}
mi-partie.

blancs.

transparents.
verdâtres.
ambrés.

noirs.
bruns.
pourpres.
roses.
enfumés.

unicolor.
pictés.

à grains ronds,

à grains ovoïdes.

de grosseur
{
égale.
inégale.
}
à grappes
{
solitaires.
géminées.
}
grains
{
ailées.

non-ailées.
}

tenant à la grappe par de très-courts pédoncules.

formant des corymbes ou grappillons, dont le pédoncule commun s'attache à la grappe.

AU COMMENCEMENT DU XVIII.e SIÈCLE. Année moyènne, de 1720 à 1725.						NOMS DES VINS, par ORDRE ALPHABÉTIQUE.	VERS LA FIN DU XVIII.e SIÈCLE. Année 1788.					
EXPORTATION A L'ÉTRANGER.			EXPORTATION AUX COLONIES.				EXPORTATION A L'ÉTRANGER.			EXPORTATION AUX COLONIES.		
Muids.	Bouteilles.	Valeurs tot.	Muids.	Bouteilles.	Valeurs tot.	VINS DIVERS DE FRANCE	Muids.	Bouteilles	Valeurs tot.	Muids.	Bouteilles.	Valeurs tot.
»	»	»	8,570	»	281,500 l.	d'Amont, ou vins descendant la rivière de Loire à Nantes, venant de l'Anjou, du Maine, de Touraine, etc.	1,100	»	142,500 l.	43,995	»	2,570,400
12,000	»	519,200 l.	»	»	»	d'Anjou.	8,091	»	349,500	»	»	»
1,493	»	43,000	»	»	»	d'Aunis.	»	»	»	»	»	»
9,077	»	555,000	»	»	»	de Béarn et Gascogne.	26,975	»	349,300	»	»	»
207,992	»	14,901,300	24,055	»	1,395,000	de Bord. et Guienne.	155,445	»	13,708,700	127,652	»	6,278,700
7,713	»	1,522,600	»	»	»	de Bourgogne.	7,503	31,200	1,306,700	»	»	»
255	»	13,700	»	»	»	— d'Arbois.	»	»	»	»	»	»
190	»	36,500	»	»	»	— de Beaune.	»	»	»	»	»	»
96	»	21,000	»	»	»	— de Côte-Rôtie.	»	»	»	»	»	»
»	»	»	»	»	»	de Bresse.	365	»	18,800	»	»	»
»	»	»	»	»	»	de Bugey.	9,537	»	431,600	»	»	»
2,710	30,220	657,500	»	6,600	13,000	de Chalosse.	20,372	»	1,065,500	»	»	»
»	»	»	»	»	»	de Champagne.	1,208	288,400	851,900	»	»	»
»	»	»	»	»	»	de Comté.	11,812	»	749,000	»	»	»
3,184	»	94,400	»	»	»	du Dauphiné.	3,741	»	174,900	»	»	»
316	»	10,500	»	»	»	de Languedoc.	51,712	»	1,209,500	»	»	»
3,163	»	91,100	»	»	»	du Lyonnois.	704	»	47,000	»	»	»
30	»	3,400	»	»	»	Nantois.	7,193	»	234,900	»	»	»
19,151	»	679,200	»	»	»	d'Orléans.	30	»	6,300	»	»	»
566	»	15,700	»	»	»	de Provence.	74,523	»	2,944,300	»	»	»
»	»	»	»	»	»	de Roussillon.	2,588	»	87,300	»	»	»
»	»	»	»	»	»	de Saintonge.	3,714	»	109,300	»	»	»
14	»	6,100	98	»	22,700	de Vivarais.	39	»	10,400	»	»	»
»	»	»	»	»	»	de liqueurs.	380	»	102,000	262	»	85,500
»	»	»	»	»	»	—étrangers.	157	»	58,600	»	»	»
268,550	30,220	19,168,200	32,721	6,600	1,712,000	TOTAL des Vins...	387,247	519,600	24,405,800	171,889	»	8,754,600
41,845	»	5,365,300	3,661	30	487,600	Eaux-de-vie.....	82,650	»	12,582,200	13,543	»	2,75,100
850	»	35,400	30	»	1,000	et Vinaigre.....	7,138	»	178,800	9..	»	22,900
311,245	30,220	24,566,900	36,412	6,600	2,200,600	TOTAL des vins, eaux-de-vie et vinaigre.....	477,035	519,600	37,166,800	186,399	»	10,832,600

CHAPITRE TROISIÈME.

Histoire naturelle de la Vigne.

LA VIGNE, *vitis vinifera*, est placée par Tournefort dans la 2e. section de la 21e. classe, qui comprend les arbres et arbrisseaux, à fleur rosacée, dont le pistil devient une baie ou une grappe composée de plusieurs baies. Selon le système de Linné, elle est classée dans la *Pentandrie monogynie*; c'est-à-dire avec les plantes dont les fleurs hermaphrodites ont cinq étamines et un pistil.

Sa fleur rosacée est composée de cinq pétales qui se rapprochent vers leur sommet, d'un calice, à peine visible, divisé en cinq petits onglets. Du milieu du calice sort le pistil, couronné d'un stigmate obtus. L'embrion devient une baie ronde dans laquelle on trouveroit constamment cinq semences, si une, deux et quelquefois trois d'entr'elles n'avortoient. Elles sont dures, presque osseuses, arrondies, en forme de cœur, vers l'une des extrémités et resserrées en pointe vers l'autre; elles sont en outre divisées en deux loges dans leur partie supérieure. Les fleurs, disposées en grappes, sont opposées aux feuilles; et celles-ci, alternes, grandes, palmées, découpées en cinq lobes et dentelées dans leur pourtour, tiennent au sarment par un long pétiole.

Les branches de la vigne, comme celles de la plupart des plantes sarmenteuses, sont armées de vrilles, tournées en spirales ou en forme de tire-bourre, par le moyen desquelles elles s'accrochent aux corps étrangers qu'elles peuvent atteindre, pour se soulever et éviter le contact immédiat de la terre dont l'humidité pourriroit souvent les baies avant la maturité des semences.

La maîtresse racine plonge en terre où elle se divise en bifurcations, d'où sortent de nouvelles racines si ténues, si déliées, qu'on leur donne le nom de capillaires, de chevelus, de chevelées, etc. Elles s'amincissent même tellement en s'étendant horizontalement, qu'elles finissent par être imperceptibles à l'œil le plus exercé. La première fonction des grosses racines est d'assujettir la plante; celle des autres, d'aspirer en terre une partie des alimens propres à la nourrir.

De ces racines sort une tige souvent tortueuse et toujours couverte d'aspérités produites par de gros nœuds, plus ou moins distans les uns des autres, et par une écorce de couleur brune, plus ou moins foncée, et si foiblement adhérente au

liber, qu'elle s'en détache continuellement, soit
par écailles, soit en longs et étroits filamens. Ce
fréquent changement des parties corticales annonce que son bois ne peut avoir d'aubier, par
conséquent que toute la partie ligneuse du pourtour est d'une grande densité. En effet les tiges de
cette plante sont propres, comme les bois les plus
durs, à recevoir au tour toutes les formes qu'on
veut lui donner, sur-tout quand elles sont vieilles
et qu'elles ont acquis le volume auquel elles sont
susceptibles de parvenir. Cette vieillesse et ce volume sont quelquefois très-extraordinaires. Un
plant de vigne abandonné à la seule nature, placé
dans un sol et un climat qui lui conviennent, et
qui trouve près de lui des appuis capables de
résister à ses élans et aux efforts qu'il fait pour
croître, acquiert un volume énorme et parvient
à la plus étonnante longévité. Il en est tout autrement de celui que l'on taille ou dont on retranche
les sarmens. La sève employée à leur renouvellement et à leur croissance, se porte rapidement et
et sans mesure vers les extrémités ; ses élémens
s'épuisent ; les canaux qui la filtroient se dessèchent, et la plante n'a rien d'extraordinaire, ni
dans son port ni dans sa durée. Il en est ainsi de
tous les arbres : ceux qu'on est dans l'usage d'éla-
guer n'acquièrent jamais le volume de ceux dont
les branchages vieillissent avec eux.

Les anciens naturalistes et les voyageurs mo-

dernes sont d'accord entr'eux sur la longue vie et
sur les étonnantes proportions de la vigne dans
son état agreste. Strabon qui vivoit au tems d'Auguste, rapporte qu'on voyoit dans la Margiane
des ceps d'une si énorme grosseur, que deux
hommes pouvoient à peine en embrasser la tige :
ils avoient de trois à quatre mètres de circonférence. C'est avec raison, dit Pline (1), que les
anciens avoient rangé la vigne parmi les arbres,
vu la grandeur à laquelle elle est susceptible de
parvenir. « Nous voyons à *Populonium*, ajoute-
t-il, une statue de Jupiter, faite d'un seul morceau
de ce bois, et qui, après plusieurs siècles, est
encore exempte de tout indice de destruction.
Les temples de Junon à *Patera*, à *Massilia*
(Marseille) à *Metapontium* étoient soutenus par
des colonnes de vigne ; et actuellement encore la
charpente du temple de Diane, à Ephèse, est
construite de vignes de Chypre : il n'est point de
bois plus indestructible que celui-là ». Ce même
naturaliste parle ailleurs d'une vigne qui existoit
depuis six cents ans.

Les modernes savent que les grandes portes de
la cathédrale de Ravenne sont construites de bois
de vigne, dont les planches ont plus de quatre
mètres de hauteur sur trois à quatre décimètres

---

(1) Liv. 14, chap. 1.

de largeur. Il n'y a pas long-tems qu'on a vu dans le château de Versailles et dans celui d'Ecouen de très-grandes tables construites d'une seule planche de ce bois. Les voyageurs qui ont côtoyé l'Afrique ou pénétré dans ces contrées, ont vu certaines côtes de Barbarie parsemées de vignes dont les tiges n'ont pas moins de trois à quatre mètres de circonférence. Si leur âge pouvoit être connu, on seroit sans doute étonné de leur grande vieillesse. Miller parlant des vignes d'Italie, dit (1) que dans certains territoires de ce pays, il y a des vignes cultivées qui durent depuis trois cents ans et qu'on y appelle jeunes vignes celles qui n'ont qu'un siècle. Je trouve dans les notes que j'ai recueillies sur l'âge et la stature de cette plante, que la gelée dont les vignes furent atteintes dans le département du Doubs, dès les commencement de l'automne de 1739, pendant que les grappes pendoient encore au ceps, le froid fut d'une telle intensité dans cette contrée, qu'il frappa de mort une treille de muscat blanc, plantée au midi et à couvert de toutes parts des vents froids, rue Poitune, à Besançon. On ignoroit son âge, mais sa tige avoit un mètre huit décimètres d'épaisseur ; ses rameaux s'élevoient à quatorze mètres de hauteur et tapissoient une

_____

(1) Dictionn. des Jardiniers.

muraille dans la longueur de plus de quarante. La perte de ce phénomène, car en France c'en étoit un, causa une pénible sensation dans toute la province.

La vigne sauvage est moins délicate sur le choix du terrein que sur celui du climat; elle croît spontanément dans toutes les parties tempérées de l'hémisphère septentrional. On la rencontre assez fréquemment en Europe, dans son état agresté, jusqu'au 45e. degré de latitude. Catesby lui assigne la même ligne de démarcation, dans le nouveau monde. « Non-seulement, dit-il (1), elle croît spontanée dans la Caroline, mais dans toutes les parties de l'Amérique septentrionale, depuis le 25e. jusqu'au 45e. degré de latitude. Elle est si commune dans les bois, que ses branchages sont souvent un obstacle à la marche des voyageurs, même à celle des chevaux. Elle y surmonte les arbres les plus élevés, et semble quelquefois les étouffer dans ses embrassemens »

Nomenclature des espèces et variétés de la Vigne, cultivées en France.

La nature propage, par la semence, l'espèce qui lui appartient. Les variétés sont, pour ainsi dire, des jeux de la nature, qui ne se perpé-

---

(1) Hist. Natur. de la Caroline. Tom. I. pag. 22.

tuent pas constamment par la semence; souvent
elles engendrent un grand nombre de variétés
nouvelles qui se rapprochent plus ou moins de la
souche ou de la mère plante. Voilà pourquoi les
botanistes qui n'ont voulu donner que les caractères qui se renouvellent constamment par la semence, n'ont décrit, pour les vignes, que la
vitis vinifera; de même qu'ils ont borné la description du pommier à la *pyrus malus* ou à la
pyrus communis.

Les cultivateurs, dont l'art a pour objet, non-
seulement de multiplier les espèces par la semence, mais de rendre constant les caractères
des races ou variétés par le moyen des boutures,
des marcottes ou provins et de la greffe, donnent
le nom d'espèces aux individus qu'ils reproduisent
par l'une ou par l'autre de ces méthodes, tout
comme à ceux qu'ils obtiennent par la semence.

Cependant la loi de la nature met souvent des
bornes au pouvoir de l'art : voilà pourquoi la
propagation d'une variété, ou d'une espèce, agricolement parlant, arrive elle-même, après la
succession de plusieurs années, soit par l'effet
d'un changement de sol et de climat, soit par une
culture moins soignée, à dégénérer en une variété
nouvelle. On appelle plante dégénérée celle dont
les fruits sont d'une qualité inférieure aux fruits
du principe dont elle est générée ou dont elle est

une reproduction. On ne doit donc pas être étonné de trouver dans nos vignes un nombre presqu'infini de variétés dans les ceps dont elles sont composées, alors même qu'on supposeroit les souches primitives ou les races secondaires avoir été, dans le principe, restreintes à un petit nombre ?

En effet, quand les Grecs apportèrent à Marseille les premiers plants de vigne qu'on eût encore vus dans les Gaules, il est vraisemblable que les espèces ou variétés étoient en foible quantité; ces plants n'avoient encore éprouvé qu'une seule fois l'effet de la transplantation, celle du continent Asiatique, leur berceau, dans les îles de la Grèce. Mais à l'époque où cette plantation fut entièrement renouvellée en deçà des Alpes, les ceps qu'on y transporta pouvoient avoir déjà subi d'étonnantes modifications dans leurs formes et par conséquent, dans les qualités de leurs fruits, parce qu'ils avoient passé de la Grèce en Sicile, de Sicile en Italie, et que cette propagation s'étoit faite en Italie insensiblement et de contrée en contrée. De tous ces changemens de terreins et de climats, n'étoit-il pas déjà résulté des variétés nouvelles ? Et si on ajoute à ces premières causes des variétés les effets des transplantations qui ont dû avoir lieu en France, pour étendre la culture de la vigne, depuis les Bouches-du-Rhône jusqu'aux rives du Rhin et de la Moselle, dans une
étendue

étendue de deux cents cinquante lieues, qui présente des sols et des climats si divers, on ne peut douter que la plupart de ces plants n'aient éprouvé pendant ce long trajet d'étonnantes diversités dans leur manière d'être, les unes en régénérant, les autres en se régénérant. Je dis en se régénérant, parce qu'il est plus que vraisemblable que, même en se rapprochant du Nord, certains plants rencontrant un climat *accidentel* plus analogue à leur nature, un sol plus favorable à leur végétation, un genre de culture plus soigné, que dans des points plus méridionaux ne recouvrent les formes et qualités ou parties des formes et des qualités de leur essence primitive. C'est même à cette faculté de se régénérer que nous croyons devoir attribuer les heureuses métamorphoses opérées sous les yeux de deux observateurs à l'œil desquels il n'échappe rien de ce qui peut contribuer aux progrès de la physique végétale et de l'agriculture proprement dite, les citoyens Villemorin et Jumilhac. Le premier a vu un cep de *Meunier*, et l'on auroit pu croire cette variété une race primitive en la jugeant d'après un caractère qui semble inhérent à sa nature, savoir ce duvet, cette matière blanche, cotoneuse qui recouvre constamment sa feuille sur tous les points ; il a vu, dis-je, un cep de *Meunier* porter des sarmens, des feuilles et des fruits du *Maurillon précoce*. Peut-on dire

TOME I.   K

que ce Meunier dégénéroit en Maurillon précoce? Mais les caractères constans de celui-ci ont été reconnus et décrits par les plus anciens natura- listes-agronomes. Il est désigné par Columelle sous le nom de *vitis præcox*, et par les modernes sous celui de *vitis præcox Columellæ*. Les premiers ne font aucune mention spéciale du *Meunier*; ils ne parlent que d'une manière générale des cé- pages lanugineux ou cotoneux. Ainsi il ne paroît pas vraisemblable que le Maurillon précoce soit une dégénération du Meunier. J'aimerois croire que celui-ci se régénère, et qu'en redevenant Maurillon précoce, il reprend les caractères et les formes de son essence primitive.

Le citoyen Jumilhac a vu de même le Meûnier devenir Maurillon. Il en possède en ce moment un cep qui a trois tiges; celle du milieu est Mau- rillon; les deux latérales sont encore Meûnier. Celles-ci recevront peut-être avec le tems les at- tributs de leur espèce.

Il n'est pas douteux qu'un certain nombre d'ob- servations de ce genre faites sur différens points de la France, donneroient de grandes facilités pour dresser une nomenclature satisfaisante des divers cépages qui s'y sont multipliés. Mais vu l'état actuel de la science, relativement à cette branche importante de notre agriculture, com- ment se flatter de retrouver les essences pri- mitives, et d'y rattacher les variétés qui en proviennent? Irons-nous les chercher dans nos provinces du Midi, en Provence, par où les cépages de la Grèce et de l'Italie ont dû passer pour parvenir au centre et au nord de la France? Mais la culture de la vigne, trop long-tems négligée dans cette contrée, ne nous laisse pas l'espérance d'y faire d'heureuses découvertes à cet égard. En outre des plants tirés directement de la Grèce ont été introduits au centre de la France bien postérieurement à ceux qu'on a plantés en Provence; et déjà il n'existe plus aucune trace de leurs espérances.

En 1420, plusieurs souverains de l'Europe voulurent obtenir des vins de liqueur des vignes qui croissoient dans les territoires de leur domination. Les Portugais avoient introduit dans l'île de Madère des plants de celle de Chypre, dont le vin passoit alors pour le premier de l'univers; et cet essai réussit. François Ier., à leur exemple, acheta cinquante arpens de terre aux environs de Fontainebleau, et les consacra à la plantation d'une vigne dont les complants furent directement tirés de la Grèce. Une vigne de la même nature fut en même tems formée à Coucy. Mais où sont aujourd'hui ces plants de la Grèce? Comment reconnoître seulement les variétés provenans de telle ou telle des espèces dont ils étoient composés? Cinq siècles se sont écoulés, pendant lesquels dix ou douze renouvellemens et plantations ont été exécutés, c'est-à-dire, beaucoup plus qu'il n'en faut pour rendre les races ou les variétés méconnoissables. En effet, on ne voit plus aux environs de Fontainebleau, comme dans tous le reste du Gâtinois, que sept ou huit races très-communes dans les autres territoires du centre de la France ; ce sont le *Teinturier* qu'on nomme *Pineau* dans le pays, le Maurillon hâtif, le chasselas, qui mérite, comme comestible, toute la réputation dont il jouit dans cette contrée ; le Bourguignon blanc et noir, le Gouais, les grands et petits Méliers.

En parcourant les noms de ce petit nombre de cépages, on voit déjà combien la nomenclature de nos vignes doit être bisarre et confuse. Ici les habitans du Gâtinois donnent le nom de Pineau, race par excellence, qui forme les meilleurs complants de la Bourgogne, du vignoble de Migraine sur-tout, à une espèce qui n'est autre chose que la *vitis acino nigro, rotundo, duriusculo, succo nigro labiâ efficienti* de Garidel, et qui n'a guère d'autre mérite vers le centre et le nord de la France, que de charger en couleur les vins dans lesquels on introduit son jus ; ce qui lui a fait donner en beaucoup d'endroits, les noms de Teinturier, de gros Noir, Noir d'Espagne, etc. Combien d'erreurs du même genre ne pourroit-on pas citer ? On auroit de la peine à donner la raison plausible de la différence des noms adaptés aux mêmes cépages dans nos différens vignobles. Quelques-

uns sans doute ont emprunté les leurs du nom des
particuliers qui les ont introduits dans leurs cantons; d'autres les tiennent de celui des vignobles
dont ils ont été tirés immédiatement, à l'époque
de leur transplantation dans une autre province,
comme le Maurillon de Bourgogne est appelé
Bourguignon en Auvergne, et Auvernat dans l'Orléanois; sans doute parce que l'Auvergne aura tiré
le Maurillon directement de la Bourgogne, et
qu'ensuite elle l'aura transmis à l'Orléanois. La
même raison peut être alléguée pour les races
qu'on nomme en différens lieux le Maroc, le Grec,
le Corinthe, le Cioutat, le Pouilli, l'Auxerrois, le
Languedoc, le Cahors, le Bordelais, le Roche-
lais, etc. etc. Mais il en est dont la bisarrerie des
noms est telle, qu'on chercheroit vainement à leur
assigner une origine vraisemblable, et les uns et
les autres réunis sont en tel nombre, que quelques
Œnologistes modernes ne craignent pas de le porter
à trois mille. Il y a peut-être beaucoup d'exagération dans ce calcul; mais toujours est-il vrai que
souvent on ne s'entend pas d'un myriamètre à
l'autre en parlant de tel ou tel raisin, et cela dans
une étendue de pays de plus de cent myriamètres.

Le goût de Rozier pour les sciences, et sa passion pour le bien public, lui avoient inspiré le
projet d'un bel établissement, par le moyen duquel il espéroit se mettre à portée de dresser une

synonimie qui seroit entendue dans toute la France, de donner des caractères distinctifs qui feroient reconnoître chaque race de raisin, de démontrer par l'expérience, le genre de terrein et l'exposition qui conviennent plutôt à l'une qu'à l'autre; de déterminer la culture et la taille propres à telle ou telle espèce; de faire connoître l'espèce de raisin qui mûrira plus complettement et donnera un meilleur vin, soit au nord, soit au centre, soit au midi de la France, le degré de fermentation qu'exige dans la cuve chaque espèce de raisin; quelle qualité de vin résulteroit de telle ou telle espèce mise séparément en fermentation; dans quelle proportion on doit mélanger telle ou telle espèce de raisin pour obtenir un vin d'une qualité supérieure ou susceptible d'être long-tems conservé; enfin, quelle espèce de raisin fournit la meilleure eau-de-vie et en plus grande quantité. Telles étoient les vues de Rozier. Voici pour les remplir, les moyens qu'il se proposoit d'employer. Il nous paroît d'autant plus convenable de les publier dans leurs détails, qu'ils pourroient servir de guide aux personnes éclairées qui auroient le courage de marcher sur les traces de cet homme estimable.

« 1°. Je sacrifierai, écrivoit-il à l'ancien intendant de Guienne, *Dupré de Saint-Maur*, qui partageoit ses goûts et ses sentimens; je sacrifierai tout le terrein nécessaire à cette opération, au moins six arpens. 2°. Je ferai venir de deux cent vingt endroits, toutes les espèces de raisins qu'on y cultive. 3°. Pendant les six premières années, je ne pourrai faire autre chose qu'établir, d'une manière invariable, la synonimie des raisins pour toute la France. Voici mes procédés:

1°. Planter, province par province, les crossettes que je recevrai. Au pied de chaque crossette, enfoncer une palette de bois, sur laquelle sera écrit le nom donné dans l'endroit à l'espèce de raisin, et ajouter un numéro à côté. Le même nom et le même numéro seront inscrits sur un registre à six colonnes. 2°. Je suppose les crossettes plantées dans le courant du mois de décembre 1780. Aucune observation ne sera faite en 1781: c'est l'année de la reprise de la vigne. 3°. En 1782, commencer trois tailles différentes et faites en différentes terres sur les six crossettes plantées. 4°. En tenir une note sur le registre général; marquer l'époque où la vigne a commencé à pleurer, à bourgeonner, le bouton à s'épanouir; enfin, décrire botaniquement la forme de la feuille. 5°. En 1783, reprendre les mêmes observations, les comparer avec celles de l'année précédente, et les inscrire sur le registre général. En 1784, revenir sur ses pas, et observer, comme dans les années précédentes. Mais le bois est

K 4

formé, les feuilles ont un caractère décidé; ainsi on doit tâcher, par les feuilles seules et par le bois, de distinguer toutes les espèces des différens cantons de la France. 7°. En 1785, toujours répéter les observations de l'année précédente. Ici, la fleur paroît, le raisin mûrit; c'est le cas de déterminer les espèces, d'établir les genres et de commencer la synonimie. J'appelle cette année l'année de probation. 8°. Enfin, en 1786, qui est l'année de confirmation, reprendre les observations depuis 1781 et définitivement, constater la synonimie, parce qu'à cette époque le bois est parfait, la feuille bien dessinée, la fleur bien caractérisée, et le fruit dans son état de perfection, pour la forme. Voilà le point le plus minutieux et non le moins important enfin déterminé, et je ne crains plus de n'être pas entendu par-tout, lorsque je parlerai de telle ou telle espèce de raisin.

» Il s'agit actuellement de la culture, du sol et de l'exposition qui conviennent à chaque qualité de raisin : c'est un nouveau genre de travail. Pour cet effet, 1°. je ferai arracher ce mélange monstrueux de ceps provenus des différens vignobles de la France. 2°. Chaque espèce de raisin sera plantée séparément, 1°. dans un terrein pierreux et élevé; 2°. dans un terrein graveleux; 3°. dans de la terre végétale. Chaque plantation sera assez considérable pour donner deux pièces

de vin, dont une sera conservée afin de connoître
la qualité et la durée du vin, et l'autre convertie
en eau-de-vie, également pour connoître la quantité d'esprit ardent que l'espèce de raisin peut
fournir, et la qualité dont sera cette eau-de-vie.

» 3°. Comme toutes les espèces seront distin-
guées dans leurs plantations, et que chaque plantation occupera trois sols différens, il sera aisé de
constater quel raisin doit être mélangé avec tel
autre, et quel sera le résultat de ces mélanges,
selon leurs différentes proportions.

» Ce second travail doit encore durer six années. Pendant les trois premières, la vigne ne
produit rien; à la quatrième, son produit est
presque nul; dans la cinquième, il est encore
trop aqueux, et n'a ni caractère ni qualité décidés; ce n'est que sur la sixième qu'on peut
asseoir un jugement solide. Pour parvenir à ce
point, il faut donc un travail assidu de douze
années consécutives; duquel résulte nécessairement un ouvrage utile à toutes les provinces,
parce qu'il est fondé sur l'expérience et sur des
observations soutenues.

» La seule objection plausible en apparence
contre ce plan, consiste à dire : Vous faites vos
observations dans le territoire de Béziers; le grain
de terre y est différent de celui d'Orléans; ainsi

vos principes ne peuvent s'appliquer ni au vignoble d'Orléans, ni aux autres vignobles de la France.

» Je réponds : N'est-il pas démontré qu'en 1753, le vin fut très-bon dans toute la France? Il ne fut bon que parce que le raisin acquit partout une maturité complette; ainsi je dois bien mieux juger à Béziers de la qualité du raisin qu'à Orléans, puisque je suis assuré d'y avoir cette maturité complette. Quant au goût qui provient du terroir, il est indépendant de tous les renseignemens. Les vignes de Bourgogne ne donnent pas à Béziers du vin de Bourgogne; mais l'expérience prouve que ces vignes y donnent un vin excellent. Il est démontré que tous les plants venus du nord au midi, gagnent en qualité; donc je puis mieux à Béziers ou dans les provinces méridionales, juger de la qualité d'un raisin; donc les principes généraux établis sur ces qualités pourront être utiles dans les autres provinces: c'est donc aux propriétaires à en faire l'application sur leur terroir; et il est impossible que ces principes, confirmés par l'expérience, ne vaillent pas mieux qu'une routine sans principes. Au surplus, que l'on consulte les gens de l'art sur l'exactitude de mon raisonnement.

» Ce n'est pas assez d'observer pour communiquer ensuite ses expériences au public par la voie de l'impression : le paysan ne lit pas. Ce n'est donc pas par des livres qu'il faut l'instruire, mais par l'exemple. A cet effet, je m'engage à prendre chez moi, en janvier 1784, quatre jeunes paysans; en 1785, autant; et autant en 1786 : ce qui fera le nombre de douze. Ils y resteront trois ans, et seront nourris, éclairés et chauffés gratuitement; leur entretien sera à leurs frais. Ils resteront chez moi pendant trois années; de sorte que ceux entrés en 1784, sortiront en 1787, et ainsi de suite : de cette manière, il y aura toujours huit anciens et quatre nouveaux ».

Il est impossible de tracer un plan plus méthodique que celui-là, et d'imaginer un établissement où l'amour de la science et l'attachement à la chose publique soient plus authentiquement constatés: Rozier ne s'en étoit point tenu à une stérile spéculation; il avoit jetté les fondemens de son travail, il le suivoit avec activité dans la terre qu'il habitoit près Béziers, quand les dégoûts, les contradictions sans nombre qu'on lui fit éprouver, les odieuses tracasseries auxquelles il fut en bute, le forcèrent à s'éloigner du séjour qu'il avoit choisi, et à abandonner son utile établissement.

Dupré de Saint-Maur, secondé par le zèle du citoyen Latapie, en avoit fait commencer un du même genre aux environs de Bordeaux; mais il a eu le sort du premier; il n'existe plus; les effets de la révolution l'ont anéanti. Le sol qui avoit reçu les divers plants de vigne, a passé en des mains étrangères, qui lui ont donné une toute autre destination. Les papiers publics nous ont appris que la société d'Histoire naturelle du département de la Gironde, provoquoit de nouveau cet établissement; qu'elle désignoit même au gouvernement le lieu qu'elle jugeoit le plus favorable à ses vues. Puissent les moyens de finances, qu'à cet effet on mettra sans doute à sa disposition, répondre à son zèle et à ses lumières!

Il est indubitable qu'un établissement de ce genre, porté au degré de perfection dont il est susceptible, répandroit de grandes lumières sur deux branches importantes d'histoire naturelle et d'économie rurale; mais rempliroit-il toutes les vues de Rozier et de ses estimables émules? J'en doute.

L'annonce de la collection qu'on se proposoit de former à Bordeaux, a donné lieu à quelques observations très-remarquables. Le citoyen Duchesne, professeur de botanique et d'agriculture dans le département de Seine et Oise, regarde comme très-utile (1) cette entreprise de cultiver

(1) Voyez les Annales d'Agriculture, publiées par le citoyen Tessier, Tom. II, pag. 420.

comparativement la collection la plus complette qu'on pourra se procurer des cépages et complants de vigne; c'est-à-dire, des races ou variétés individuelles, multipliées au moyen de la propagation par bourgeons.

En quelque lieu que cette collection s'exécute, dit-il, *il est probable qu'elle pourra déterminer les essences véritablement différentes, et au moyen d'une bonne concordance, supprimer tous les doubles emplois causés par des équivoques de nomenclature.*....... Quant à la proposition si importante, ajoute-t-il, de déterminer le mélange des plants qui fait produire à un terrein la plus grande quantité possible du meilleur vin, je doute que des expériences faites à Bordeaux, *puissent rien offrir de concluant pour les vignobles des environs de Mâcon, d'Auxerre ou de Reims.* Pour justifier cette opinion, le citoyen Duchesne rapporte le fait suivant: « Le voisinage des belles plantations de Malesherbes et de Denainvillers, que j'étois allé visiter en 1776, m'ayant donné occasion de parcourir le terroir de Puiseau, avec un riche propriétaire du canton, je pris connoissance de la culture que l'on fait dans ce vignoble, *en terre forte et à plat pays,* de deux sortes de raisin; l'une nommée le Gouais, célèbre par la grosseur de son grain et de sa grappe; l'autre, nommé le Teint, parce qu'il sert à teindre, ou, si l'on veut, à colorer le vin dont le Gouais produit la quantité...

On n'établit, sur le total de la vigne, qu'un cinquième ou un sixième en plant de Teint. Cette proportion suffit pour que le vin du Gâtinois soit employé, comme vin colorant, pour tous les mélanges usités dans le commerce des vins. Les marchands l'achettent à la vue, sans le goûter, et le produit de ces vignes n'en est pas moins un excellent revenu.

Ce propriétaire avoit pour femme la fille d'un habitant d'Auxerre. Ils avoient désiré se procurer, pour leur usage, un vin plus délicat, et vraiement potable. Les meilleurs plants, tirés d'Auxerre, ne produisirent chez eux qu'un stérile feuillage : ils me firent voir le mauvais succès de leur entreprise ; et l'ont abandonnée.

« .... Il est donc utile et même nécessaire de former en France au moins quatre établissemens semblables à celui de Bordeaux, ou même de les multiplier *dans tous les départemens* où il se trouve des vignobles; *non pas peut-être pour y refaire le premier travail de la comparaison des essences diverses;* mais au moins pour cultiver comparativement celles qui auront été reconnues différentes. .... »

Je partage, mais non pas sans restriction, les opinions du citoyen Duchesne. Comme lui, je ne pense pas que ce soit par des expériences

faites

faites dans les terroirs de Bordeaux ou *de Béziers*, qu'on obtiendra des résultats applicables
aux vignobles placés vers le nord de la France.
Aussi peut-on, à notre avis, n'être pas entièrement satisfait de la réponse de Rozier, à l'objection très-fondée qu'il suppose lui être faite;
savoir : *qu'il n'obtiendra pas à Béziers du vin
de Bourgogne. Le grand point*, dit-il, *c'est de
faire mûrir le raisin complettement, et cette
maturité ne me manquera pas.* Mais, parce que
tel raisin mûrira *complettement* et *des premiers*,
dans une terre végétale et en plaine, aux environs de Béziers, où la chaleur de l'atmosphère maintient, pendant quatre ou cinq mois
consécutifs, le thermomètre de Réaumur entre
le vingtième et le vingt-huitième degré, est-il
sûr que ce même raisin mûrira *complettement*
dans les terres crayeuses et marneuses de la
Champagne, où la chaleur ne parvient que rarement au vingtième degré, et ne s'y soutient
jamais pendant trois jours de suite ? Comment
croire, après cela, que des expériences faites
dans le premier de ces lieux, puissent résulter
des règles invariables pour le Soissonois ou le
Laonois ? *Si je ne fais pas du vin de Bourgogne
à Béziers*, ajoute Rozier, *du moins j'y ferai
de bon vin.* Certes, je le crois bien, car, par-
tout où l'on aura le climat, le sol, les sites de
Béziers, quel que soit, pour ainsi-dire, le plant

qu'on y cultivera, pourvu que la culture en soit soignée, et que l'intelligence préside à la fabrication du vin, on en obtiendra de bon ; mais je répète, avec le citoyen Duchesne, que des expériences de cette nature, faites à Béziers ou à Bordeaux, n'ont rien de concluant pour les deux tiers des autres vignobles de la France.

L'estimable professeur de Versailles pense, qu'*en quelque lieu* que la collection dont il s'agit s'exécute, il est probable que, par elle, on pourra déterminer les essences véritablement différentes, et parvenir à une bonne nomenclature. Je diffère d'opinion avec lui sur ce point. Le citoyen Duchesne sait, aussi-bien que moi, combien le sol et le climat influent sur les qualités des végétaux. Cette influence ne peut s'exercer sur les qualités de leurs produits, qu'en raison des différentes modifications qu'éprouve la séve dans les canaux par lesquels elle dirige son cours. L'élaboration qu'elle subit alors est subordonnée au degré de dilatation de ces conduits, et à la direction qu'ils prennent pour porter et répandre la séve dans toute l'économie de la plante. Celle-ci reçoit elle-même toute l'ordonnance de sa charpente, de ses principes alimentaires, suivant les diverses combinaisons qui s'opèrent en eux, par l'action du sol et du climat dans lesquels ils se trouvent. La manière dont

ont la séve circulé peut donc n'être pas, et sou-
ent en effet, n'est pas par-tout la même dans
es individus, non-seulement de la même espèce,
nais de la même race. J'ai observé que cette
ifférence se manifeste jusques dans les formes
xtérieures de plusieurs variétés de vignes. Le
Gamet, par exemple, est un raisin très-connu
dans les deux tiers de nos vignobles. Ce cépage
est précieux dans toute l'étendue de la côte du
Rhône, parce qu'il produit assez abondamment,
et sur-tout, parce qu'on y obtient de son jus un
excellent vin. La réputation de sa fécondité et
des qualités de son fruit le firent transporter en
Bourgogne, il y a cinquante ou soixante ans.
Là, il est dépourvu de toute qualité ; le vin qu'on
en retire est plat et âpre tout-à-la-fois ; il est
entièrement dénué de ce parfum qu'on appelle le
bouquet, et qui a tant fait pour la réputation
des premiers vins de cette province. Aussi ai-je
entendu dire à un des propriétaires de ces vignobles distingués, *le Gamet tuera la Bourgogne* ; expression pleine d'énergie, échappée
à la véracité d'un bon cultivateur, d'un excellent père de famille, qui gémissoit sur l'avidité
mal entendue de ses concitoyens, qui, en sacri-
fiant le Maurillon-Pineau au Gamet, parce que
celui-ci est quatre fois plus fécond, s'en laissent
imposer par de grandes récoltes, dont il ne
peut résulter à la longue qu'un foible revenu.

Tome I. L

Le prix de leur vin se soutient ; mais ce n'est qu'à la faveur de la vieille réputation de leur vignoble ; et elle s'usera infailliblement s'ils ne vont au-devant de sa perte.

Il n'y a guère que cinquante ans, comme nous l'avons dit, que le Gamet a été introduit en Bourgogne. Pendant cette courte durée, le sol et le climat ont tellement agi sur ses formes, que les individus de cette contrée, comparés à ceux de la même essence, qui croissent sur la côte du Rhône, sont tout-a-fait méconnoissables.

Le Gamet, dont nous venons de parler, a été tiré de ce dernier vignoble ; il n'a aucune ressemblance avec ses congénères de Bourgogne, et moins encore avec ceux qu'on introduit journellement dans les vignobles des environs de Paris, comme faisant partie des plants de Bourgogne.

Ces observations me font douter qu'il fût possible d'établir une synonimie positive de toutes nos espèces et variétés de vignes, d'après les remarques faites sur les productions d'une ou de deux collections seulement ; et comme le citoyen Duchesne, je pense que, pour obtenir de ces établissemens un avantage général, il faudroit les multiplier dans tous les départemens où il se trouve des vignobles.

Mais quand on songe à ce nombre de collections, aux difficultés à vaincre pour réunir tous

les individus dont chacune d'elles devroit être
formée, aux soins, on peut dire minutieux, à
lui prodiguer sans cesse, et sur-tout pendant ses
premières années; au zèle, au talent, à l'activité
qu'exige une telle surveillance, et qu'on trouve
si rarement réunis dans le même homme; enfin
quand on songe au long tems pendant lequel il
faudroit observer, pour avoir des résultats certains à communiquer, on est tenté de ne regarder un tel projet que comme un beau rêve. Ne
seroit-il donc pas possible d'arriver au même
but par une voie plus courte et par des moyens
plus simples et plus sûrs?

Il me semble qu'un cultivateur, exercé à observer et secondé par quelques habiles artistes,
pourroit parvenir, en deux ans, à former un
excellent herbier artificiel de toutes nos espèces,
races et variétés de vigne. La collection des
champignons et des plantes vénéneuses de la
France, par Bulliard, prouve que l'art de graver
en couleur est parvenu à un degré de perfection
tel qu'il peut transmettre et les contours les plus
déliés des formes et les nuances les plus délicates
des couleurs.

Nos artistes réunis se mettroient en marche vers
le milieu de thermidor, et commenceroient leur
travail par celui des vignobles, qui est situé le
plus au nord de la France, s'acheminant ainsi de

L 2

vignobles en vignobles, du nord au midi. Je les fais partir de la région septentrionale, parce que les vendanges étant plus tardives dans celle du sud, ils parviendront assez tôt dans celle-ci pour y trouver encore les fruits suspendus aux sarmens.

Le cultivateur décriroit un individu entier de chaque race ou variété qu'il rencontreroit au point du départ, donnant une attention toute particulière aux parties de la plante par lesquelles il est le plus facile de distinguer les différentes essences, telles que les feuilles et les fruits; et l'artiste en exécuteroit avec le même soin un dessin colorié, et ayant soin de marquer les différences des sarmens de chaque race ou variété, et de les rendre sensibles aux yeux par le moyen du dessin. A mesure que les comparaisons seroient faites, on se débarasseroit de l'ancien sarment pour le remplacer par celui auquel il a été comparé, et se mettre ainsi à portée de renouveller de suite, et de proche en proche, la même opération, jusqu'au terme du voyage. Ce moyen est peut-être le seul propre à faire connoître l'influence des diverses terres et des différens climats, sur les races et les variétés de la vigne. Tout ce qui a rapport à cette diversité des terreins, des climats et du genre de culture qui y est suivi, formeroit un des principaux objets du travail.

On ne négligeroit pas sur-tout de désigner les plantes qui croissent spontanément dans les vignobles qu'on parcourroit , parce qu'on peut tirer, de cette connoissance , des renseignemens plus certains que par les descriptions les plus exactes. Toutes les dénominations et les innombrables variantes sous lesquelles les cépages sont connus dans tous les cantons où ils pénétreroient, seroient annotés avec le plus grand soin, puisque ce n'est que par leur concordance qu'on pourra parvenir à en simplifier la nomenclature.

Si les voyageurs étoient parvenus dans le département des Bouches-du-Rhône, vers la mi-brumaire, époque ordinaire des vendanges dans ce pays, ils borneroient là leur course, pour la reprendre l'année suivante , vers le milieu de thermidor.

Leur marche nouvelle seroit désormais tracée par les nombreux vignobles qui s'étendent depuis le département du Gard jusqu'à celui des Basses-Pyrénées ; et prenant alors la direction du sud au nord , ils reviendroient par les départemens de la Gironde , de la Dordogne, de la Haute-Charente, de la Vienne ; et de ceux du centre à celui qui doit être le but de leur voyage. Ce dernier travail se faisant sur des lignes parallèles à celui de l'année précédente , ils se serviroient, pour ainsi dire, de contrôle l'un à l'autre.

Ici le voyage est terminé ; mais l'ouvrage ne l'est pas. Il reste au cultivateur à mettre le plus grand ordre, la plus grande clarté possible dans la rédaction des nombreuses et intéressantes remarques qu'il a été à portée de faire ; et au dessinateur, à surveiller avec la plus scrupuleuse exactitude la confection des planches dont il a exécuté les dessins. L'une des deux parties négligée, soit le texte, soit la gravure, jetteroit une entière défaveur sur tout l'ouvrage ; car son mérite dépend de l'harmonie qui doit régner entre elles. Mais cet accord supposé, les résultats d'un tel voyage, tout-à-la-fois botanique et vignicole, formeroient, je crois, un des plus beaux présens que des Français puissent offrir à leur patrie.

Cependant il n'est point encore exécuté ; et les établissemens dont Rozier, Dupré de Saint-Maur, et la Société d'Histoire naturelle de Bordeaux se sont occupés, ne sont encore que des projets. Nous sommes donc bien loin de présenter la liste suivante des divers cépages cultivés en France, comme un ouvrage qui ne laisse pas beaucoup à desirer : il est très-défectueux. Aussi toutes nos prétentions, à cet égard, se bornent-elles à ce qu'il soit jugé moins incomplet que ceux du même genre qui ont été publiés avant lui.

Il est précédé d'un tableau dans lequel nous indiquons les signes les plus apparens par lesquels

SIGNES

on peut parvenir à distinguer et même à classer le plus grand nombre de nos cépages. Ces signes sont tirés des feuilles (1) et des raisins, comme nous ayant paru plus constans que tous ceux offerts par les autres parties de la plante. La couleur de l'écorce, par exemple, et la distance des nœuds sont tellement variables dans les individus de la même essence, d'un lieu à l'autre, que nous n'avons pas hésité à n'en faire aucun usage.

---

(1) Nous n'entendons pas parler de ces feuilles avortons qui naissent des drageons, des brindilles et de l'extrémité des rameaux au moment où la séve est sur le point de s'arrêter; nous parlerons des feuilles parfaites, de celles qui se développent des premières sur les sarmens les plus vigoureux et les mieux nourris. Celles-ci sont les seules dont le dessin soit constant et invariable dans chaque race ou variété.

~~~~~~

LISTE

Des espèces et variétés de la vigne le plus
généralement cultivées en France.

LA VIGNE SAUVAGE.

Vitis silvestris Labrusca. C. B. P. — C'est la
vigne sauvage ou non cultivée. Elle croit spontanément dans presque toutes les haies des parties
du Sud et du Sud-Ouest de la France. Il est à
présumer qu'étant cultivée, elle acquerroit à la
longue les qualités dont elle est dépourvue dans
son état agreste, qu'on obtiendroit de ses baies le
muqueux sucré propre à être converti en vin; de
même que les races que nous cultivons dégénère-
roient à la longue en vignes *Labruches* si l'homme
cessoit de leur prodiguer ses soins. On peut donc
croire que la vigne *Labruche* est la souche de la
plupart de nos races vinifères. Ses produits sont
foibles et de peu d'apparence, comme ceux de la
plupart des végétaux non cultivés. Ses grains sont
petits, d'un noir foncé, et couverts d'une fleur
qui disparoît sous les doigts quand on la touche.
Sa grappe est courte en raison de sa grosseur;
elle est divisée en trois parties, parce que celle
du milieu est surmontée de deux petites grappes
latérales, en aîles. Le suc qu'on en exprime est

d'une couleur rouge foncée et d'un goût très-acerbe, avant sa maturité complette. Ses feuilles, profondément découpées, contractent avant de tomber, une couleur presque cramoisie.

LE MAURILLON HATIF.

Vitis præcox Columellæ. H. R. P. — C'est le raisin le plus précoce de notre climat. Ses grains prennent la couleur noire long-tems même avant leur maturité. Ils sont petits, ronds, peu serrés; leur peau est dure et épaisse; la pulpe qu'elle enveloppe, sèche, cotoneuse; son eau peu sucrée, presqu'insipide; ses grappes sont petites de même que les feuilles. Celles-ci sont d'un verd clair en dessus et en dessous, et terminées par une dentelure large ou peu aigue. Excepté en Provence, ce raisin n'occupe point de place dans les vignobles, parce qu'il n'a d'autre mérite que sa précocité, qui lui a fait donner le nom de *Maurillon hâtif.* C'est peut être le *Tarney-Courant* du Bas-Médoc; et l'*Amaroy* qu'on y cultive aussi, est vraisemblablement une de ses variétés.

Noms vulgaires : *Raisin précoce, raisin de St.-Jean, de la Magdelaine, de Juillet, Juanens negrés.*

LE MEUNIER, le Maurillon-Taconné, Fromenté, etc.

Vitis subhirsuta (*acino nigro*) C. B. P. *Vitis lanata* Carol. Steph. *Præd. Rust.* — Le plus hâtif après le précédent. Tout annonce qu'il en est généré. Ses grains sont noirs, gros et médiocrement serrés ; la grappe courte et épaisse, la feuille trilobée, ayant en outre deux échancrures qui formeroient deux semi-lobes, si elles étoient plus profondes. Ses feuilles, sur-tout dans leur jeunesse, sont couvertes de toutes parts d'un duvet, d'une matière blanche cotoneuse, qui le fait distinguer de très-loin des autres ceps qui l'entourent. Ce caractère particulier lui a fait donner le nom de *Meûnier*, dans beaucoup de territoires. Dans d'autres, on le nomme *Resseau*, *Farineux noir*, *Savagnien noir*, *Noirin*.

LE SAVAGNIEN BLANC.

Vitis subhirsuta, acino albo. — Cette variété blanche ne diffère du précédent que par sa couleur et le volume de sa grappe. Le grain en est aussi plus gros et un peu ovale. Les deux lobes inférieurs de la feuille sont plus prononcés que ceux de la feuille du *Meûnier*, proprement dit.

Noms vulgaires : *Unin blanc*, *Matinié*.

MAURILLON, ou Pineau en Bourgogne.

Vitis præcox Columellæ, acinis dulcibus nigricantibus. — C'est la race si connue en Bourgogne sous le nom de *Maurillon* ou de *Pineau*. Il est d'autant plus vraisemblable que c'est à sa couleur noire ou de maure qu'il doit sa première dénomination, que plusieurs autres raisins noirs, qui ne sont pas des Pineaux, portent dans d'autres grands vignobles de la France le nom de Maurillons, de Noirs.

Baccius a divisé cette race en trois branches *ex uvis nigris*, dit-il, *sunt Maurillon tres species : una cum ligni materiâ ex incisurâ valdè rubescit, vite tamen nigrâ, rotundiore folio, ac congestis admodùm in racemulo uvis; altera cortice admodùm rubro foliis ficûs instar tripartitis; tertia quam et beccanam vocant, ligno item nigro, quod et sarmentis luxuriat et foliis; caducas autem vindemiae tempore producit uvas.*

Nous ne confondrons point ici, quoiqu'en dise Baccius, le Franc-Pineau, assez clairement décrit dans la première partie de ce passage, avec tous les autres raisins Maurillons, parce qu'il a des caractères qui lui sont propres et qui n'appartiennent qu'à lui. Les autres Maurillons forment une même espèce avec le Meûnier; puisqu'on a vu aussi sur le même cep des feuilles et des fruits de l'un et de l'autre.

Le Maurillon dont sont composées en plus grande partie les vignes de bons plants en Bourgogne, a la grappe d'une grosseur médiocre, la baie peu grosse aussi, les grains peu serrés et assez agréable au goût. Son écorce est rougeâtre; sa feuille légèrement divisée en cinq lobes, et la dentelure de son limbe très-régulière. Le cep, les sarmens, la feuille et le fruit n'annoncent pas une forte végétation.

Noms vulgaires : Le *Maurillon noir*, *l'Auvernat*, *le Pineau*, *le Bourguignon*, *le Pimbart*, *le Manosquin*, *la Merille*, *le Noirien*, *le Gribulot noir*, *le Massoutel*.

LE MAURILLON BLANC.

Vitis præcox acino rotundo, albo, flavescenti et dulci. — Le Maurillon blanc a la grappe plus allongée que le précédent. Ses grains sont presque ronds et forment une grappe composée de grapillons. La feuille sans être entière n'est pas lobée, comme la variété suivante ; mais la dentelure de son limbe est très-prononcée ; elle est verte en dessus, blanchâtre et drapée en dessous, et soutenue par un pétiole gros, long et rouge. (*Voyez pl. I*).

Cette variété ne diffère guère de la précédente que par sa forme, ayant trois lobes très-marqués et deux semi-lobes.

Noms vulgaires : *Mélier*, *Daunerie*, *Maurillon blanc*, *Daune*, et quelquefois aussi *Mornain*, quoiqu'il y ait d'autres races du même nom.

LE FRANC PINEAU.

Vitis acinis minoribus, oblongis, dulcissimis confertim botry adnascentibus. — Cette phrase de *Garidel* décrit parfaitement le Franc Pineau, le Maurillon par excellence. Les grappes en sont

Pl. I.

Hulk. Sculp.

Le Maurillon blanc.

petites et de forme un peu conique, portées par un péduncule très-court; le grain oblong et serré à la grappe, rouge - incarnat à l'orifice; son bois menu, alongé, tirant sur le roux; les nœuds sont éloignés les uns des autres; on remarque une teinte rouge dans le bois, lorsqu'on le coupe transversalement. La feuille portée sur un pétiole long, courte et rouge est semi-lobée des deux côtés; la dentelure du limbe assez délicate; elle est d'un verd un peu foncé en dessus et pâle en dessous des deux côtés couverte, à sa naissance, d'un duvet que n'a pas le Maurillon. Il produit peu, mais son fruit est excellent au goût, et produit les vins les plus délicats de la Bourgogne.

Noms vulgaires : *Bon Plant*, *Raisin de Bourgogne*, *Pineau*, *Franc Pineau*, *Maurillon noir*, *Pinet*, *Pignolet*. On croit que c'est aussi le *Bouchit* ou le *Rinaut* des Basses-Pyrénées, et le *Chauché noir* de Bordeaux.

LE BOURGUIGNON NOIR.

Vitis acino minùs acuto, nigro et dulci.— Le *Bourguignon noir*. Cette variété fait encore partie des Maurillons noirs. Il a, par la forme de son grain, quelque analogie avec le précédent; mais il est moins oblong en proportion de sa grosseur, et beaucoup moins serré à la grappe qui est rouge; le bois tirant sur le brun est noué d'assez près. La feuille un peu obtuse à sa pointe, est légèrement divisée en cinq parties régulièrement dentelées ; son pétiole court et très-rouge, sa grappe ailée. (*Voyez pl. II*).

Noms vulgaires : *Bourguinon noir, Plant de Roi , Damas , Grosse-Serine , Pied-Rouge , Côte-Rouge , Boucarès , Etrange Gourdoux.*

LE GRISET BLANC.

Vitis acinis dulcibus et griseis. Grappe courte inégale dans sa forme , médiocrement grosse ; grains ronds, assez serrés , d'une saveur douce et parfumée Ce raisin est grisâtre ; on le croit une variété du Franc Pineau. Il y avoit autrefois des vignes entières formées de ce cépage ; il forme encore une grande partie du bon vignoble de Pouilli. (*Voyez pl. III*). On le nomme *Pineau gris, Ringris, Malvoisie, Pouilli, Griset blanc, le Joli, le Gennetin fromenteau, Auvernat gris, Bureau ,* etc.

LE SAUVIGNON.

Vitis serotina , acinis minoribus , acutis , flavo albidis , dulcissimis. Ce raisin a été beaucoup plus commun dans les vignobles de France , qu'il ne l'est aujourd'hui. Il y en avoit même qui n'étoient, pour ainsi dire, formés que de ce cépage ; entre autres, celui de Prépateur, près de Vendôme. Son grand parfum donnoit au vin un caractère particulier. Mais, produisant peu, on a négligé de le renouveller. Sa grappe est courte ; il est

Pl. II.

Hulk Sculp.

Le Bourguignon noir.

Griset blanc.

Hulk Sculp.

plutôt petit que gros, d'un blanc tirant sur le jaune; sa couleur est plus fortement ambrée du côté du soleil, il se couvre, vers le tems de la maturité de petits points briquetés qui lui laissent un caractère naturel constant. Sa feuille n'est point lobée; mais sa dentelure est assez profonde, très-régulière, et forme, vers sa hauteur, trois grands festons prédominans. On le croit encore une variété du Pineau; aussi porte-t-il, dans quelques vignobles, le nom de *Maurillon blanc*; on le nomme aussi *Sauvignon*, *Sauvignen*, *Servignen*, *Sucrin*, *Fié*, etc.

ROCHELLE NOIRE ET BLANCHE.

Vitis acino nigro (et albo) rotundo, molli, minus suavi. — Viganne, Faigneau, Morvègue, sont les noms vulgaires, synonimes d'une race très-commune dans les vignes du nord-est de la France. Toutefois ce n'est pas celle que recherchent, passé la rive droite de la Loire, ceux qui préfèrent la qualité à la quantité du produit. La Viganne ou Rochelle noire a la feuille divisée en cinq lobes, les supérieurs plus profonds que les inférieurs; le limbe est terminé par une profonde dentelure sur-festonnée et portée par un long péduncule; elle est d'un beau verd en dessus, cotoneuse et blanchâtre en dessous. Cette feuille est très-remarquable par l'élégance de sa forme.

LE TEINTURIER.

Vitis acino nigro, rotundo, duriusculo, succo nigro labia inficienti. —Cette espèce a des signes caractéristiques, non-seulement par la forme de son fruit et de ses feuilles, mais encore par la couleur rouge très-foncée du jus exprimé de ses baies, et par la couleur presque incarnat que contractent ses pampres, long-tems avant que le fruit ait acquis sa maturité. Sa grappe est inégale et ailée ; elle se termine en cône tronqué ; ses grains sont ronds et inégaux. Sa feuille profondément dentelée est divisée en cinq lobes ; elle présente quelque chose de rustique à l'aspect. (*Voyez pl. IV.*). On ne cultive ce cépage que pour donner de la couleur au vin. Cuvé seul il donne une liqueur âpre, austère et de mauvais goût. Il est beaucoup trop commun dans les vignes des ci-devant Orléanois et Gâtinois. Noms vulgaires : *Teinturier, Tinteau, Gros-Noir, Mouré, Noir d'Espagne, Teinturin, Noireau, Morieu, Portugal, Alicante, etc.*

LE RAMONAT.

Vitis uva perampla, acinis nigricantibus majoribus.— Ce raisin a quelque ressemblance avec le précédent, parce que son jus est rougeâtre ; mais il est d'une qualité bien supérieure pour le vin. Les baies et les grappes en sont plus grosses, le bois plus fort, et sa feuille a beaucoup plus

d'ampleur

d'ampleur. On cultive deux variétés de celui-ci,
La première n'a que deux lobes ; la seconde en a
quatre.

Noms vulgaires : *Ramonat*, *Neigrier*, *Gros-
Noir d'Espagne*, *raisin d'Alicante*, *raisin de
Lombardie*, *etc.* C'est cette vigne qui produit le
vin d'Oporto.

LE RAISIN PERLE.

*Vitis pergalana, uvâ perampla, acino oblongo,
duro, majori et subviridi.* — Le grain de ce raisin
est oblong, le pétiole de chaque grain est
long, sa grappe formée de plusieurs grappillons,
depuis le haut jusqu'en bas ; on diroit qu'elle a de
la peine à supporter le poids des grains : ce qui
lui donne une forme allongée. La feuille seroit
très-régulièrement dentelée si, outre les deux
lobes qui divisent sa partie supérieure, il n'y avoit
un semi-lobe dans la partie supérieure du côté
droit.

Noms vulgaires : *Raisin Perle*, *Rognon-de-
Coq*, *Pendoulau*, *Barlantine*, *etc.*

LE MESLIER OU MORNAIN BLANC.

Vitis uvâ longiori, acino rufescenti et dulci.
— Ce raisin, dont la grappe ressemble beaucoup,
au premier coup-d'œil, au Chasselas, et
qui en porte en effet le nom dans quelques
vignobles, en diffère à plusieurs égards. La couleur qu'il contracte du côté où il est frappé par

le soleil, est plutôt rousse que jaune ; ses feuilles naissantes ne se font point remarquer par cette espèce d'auréole, couleur de rose, dont sont teintes les jeunes feuilles du Chasselas. Ses grains sont ronds, charnus, espacés, et mûrissent assez bien, même au nord de la France. Son jus est doux et agréable. La feuille, très-palmée, est portée sur un pétiole commun, rouge jusqu'à sa moitié. Cinq nervures roses à leur naissance. Elle est divisée en cinq lobes assez profonds, et très-échancrée dans son pourtour, verd pâle en dessus, blanchâtre en dessous et garnie d'un léger duvet. (*Voyez pl. V*).

Noms vulgaires : *Morna - Chasselas, Blanc-de-Bonnelle*, etc.

On en trouve, dans les vignes, une variété différant très-peu de la précédente par la forme et la qualité de son fruit, mais beaucoup par sa feuille. Celle-ci a deux semi-lobes à sa partie supérieure. Sa partie inférieure n'est divisée que par deux échancrures plus profondes que le surplus de la dentelure.

ROCHELLE VERTE.

Vitis acino rotundo, albido, dulco-acido. — Ce raisin est de grosseur moyenne ; peau molle, grains serrés. Parvenu au plus haut degré de maturité, il a un goût acide - douceâtre peu agréable. Il produit presque toujours avec une

Pl. IV.

Hulk Sculp.

Teinturier.

sorte d'abondance, et il est réputé très-avanta-geux pour la fabrication des eaux-de-vie. La feuille, divisée en quatre lobes principaux, plus deux semi-lobes, est très-épaisse, assez verte en dessus, cendrée en dessous et recouverte d'un duvet très-court. Bois jaune, noué très-près ; pétiole rouge, court et rond, terminé par cinq nervures, celle du milieu beaucoup plus grosse que les quatre autres.

Noms vulgaires : *Rochelle verte, Sauvignon verd, Folle blanche, Meslier verd, Roumain, Blanc-Berdet, Enrageat.*

La Rochelle blonde, qui paroît être une dégéné-ration de la précédente, n'a que deux lobes placés dans sa partie supérieure. L'inférieure est entière. La couleur de son feuillage est d'un verd beau-coup moins foncé, de même que son fruit.

LE GROS MUSCADET.

Vitis apiana, acino rotundo et fumoso. On trouve deux sortes de Muscadet enfumé dans beaucoup de nos vignobles, le grand et le petit. La feuille du premier est portée par un gros et long pétiole qui se partage en cinq nervures ; gros verd, verd blanchâtre en dessous, mais sans duvet. Tout le limbe en est légèrement découpé ; une seule échancrure remarquable sur le côté droit. La grappe n'est pas forte ; le grain d'une couleur indécise entre le blanc et le rose tendre.

Noms vulgaires : *gros Muscadet , Muscat fumé , Muscadère fromenté.*

Les feuilles du petit muscadet sont moins grandes ; elles sont lobées dans leur partie su- périeure, et la dentelure du limbe est plus aiguë que dans la précédente. Cette variété porte aussi les noms de *Muscadère* et *Muscadine.*

LA FEUILLE RONDE.

Les grains de ce raisin sont un peu oblongs, et tellement serrés à la grappe , que dans les terreins fertiles, il n'est pas rare de voir tomber les moins adhérens pour faire place aux autres. La maturité du fruit est annoncée par la couleur jaune dont il se dore. La feuille est ample , non lobée, et portée sur un pétiole qui se divise en trois rainures principales. Elle est d'un verd plus pâle en dessous qu'en dessus. Le dessous est fine- ment drapé.

Noms vulgaires : *Bourguignon blanc, Pineau blanc, Picarneau , Melé , Gueuche blanc, Menu, Gouche , etc.*

LE GOUAIS ou GOUET BLANC.

Noms vulgaires : *gros Blanc , Bourgeois, Mouillet, Kerdin blanc , Gouas , Plant-Ma- dame, etc.* C'est un gros raisin composé de grains plus gros en général, que ceux du Muscat,

Mornain blanc.

le Gouais

avec lequel il auroit plus de ressemblance, si ces mêmes grains étoient plus serrés à la grappe. (*Voyez pl. VI*). Feuille entière ou non lobée, entourée d'un large feston inégal, et portée sur un péduncule grisâtre et assez menu.

LE GAMÉ NOIR.

Il donne presque partout des produits abondans, mais de qualités très-diverses. Dans certains fonds, à de certaines latitudes, son fruit concourt heureusement à la fabrication des meilleurs vins ; dans d'autres, les cultivateurs jaloux de conserver la réputation de leurs récoltes, ou de leur acquérir un renom qu'elles n'ont pas, ont soin d'extirper ce plant de leurs vignes. Tout annonce dans le Gamé la plus riche végétation. Le bois en est gros, les nœuds assez espacés mais gros aussi ; feuille épaisse, verd foncé, non lobée, festonnée à grands traits, et les festons inégalement dentelés. Le péduncule et le pétiole en sont gros et bien nourris.

Noms vulgaires : *Saumorille, Chambonat.*

Le PETIT GAMÉ, connu dans quelques vignobles sous les noms de *Gouai noir*, de *Gueuche noire*, de *Noir*, de *Verreau, etc.*, ressemble, par la forme de sa grappe et de ses grains, au bon Maurillon ; mais il n'en a ni le goût ni la douceur ; il est très-noir. Deux semi-lobes divisent sa

M 3

feuille en trois parties ; la dentelure de la partie supérieure plus inégale que celle des parties inférieures. (*Voyez pl. VII*).

LE MANSARD.

Ce raisin est d'une grosseur considérable, et prend une forme pyramidale assez régulière. Il n'est pas rare d'en voir de neuf à dix pouces de longueur sur quatre à cinq de diamètre ; ses grains sont gros et médiocrement serrés ; son bois est gros et brun ou noirâtre ; la feuille grande, épaisse, très-verte, et assez légèrement dentelée, eu égard à son ampleur.

Noms vulgaires : *Le Damour, le Grand-Noir, le Verd-Gris.*

LE MURLEAU.

Ce cépage annonce beaucoup de vigueur par la grosseur de son bois et celle de ses nœuds ; la feuille n'a rien d'extraordinaire dans ses proportions ; mais elle est lobée dans sa partie supérieure, et très-remarquable par la délicatesse et l'inégalité de la dentelure de son limbe. La grappe est ailée, d'un beau noir velouté, et composée de grains médiocrement serrés vers le bas.

Noms vulgaires : *Mourlot, le Languedoc, le Coq, le Cahors, le Troyen, l'Ardounet, le Balzac.*

LE CHASSELAS DORÉ, Bar-sur-Aube.

Vitis acino medio, rotundo ex albido flaves-

Hulk Sculp.

Le Petit Gamé.

cente. . . . . . . — Grosse grappe formée de grains inégaux. Peau dure, jaunâtre dans la maturité, et prenant une couleur ambrée sur les parties frappées par les rayons du soleil. Feuilles assez profondément découpées; dentelure large et peu aiguë; très-long pétiole.

La *Blanquette* ou la *Donne* : Ce cépage assez commun dans les vignobles de la Gironde, de la Dordogne et de la Charente, est vraisemblablement une variété du chasselas. C'est un très-bon raisin à manger; mais il produit un vin foible et sans corps.

LE CHASSELAS ROUGE.

Vitis acino medio, rotundo, rubello. — Variété du précédent : la grappe et les grains en sont moins gros; teints de rouge du côté du soleil, verd-clair du côté de l'ombre.

LE CHASSELAS MUSQUÉ.

Vitis acino rotundo, albido, moschato. — Grain rond et presque aussi gros que celui du chasselas doré; mais il ne s'ambre point au soleil, et conserve dans sa parfaite maturité sa couleur de verd-blanc. Sa feuille est moins grande que celle du chasselas doré; elle est d'un verd plus foncé. Les découpures en sont profondes. Pétiole très-long.

Les chasselas bien exposés mûrissent parfaitement, même au nord de la France, et le fruit en est excellent. La maturité du chasselas musqué est plus tardive de quinze jours que celle du chasselas doré.

LE CIOTAT, RAISIN D'AUTRICHE.

Vitis folio laciniato, acino medio, rotundo, albido. — Si on classe ce raisin d'après la couleur et le goût de ses grains, il doit faire partie de la race des chasselas. Placé à la même exposition, il mûrit à la même époque. Sa grappe est moins grosse et le grain est moins rond que ceux du chasselas. Il est remarquable par ses feuilles palmées et laciniées en cinq pièces, lesquelles sont portées d'abord par un pétiole commun, qui souvent se partage en cinq pour servir de support aux cinq parties de la feuille, en se prolongeant jusqu'à leur extrémité. Quelquefois les feuilles partent du pétiole commun. (*Voyez pl. VIII*).

LA PERSILLADE OU LE CIOTAT.

Vitis apii folio, acino medio, rotundo, rubro. — C'est une variété du précédent; mais les grains de celui-ci sont rouges, et sa feuille ressemble bien plus que celle du Ciotat blanc à la feuille d'ache ou de persil, signe par lequel Bauhin le caractérise. On le nomme à Bordeaux *Persillade*.

MUSCAT BLANC.

Vitis apiana, acino medio, subrotundo, albido, moschato. — Les grains sont gros, ovales,

Le Ciota.

Hulk

Le Muscat blanc.

Hulk Sculp.

Le Muscat rouge.

et prennent la couleur ambrée du côté du soleil. Ses grappes sont longues, étroites, et se terminent en pointe, les grains qui les forment étant très-serrés. Ce raisin ne parvient guère que dans nos départemens du Midi, à une maturité parfaite. Sa feuille est d'un verd plus foncé que celle du chasselas, et divisée en cinq parties très-prononcées. La dentelure et les festons du limbe sont irréguliers. (*Voyez pl. IX*).

LE MUSCAT ROUGE.

Vitis apiana, acino medio, rotundo, rubro, moschato. — Il a le mérite de mûrir plus aisément que le précédent, parce que ses grains sont moins serrés. Ce mérite tient cependant à un défaut, à la délicatesse de sa fleur, qui coule facilement. Il est moins parfumé que le muscat blanc. Sa grappe est allongée, et le péduncule qui la soutient est remarquable par sa grosseur. Les grains frappés du soleil sont d'un rouge éclatant, presque pourpre. Ses feuilles, qui ressemblent aux précédentes, rougissent en automne. (*Voyez pl. X*).

LE MUSCAT VIOLET.

Vitis apiana, acino magno, oblongo, violaceo, moschato. — Seconde variété du muscat. Ses feuilles sont presque entièrement conformes à celles du muscat blanc; mêmes proportions, même nombre de lobes, échancrures ou dentelures du limbe pareilles. Les grains sont gros, un peu allongés; leur enveloppe est dure, d'une couleur violette assez foncée et fleurie.

Nous trouvons la description de la même variété du *vitis apiana, acino violaceo*, dans un Œnologiste anglais, et nous observons que le grain, selon lui, en est petit et rond. Chez nous, il est gros et oblong : c'est cependant la même variété, puisque les autres signes caractéristiques sont communs; par exemple, cette fleur violette, dont les grains sont couverts et dont nous avons aussi parlé : mais telle est, il ne faut pas se le dissimuler, l'influence du sol et du climat sur la vigne, que les variétés mêmes reproduisent d'autres variétés. Au Cap, il porte le nom de *Raisin noir de Constance*.

LE MUSCAT D'ALEXANDRIE.

Vitis apiana, acino magno, subrotundo, nigricante, moschato. — Ce muscat, d'une saveur très-musquée quand il est parvenu à sa maturité, qui n'a guère lieu que dans nos provinces méridionales, où même il est à propos de le cultiver en treille, ressemble peu, pour les formes, aux autres muscats. Ce qui forme dans ceux-ci les grandes échancrures des feuilles, est à peine remarquable dans celui-là. La dentelure du limbe est presque nulle; mais les festons en sont très-remarquables et assez aigus. Les grains sont très-

Hulk Sculp

Le Muscat d'Alexandrie.

gros, ovales, réguliers, un peu plus renflés vers le bas que vers l'insertion du péduncule, et forment, sans être serrés les uns contre les autres, de très-belles grappes. Leur parfaite maturité s'annonce par une belle couleur ambrée. (*Voyez pl. XI*). Ce raisin se nomme *Muscat d'Alexandrie*, **Passe-longue-Musquée**, **Passe-Musquée**, *Malaga*.

LE RAISIN DE MAROC.

Vitis acino maximo, cordiformi, violaceo. — On le nomme aussi *Raisin d'Afrique*, *Maroquin*, *Barbarou*. Les grains inégaux, en forme de cœur, et d'un violet indécis, composent de très-grosses grappes. Toute la plante annonce une végétation vigoureuse, gros sarmens et grandes feuilles; celles-ci profondément découpées et entourées d'une dentelure longue et aiguë. Dans notre climat, cette race est sans qualité.

LE CORNICHON.

Vitis acino longissimo, cucumeri-formi, albido. — La forme de ce raisin est très-remarquable. On lui a donné le nom de Cornichon, parce que son grain est courbé, et pointu vers ses extrémités. Cependant il a plus de ressemblance avec une vessie de poisson qu'avec tout autre objet auquel on puisse le comparer. Il a souvent jusqu'à un demi-décimètre de longueur, et le tiers de diamètre dans sa partie la plus renflée, où gisent une ou deux semences terminées en pointe, de fort peu moins longues que la baie n'a de diamètre. La réunion de plusieurs grappillons à longs pétioles, forme une grappe peu volumineuse.

La feuille de cette vigne est grande et presque entière; la découpure de son limbe très-inégale.

Le fruit jaunit à l'époque de sa maturité; on en connoît une variété dont les grains sont d'un rouge indécis ou briqueté.

LE CORINTHE BLANC (1).

Vitis acino minimo, rotundo, albido, sine

---

(1) La culture du vrai raisin de Corinthe, dont celui connu sous ce nom en France, ne paroît être qu'une variété produite par le climat, étant peu connue, nous profitons des renseignemens que nous donne là dessus le citoyen Grasset St.-Sauveur dans son voyage aux îles ci-devant Vénitiennes du Levant, (vol. II pag. 151,) où il parle de cette culture telle qu'elle se pratique dans l'île de Zante.

« Les raisins de Corinthe, dit-il, sont le produit le plus considérable de l'île de Zante; l'île donne, année commune, de 9 à 10 millions pesant. Il y a eu des années dont la récolte a passé douze millions. C'est ce raisin qui fournit au Zantiote les moyens de satisfaire les besoins pour lesquels la nature s'est montrée avare à son égard. Les premiers plants de ce fruit furent portés de Corinthe

mulcis. — On le nomme aussi Passe, raisin de Passe, Passerille.

Les Grecs, et après eux les Italiens et les Espagnols, ont ainsi nommé les espèces de raisins

---

à Zante, il y a près de deux siècles. On n'a conservé aucun monument de l'époque précise et de l'auteur de la première plantation. Le tems que j'indique est fondé sur la date de divers réglemens du sénat de Venise, relatifs à l'extraction de cette denrée. Le raisin de Corinthe trouva à Zante un terroir d'une qualité au moins égale à celle de son sol naturel ; il y prit avec succès. La culture s'étendit à mesure que s'accrurent les progrès du commerce. Il est prouvé qu'elle est susceptible d'un nouvel accroissement ; mais je réserve au moment où je traiterai du commerce de cette île, à développer et les moyens qui peuvent produire ce bénéfice, et les entraves qui, sous les Vénitiens, écrasoient, étouffoient l'activité et l'industrie du cultivateur. »

« La vigne qui produit le raisin de Corinthe s'élève peu ; on la soutient avec des échalas. Il faut sept ou huit ans pour qu'elle porte d'une manière utile. Cette vigne se conserve des siècles, et j'ai vu plusieurs petits quartiers qui avoient plus de cent-vingt ans. La racine est profonde et d'une fibre très-forte. L'intérieur de ses racines est du plus beau rouge, les grappes du raisin sont petites, composées de grains de la grandeur de nos groseilles, mais plus serrés, et d'une couleur mordoré. Le grain est sans pepins. Ce fruit est extrêmement agréable à manger, lorsqu'il n'est pas encore tout-à-fait mûr. Sa très-grande douceur est alors corrigée par un peu d'ai-

dont ils tordoient la queue encore attachée aux sarmens, pour les faire sécher. La passe mus-quée et le raisin de Corinthe étoient préférés aux autres espèces pour cet usage. Le même moyen

---

grelet, tel que celui des groseilles, qui le rend délicieux. Il est très-sain, et on en donne même aux malades. Les opérations en usage pour toutes les autres vignes, se pra-tiquent également pour celle du raisin de Corinthe, mais elle exige des soins plus assidus. Elle a besoin d'être en-tretenue, nourrie, échauffée par un fumier gras. Pen-dant les mois de septembre et d'octobre, on travaille la terre qui entoure chaque cep; on la remue, et on en forme, près du pied de la vigne, un petit monceau. La vigne reste en cet état pendant décembre, janvier et février. En mars se fait la taille. On conserve ses branches les plus fortes; tout le reste qui ne peut que prendre sur la nourriture du fruit, est élagué. Après cette opé-ration, on remet dans les trous la terre ramassée en mon-ceaux, et on observe de la rendre la plus unie que l'on peut. Au mois de mai, le raisin commence à se former. C'est alors que le colon reçoit une première partie de la récompense de ses peines, par les exhalaisons les plus agréables, qui adoucissent ses travaux. Sur la fin de juillet, et au plus tard au commencement d'août, se fait la vendange. Le raisin coupé est aussitôt étalé, grappe à grappe, dans des places bien unies, préparées à cet effet, appelées Aires. Il sèche ainsi au soleil. Moins de quinze jours suffisent pour le sécher parfaitement. »

« Les insulaires sont dans la plus grande inquiétude, tout le tems que la récolte est étalée sur les aires. La moindre pluie augmente le tems qu'il faut pour sécher

est employé aujourd'hui dans quelques-uns de nos vignobles, dans ceux sur-tout où l'on cultive le muscat et où l'on fabrique des vins de liqueur, comme à Lunel, à Frontignan, à Rivesaltes, etc.

---

le raisin de Corinthe, et en altère sensiblement la qualité. Dès qu'on apperçoit le premier signe de cette calamité, on se hâte de ramasser le raisin en gros tas, que l'on couvre de nattes pour le garantir de la pluie, ou du moins en diminuer le dommage. Il n'est point de genre d'une plus grande richesse, mais en même tems plus incertain. J'ai vu des années où plus des deux tiers de la récolte ont été entièremeint perdus par l'abondance des pluies. Le fruit se pourrit, et on est obligé de le jeter ; à peine en sauve-t-on une petite quantité que l'on donne aux bestiaux. J'ai toujours été étonné que les insulaires n'aient point encore adopté, pour garantir le raisin de la pluie, cette espèce de toit roulant dont on fait usage dans les plantations de café, pour obvier au même inconvénient. Le raisin de Corinthe, première qualité, doit être très-sec, ses grains ressemblent alors aux grains de poivre. Dès que l'on juge le fruit suffisamment desséché, alors on égrappille toutes les grappes, et les grains sont éventés avec soin dans des cribles, pour les purger de la terre et de la poussière. On les met ensuite dans des sacs, et on les transporte dans des magasins appelés *Serraglie*, où le fruit reste en dépôt jusqu'au moment de l'embarquement. »

« Les *Serraglies* sont garnis de planches tout autour, de manière que le fruit ne souffre point de l'humidité ou de la fraîcheur des murs. Ces magasins ont deux ouvertures, dont l'une est une trappe pratiquée dans le plancher de

La grappe de Corinthe est ailée, longue, et formée de petits grains qui ne se compriment point les uns les autres. L'enveloppe du grain est fleurie et se colore comme celle du chasselas,

---

l'appartement qui est au dessus. Chaque paysan porte là les sacs de sa récolte ; ils sont pesés et vidés par la trappe. Le propriétaire de la *Serraglie* tient registre de la quantité et qualité du fruit qu'il reçoit, dont il est responsable : il en délivre une déclaration signée de sa main. Ces billets ont cours dans le commerce, et se négocient sur la place. Il y a beaucoup de ces magasins. Les plus grands ne contiennent pas plus de trois ou quatre cent mille pesant. Au moment de l'embarquement du raisin, les tonneliers vont s'établir à la porte du *Serraglie*, et à mesure qu'ils travaillent, le fruit est jetté dans les futailles, où on a soin de le bien fouler. »

« On fait aussi du raisin de Corinthe un vin doux, très-onctueux, bon pour l'estomac ; l'usage en est fort recommandé par les médecins, dans les convalescences de leurs malades. On ne fait point ce vin du fruit fraîchement coupé ; mais on commence par le faire sécher au soleil pendant trois ou quatre jours, observant de mettre deux grappes l'une sur l'autre ; pour diminuer le trop grand effet de la chaleur. On le transporte ensuite au pressoir, où il demeure amoncelé pendant quelques jours. Sur ce monceau on jette un tiers d'eau ; on le foule aux pieds, jusqu'à ce qu'il ne soit plus qu'une espèce de pâte. Alors on le place par lits sous le pressoir. Ce vin est épais, et d'une couleur foncée ; il se clarifie dans les barils, en faisant la déposition de sa lie. »

du côté

Hulk

Le Corinthe blanc.

du côté du soleil. La feuille, grande, étoffée, d'un verd peu foncé en dessus et cotoneuse dans sa partie inférieure, est divisée en cinq parties; mais les échancrures en sont peu profondes. Son limbe, plutôt découpé que dentelé, présente des pointes longues et aiguës. (*Voyez pl. XII*).

On connoît une variété avec pépins, nommée aussi Corinthe. Les baies de celle-ci sont si transparentes, qu'au tems de leur maturité on compte facilement ses semences à travers leur enveloppe.

LE VERJUS.

Vitis acino majore, ovato è viridi flavescente, Burdigalensis dicta. — Cette race, qu'on nomme ordinairement *Verjus, Grey, Grégeoir* dans les départemens du centre et du nord de la France, parce qu'elle n'y mûrit pas et qu'on ne l'emploie guère qu'à extraire sa liqueur pour former le verjus, d'un si grand usage dans la cuisine, est aussi connue sous les noms de *Bordelais* et *Bourdelas*. Dans la liste que j'ai sous les yeux, de tous les cépages cultivés aux environs de Bordeaux, je ne vois que le Prunelas ou Chalosse, appelé à Clairac *Œil-de-Tourde*, qui puisse lui être assimilé. Mais il mûrit si complettement dans le territoire de Bordeaux, que le grain se détache souvent de la grappe avant la vendange. Les bons économes ne manquent pas de recommander aux vendangeurs de le ramasser exactement. Ses grains, oblongs, sont très-gros et composent des grappillons qui forment, par leur réunion, de très-grosses grappes. Sa feuille est ample, presque ronde, et très-sensible à la gelée : c'est peut-être à cette extrême délicatesse qu'il faut attribuer son peu de maturité dans les contrées où les gelées sont hâtives.

Un raisin de ce pépin semé, il y a plusieurs années, dans le jardin très-connu du chevalier Jansen, à Chaillot, près Paris, a produit une variété dont le fruit parvient à la maturité la plus complette ; ses sarmens poussent avec une vigueur extrême, et couvrent déjà une grande étendue de muraille. Le fruit de cette variété est excellent ; elle porte, on ne sait pas trop pourquoi, le nom de *Vigne aspirante.*

RAISIN DE SUISSE OU D'ALEP.

Vitis acino rotundo, medio, bipartito nigro, bipartito albido. — Grain panaché, sujet à dégénérer, quelquefois tout noir, plus souvent tout blanc. En automne, ses feuilles sont panachées de rouge, de verd et de jaune, à-peu-près comme les laitues d'Alep. Ce raisin est plutôt un objet de curiosité que d'économie.

CHAPITRE IV.

Physiologie de la Vigne.

Avant de décrire les parties organiques de la vigne et de désigner les fonctions que chacune d'elles est appelée à remplir pour concourir à l'ensemble de la statique végétale de cette plante, il est bon d'indiquer les moyens qu'emploit la nature pour opérer l'œuvre de la végétation. Le cultivateur qui les ignore, toujours incertain dans sa marche, ne peut être redevable qu'au hasard de ses succès quand il a le bonheur d'en obtenir. Outre les lois générales de la végétation, il en est qui sont en quelque sorte particulières à certaines familles de plantes, dans lesquelles l'industrie des hommes a contrarié jusqu'à un certain point l'ordre général des choses, soit en déplaçant les unes du sol et du climat qui leur avoit été originairement assigné, soit en cherchant à obtenir de quelques autres des résultats que la nature ne les avoit pas spécialement destinées à produire. La vigne a éprouvé cette double contradiction; de-là l'indispensable nécessité pour ceux qui entreprennent de la cultiver, de connoître non-seulement les premiers élémens de la physique végé-

N 2

tale, mais aussi l'organisation particulière de cette plante ; autrement, on se flatteroit en vain de lui appliquer les différens modes de culture qui lui conviennent.

La terre n'est pas seulement destinée à servir de support aux plantes, elle est encore le réservoir dans lequel les plantes puisent par les suçoirs de leurs racines une partie des alimens nécessaires à leur nutrition. Je dis une partie, parce que l'atmosphère est aussi un dépôt de substances alimentaires pour les végétaux, qui les aspirent par les pores de leurs écorces, et par les trachées de leurs feuilles.

L'eau mise en évaporation par la chaleur, est tout-à-la-fois principe et véhicule du principe nutritif des plantes. Elle en est le principe, puisque les deux élémens dont elle est formée, l'oxigène et l'hydrogène, sont eux-mêmes élémens de la séve ; elle en est le véhicule, puisqu'après avoir dissous le carbone qui sert à la formation des parties fibreuses et ligneuses des plantes, elle l'introduit en elles, sous forme gazeuse ou aériforme.

Le carbone provient de la décomposition des matières animales et végétales. La manière dont la séve et le carbone circulent, s'élaborent et se modifient dans les plantes par le moyen de la chaleur et de la lumière qui s'y combinent avec eux, établit non-seulement les différences qui existent entre les familles, les espèces et les variétés; mais c'est encore à elle qu'il faut attribuer la diversité qu'on remarque dans les formes des végétaux et dans la différence de saveur de leurs fruits.

La terre la plus propre à la végétation, **en** général, est celle dont le mélange de la silice, de l'alumine et de la calcaire est dans une proportion telle, qu'elle puisse s'imprégner facilement d'humidité, et la conserver de manière à ce que celle-ci, sans cesse et insensiblement évaporée par la chaleur, suffise à la nutrition des plantes, jusqu'à ce que de nouvelles pluies renouvellent le réservoir. Si de trop longues sécheresses le laissoient épuiser, les plantes languissent et meurent bientôt.

Pour constituer un bon sol végétatif, il ne suffit pas que le dessus de la terre soit composé dans les proportions dont on vient de parler, il faut encore que cette première couche ait une sorte de profondeur. Quand elle n'est épaisse que de quelques centimètres, et qu'elle repose sur le tuf ou sur une argile trop compacte, il ne s'établit point de dépôt; et les principes alimentaires qu'elle contenoit sont bientôt épuisés par les plantes qu'on lui confie.

N 3

A la longue, les bonnes terres s'effritent aussi; et l'on ne peut espérer d'en tirer un avantage continuel sans y déposer de tems en tems de nouveaux principes alimentaires, de l'oxigène, de l'hydrogène et du carbone. On les trouve réunis en assez grandes masses sous des formes peu volumineuses dans les parties excrémentielles des animaux, et dans la terre végétale proprement dite. On emploie utilement aussi certains minéraux, non comme engrais, mais comme amendement des terres. Tels sont les craies et les marnes, qui, par le moyen du mouvement fermentatif que leur imprime l'humidité et la chaleur, atténuent et divisent les molécules terrestres, et en rendent la masse plus perméable aux substances élémentaires de la séve.

La SÉVE est un corps humide, onctueux, qui ne prend de forme et ne contracte de goût que dans le sujet qu'elle pénètre. La fluctuation qu'elle y éprouve consiste dans un mouvement d'ascension pendant le jour et de descension pendant la nuit. Ses principes sont aspirés pendant le jour par les racines; et la chaleur du soleil favorise leur ascension dans toutes les parties du végétal. Lorsque cet astre disparoît de dessus notre horizon, l'air devient plus frais, condense les vapeurs, et les contraint, pour ainsi dire, de redescendre vers les racines où elles restent comme suspendues sur celles qui tendent à s'élever de la terre. Les canaux de la plante resteroient vides, si les feuilles par leurs trachées n'aspiroient alors les gaz répandus dans l'atmosphère; c'est par ce mouvement continuel et par le dépôt de ces substances primitives, que la vigne croît, pousse ses sarmens, donne des fleurs et des fruits. Cette abondance de nourriture lui deviendroit funeste si la nature ne lui avoit pas ménagé, comme aux autres plantes, les moyens de se débarrasser de la portion superflue, par la transpiration.

La transpiration des plantes est toujours en raison de l'étendue de la surface de ses feuilles. Celle de la vigne est au moins dix-sept fois plus abondante que celle de l'homme, et s'exécute par les sarmens, les feuilles, les fleurs et les fruits. Le froid et l'humidité la suppriment, et la chaleur du jour l'augmente. La transpiration qui a lieu pendant la nuit est peu sensible, comparée à celle du jour. Elle est très-peu abondante pendant les tems pluvieux; mais deux ou trois jours après la pluie, si le tems est chaud, elle est extrêmement forte. Le docteur Hales a démontré cette trans-piration par les expériences les mieux suivies et les mieux constatées. « Entre le 28 juillet et le 25 août, dit-il (1), je pesai, soir et matin, pen

_____

(1) Statique des Végétaux. Chap. VII, pag. 15.

dant douze jours, un pot dans lequel étoit un cep
de vigne des plus vigoureux. Je couvris le pot
de ce cep avec une platine mince de plomb, et
je cimentai bien toutes les jointures, en sorte
qu'aucune vapeur ne pouvoit s'échapper ; mais
l'air, par le moyen d'un tuyau de verre fort étroit,
qui avoit neuf pouces de longueur, et qui étoit,
fixe près de la plante, communiquoit librement
du dedans au dehors sous la platine de plomb. Je
cimentai aussi sur la platine un tuyau de verre
de deux pouces de longueur et d'un pouce de
diamètre ; j'arrosai la plante par le moyen de ce
tuyau, et ensuite je fermai l'ouverture avec un
bouchon de liége ; je bouchai de même le trou
au fond du pot.

« La plus grande transpiration de ce cep, en
douze heures de jour, fut de six onces deux cent
quarante-quatre grains ; sa moyenne, de cinq
onces quarante-six grains, ou neuf pouces et demi
cubiques.

» La surface des feuilles se trouva de dix-huit
à vingt pouces quarrés. Divisant donc $9\frac{1}{4}$ pouces
cubiques par l'aire des feuilles 1820, je trouvai
pour la hauteur solide de l'eau que transpiroit la
vigne, en douze heures de jour, $\frac{1}{192}$ de pouce.

» L'aire de la coupe transversale de la tige
étoit d'un quart de pouce; donc la vîtesse de la

séve dans la tige, est à la vîtesse de la séve à la surface des feuilles, comme 1820, multipliés par 4, c'est-à-dire, comme 7280 sont à 1. La vîtesse réelle du mouvement de la séve dans la tige, est donc $\frac{2250}{192}$, ou environ 38 secondes de pouces ».

Tous les accidens, toutes les maladies qui bouchent les pores, interceptent ou suspendent la transpiration de la vigne, comme le rougeot et la chûte prématurée des feuilles, font périr la vigne, ou sont un obstacle à la maturité de son fruit.

LA RACINE est ordinairement proportionnée à l'étendue de la plante ou de l'arbre ; c'est la partie inférieure qui la tient fixée en terre. Les racines de la vigne sont plutôt latérales et chevelues que pivotantes : elles partent de l'insertion supérieure du bourgeon de la tige, qui est enterrée. Une cuticule ou surpeau, et une peau, les recouvrent ; le tout forme une sorte d'écorce brune. On trouve sous cette peau un muqueux gluant et limoneux, qui revêt les parois du parenchyme. Le parenchyme est un tissu cellulaire, ou substance pulpeuse, contenant un fluide, qui est la séve. La cuticule et la peau, formant l'écorce, recouvrent la partie ligneuse, et la partie ligneuse enveloppe la moëlle, qui est le centre de la racine. La moëlle est presque imperceptible dans les racines chevelues. La racine de la vigne est creusée par le bout, percée d'une infinité de petits trous ou pores, disposés comme ceux d'une grille d'arrosoir. Ces pores sont plus nombreux que ceux de la partie ligneuse. Les premiers prennent leur direction de long en large; ceux du corps ligneux ne s'étendent qu'en long. La racine, de même que toutes les autres parties de la vigne, est un composé de vaisseaux lymphatiques, de trachées et d'un tissu cellulaire.

Les racines de la vigne ont peu de volume, relativement à l'étendue du cep cultivé. Ses sarmens s'emportent quelquefois, au point de paroître très-disproportionnés à la hauteur et à la grosseur de la tige; d'où on infère que cette plante pompe plus de matières nutritives par ses feuilles que par ses racines. Celles-ci ne sont pas moins destinées à pomper une partie des sucs nécessaires à l'accroissement de toute la plante, par la force de succion dont elles sont douées. C'est sans doute dans ces premiers tuyaux capillaires que la séve reçoit le premier degré de son élaboration, qui augmente à mesure qu'elle parcourt les canaux de la tige, du sarment et des feuilles, pour donner ensuite de l'accroissement à la cuticule et à la peau qui la recouvre. Là, elle trouve de nouvelles filières qui la perfectionnent. Mieux élaborée encore, elle pénètre la partie destinée à devenir du bois, et prend, en effet, la forme et la consistance ligneuse. La portion excédante se corromproit et auroit bientôt gangrené toute la plante, si elle n'étoit sans cesse repoussée par de nouvelles portions, qui, en y affluant continuellement, forcent la première à rétrograder dans le parenchyme de l'écorce, où elle se combine avec les nouvelles substances qu'elle rencontre, pour se porter ensuite jusqu'aux dernières extrémités des sarmens.

LE CEP est un prolongement de toutes les parties de la racine; son bois est spongieux, et peu compact quand il est verd; mais ses pores se resserrent, et il acquiert de la dureté en séchant. On distingue à la surface du cep plusieurs enveloppes desséchées, et qui se détachent partiellement. Cette manière d'être dans son écorce lui est commune avec la plupart des autres plantes sarmenteuses, entr'autres, avec les clématites. On a compté jusqu'à cinq et six parcelles d'écorces sur un même cep, et toujours une nouvelle sous les débris des anciennes. Cette écorce se renouvelle tous les ans. On distingue dans toute sa longueur et dans ses contours, la direction des fibres longitudinales de la partie ligneuse qu'elle recouvre. Si on coupe transversalement ce corps ligneux, la moëlle paroît au centre; les parties fibreuses s'élancent jusqu'à la circonférence, en décrivant une ligne presque droite. Là, elles s'implantent dans l'écorce, où elles impriment leur partie saillante, très-visible dans le bois de la seconde année. Les interstices qui séparent ces lignes, sont parsemées de pores assez grands pour être vus dans le jeune bois, sans le secours de la loupe ou du microscope. La partie qui renferme ces pores est plus rouge que celle des fibres. On ne voit point dans l'intérieur du cep les couches concentriques qui indiquent, comme dans les autres arbres, le nombre d'années de leur accroissement; on n'y rencontre point d'aubier; d'où l'on conclut que le cep transpire peu, et peut-être ne transpire-t-il point du tout.

L'ÉCORCE du sarment, ou plutôt sa peau corticale, est une continuation de celle du cep et de la racine : elle est lisse; mais on y remarque de petites proéminences formées par les extrémités des fibres ligneuses et longitudinales dont nous venons de parler ; elles y sont plus sensibles en automne et en hiver que dans les autres saisons. La partie ligneuse du sarment est mince, et conserve la même direction dans ses fibres que celles du cep et des racines. Les yeux ou bourgeons sont alternativement placés sur le nouveau bois; ils naissent à l'endroit où il se forme une espèce de nœud, et le raisin sort toujours du côté opposé à celui de la feuille. La vigne, différant des autres arbres, à cet égard, ne donne son fruit que sur le bois nouveau , et seulement dans les bourgeons inférieurs du sarment.

La Moelle ou axe du corps ligneux existe dans le sarment, dans le cep et dans la racine ; elle est très-abondante , très-volumineuse dans le sarment , plus resserrée dans le cep ; et , quoiqu'à peine visible dans ses racines chevelues , elle y existe cependant. La partie ligneuse la recouvre et lui sert d'envolppe. Elle est composée de vaisseaux plus larges et moins serrés que ceux de l'écorce ou du bois ; ils se dessèchent peu à peu, à mesure que la plante vieillit et que le bois acquiert plus de consistance.

La moëlle a toujours plus de volume dans les parties dont l'accroissement est rapide , que dans celles où il s'opère lentement ; aussi celle du sarment est-elle beaucoup plus volumineuse que celle du cep. Les vaisseaux de la moëlle étant plus distendus que ceux du bois et de l'écorce , ils élèvent la séve avec plus de rapidité et en quantité plus grande , pour fournir des sucs nécessaires à l'accroissement du sarment ; aussi , quand le bois est formé, les tuyaux moëlleux se resserrent-ils, parce que le bois n'exige plus alors autant de nourriture. On pourroit établir en règle générale sur la transpiration , qu'elle est plus forte dans les plantes dont la moëlle présente un plus grand volume : la vigne , le sureau , le tournesol, le maïs , etc. en sont la preuve.

L'œil ou bourgeon est une continuation de l'écorce, du corps ligneux et de la moëlle. Il est enveloppé , pendant l'hiver , par trois ou quatre folioles coriaces, prolongement de l'écorce. Ces folioles membraneuses ont à leur superficie la couleur du sarment , et sont un peu vertes en dedans ; elles recouvrent le bourgeon en forme de toît. Sous cette première enveloppe , il en existe une seconde, formée d'une espèce de matière cotoneuse, rousse et très-épaisse dans la partie supérieure du bourgeon : elle le couvre jusqu'au point de son insertion au sarment. Cette espèce d'enveloppe feuillée , improprement dite calice du bourgeon , s'entr'ouvre aux premières chaleurs du printems , et elle tombe quand le bourgeon commence à pousser , c'est-à-dire, à excéder la longueur de ses membranes. Le bourgeon qui doit éclore l'année suivante est toujours placé à la base d'une feuille. Si le bourgeon est pointu dans son premier épanouissement , il ne produira que du bois et des feuilles ; s'il affecte, au contraire , une forme presque carrée ou ressemblante à deux OO qui se touchent , c'est un bourgeon à fruit. Le bouton de la fleur est même apparent avant que les feuilles aient indiqué la direction qu'elles doivent prendre , avant qu'elles

aient commencé à se développer. Il est la première partie réellement distincte dans le bourgeon
qui pousse. Des folioles duvetées, et non encore
déployées, l'environnent de toutes parts.

Le bourgeon est le rudiment du bois nouveau,
des feuilles, des vrilles, des fleurs et des fruits ;
il comprend toutes les parties d'une nouvelle
plante. C'est sur lui que le vigneron fixe ses plus
douces espérances, sur-tout quand il est placé sur
un fort et vigoureux *courson*. L'enveloppe qui le
recouvre et l'enferme comme dans une bourse,
le garantit de la rigueur du froid pendant l'hiver.
La matière cotoneuse qui est en-dessous sert encore à garantir le bourgeon des effets des rosées
froides, des gelées blanches, pendant qu'il pousse,
et jusqu'à ce que les feuilles aient acquis assez de
développement, pour le protéger avec efficacité.

Le PÉTIOLE qui supporte les feuilles, est un
prolongement de même nature que les parties du
sarment. L'expansion, ou épanouissement de son
extrémité, constitue la feuille ; et les fibres du
corps ligneux créent les nervures saillantes, ré-
pandues dans toute l'étendue de la surface inférieure des feuilles. Les interstices de ces nervures
sont remplies par un tissu cellulaire, ou parenchyme, qui est de même nature que celui du
sarment, et qui contient des vésicules pleines
d'air et des vaisseaux absorbans. La feuille est

recouverte à l'extérieur par une épiderme mince, transparente et sans couleur ; sa partie supérieure est souvent lisse et polie , d'un verd plus foncé que l'inférieure ; celle-ci est parsemée d'une infinité de petits trous, et couverte assez communément d'une substance cotoneuse, blanchâtre, plus ou moins épaisse suivant l'espèce de raisin ; elle est rougeâtre dans la feuille du *Teint* ou *Teinturier* La couleur de la feuille est due au parenchyme verd qu'on découvre sous l'épiderme. La feuille est placée alternativement le long du sarment, et de manière que l'une est opposée à l'autre. On pourroit dire que la feuille est une tige applatie.

Les fonctions des feuilles de la vigne sont très-importantes et très-étendues dans son économie végétale. Elles conservent les fleurs avant leur développement, elles croissent avec rapidité, et facilitent, par cela même, la prompte croissance du sarment. Leur partie lisse et polie supérieure garantit l'inférieure , et les vaisseaux absorbans sont destinés à pomper l'humidité de l'air et toutes les substances aériformes qui les entourent. Les feuilles font pendant le jour la fonction d'organes excrétoires, en débarrassant le cep par la transpiration , d'un suc inutile ou surabondant. Ces mêmes feuilles sont , pendant la nuit, des racines qui , par les petites bouches de leur surface inférieure , pompent l'air , l'humidité et les gaz

gaz répandus dans l'atmosphère. Par ce moyen elles introduisent l'air dans toutes les parties de la plante ; et l'air agit sur la séve à-peu-près comme sur la masse de notre sang quand nous l'avons respiré. Cet air, cette humidité, et les sucs superflus dont la vigne ne s'est pas débarrassée par la transpiration pendant le jour, descendent vers les racines pendant la nuit, et sont reportés durant le jour aux sarmens, aux vrilles, aux feuilles, aux fleurs et aux fruits. Les feuilles sont tellement utiles à la nutrition de la plante, elles concourent d'une manière si directe à la maturité du fruit, que si un coup de soleil les dessèche et en dépouille le cep, le raisin se fane ; s'il n'est que verjus à cette époque, il restera verjus, et toute la plante languira pendant le reste de l'année, en supposant même qu'elle survive à cet accident. Les feuilles procurent la nourriture à la plante par l'aspiration ; elles transpirent les sucs superflus ; elles font partie du laboratoire dans lequel la séve se modifie ; elles conservent le bourgeon pour l'année suivante. Cette dernière assertion est si bien prouvée, que si, dans le printems, on coupe la feuille qui le garantit, et quand elle commence à se développer, ce même bourgeon qu'elle défendoit devient infructueux. Ce n'est pas tout : si on enlève toutes les feuilles d'un sarment avant qu'il ait donné sa fleur, ce sarment ne porte aucun fruit.

TOME I. O

LES VRILLES DE LA VIGNE forment avec les sarmens des angles droits, et sont opposées aux feuilles. Ce sont des productions filamenteuses composées des mêmes vaisseaux que ceux du sarment. Elles ont la faculté particulière de se rouler en spirale et de s'attacher aux corps mêmes qu'elles peuvent atteindre.

Le cep pousse promptement des sarmens très-longs, chargés de feuilles et de fruits. Ce bois encore tendre et à peine ligneux succomberoit bientôt, soit par son propre poids, soit par la violence des vents, si la nature, toujours attentive à conserver ses productions, n'avoit donné à la vigne ces vrilles ou mains, c'est-à-dire, les moyens de s'accrocher pour se soutenir.

Quelques personnes ont cru que les vrilles ne sont qu'un produit de la coulure, et que, par l'effet d'un accident, elles n'existent qu'en remplacement des grappes. Elles n'avoient pas observé, sans doute, que les vrilles ne poussent que dans la moitié supérieure du sarment, c'est-à-dire, là où le fruit ne se montre jamais, puisqu'on ne le trouve que dans la moitié inférieure. La séve trop peu élaborée vers les extrémités de la plante, parce qu'elle y arrive avec trop d'abondance, ne produit point de raisin ; elle n'est propre qu'à être convertie en partie ligneuse.

La fleur de la vigne est soutenue par un pédoncule qui se divise en plusieurs parties. Celles-ci se prolongent pour former la grappe. Au-dessous de la corolle est le calice qui renferme les organes de la fructification, avant l'épanouissement de la fleur, de la même manière que les follicules membraneuses contenoient le bourgeon, les feuilles et le fruit. Les pétales sont les défenseurs ou les conservateurs des parties de la génération. L'étamine, ou poussière fécondante, est la partie mâle de la génération ; elle s'échappe dans l'épanouissement de la fleur, et se porte sur le stigmate, qui est l'orifice de la partie femelle de la génération. Ce sommet est criblé de petits trous, par où cette poussière fécondante s'introduit jusqu'à sa base, où elle rencontre le germe, autrement dit embryon, qu'elle féconde aussi-tôt. Cet acte donne naissance aux pepins ou semences qui seroient constamment destinés à reproduire la vigne, si l'industrie humaine n'avoit trouvé des moyens plus prompts de la multiplier dans les crossettes, les chevelus et les provins.

Les semences de la vigne sont enfermées dans le grain du raisin. Ce grain contient en outre deux substances très-opposées, la pulpe, et la résine colorante, qui se manifeste au tems de la maturité. Celle-ci adhère à la peau membraneuse environnante : la pulpe forme le muqueux, le

O 2

suc du raisin, et n'est point colorée. La couleur que l'on voit extérieurement est due à la résine adhérente intérieurement à la pellicule. Le raisin est blanc, noir, rouge, enfumé, suivant la couleur de cette résine. Elle conserve une espèce d'âcreté, malgré la maturité du fruit.

La connoissance de la structure et de l'usage des différentes parties de la vigne ne doit point être considérée comme un objet de vaine curiosité, puisqu'elle doit avoir une grande influence sur la manière de la diriger et de la cultiver; car il appartient à la théorie d'indiquer les règles de la bonne pratique. Quand nous considérons, par exemple, combien est poreux le bois de la vigne, le volume de sa moëlle, et le peu d'adhérence de sa peau extérieure, nous nous faisons l'idée des principes qui doivent nous guider dans sa taille. La force et la rapidité avec lesquelles s'élance la séve, nous disent assez qu'elle se convertiroit entièrement en bois, si on n'arrêtoit ou du moins si on ne modéroit le cours de sa marche; son inclination à se porter directement à l'extrémité des sarmens n'indique-t-elle pas la nécessité de la tailler horizontalement, pour la forcer de refluer vers les boutons à fruit?

La vigne n'ayant ni liber, ni couche corticale, la séve monte également des racines à l'extrémité supérieure des rameaux, par toutes les parties du bois, au lieu de passer, comme dans les autres arbres, entre l'écorce et la partie ligneuse ; d'où il suit que la vigne seule peut être greffée sans avoir besoin du point de contact de deux écorces. Mais tous ces détails seront plus amplement développés dans le chapitre suivant.

CHAPITRE V.

Culture de la Vigne.

SECTION PREMIÈRE.

Du climat et du sol.

J'OBSERVE deux sortes de maturité dans les raisins ; la maturité *botanique*, et la maturité *vinaire*, si j'ose m'exprimer ainsi. J'appelle maturité botanique, celle par laquelle les pepins ou semences contenues dans la baie, acquièrent toutes les qualités nécessaires au développement du germe qu'ils contiennent, c'est-à-dire, à la reproduction de la plante. Ce degré de maturité parfaite, pour les pepins, a lieu à une époque où le suc de la pulpe qui les enferme, n'est encore que du verjus. La vigne s'accommode de presque toutes les terres; et elle n'est guère plus délicate sur le choix du climat, quand elle n'est destinée qu'à se reproduire; aussi est-elle spontanée, comme nous l'avons dit, dans presque toutes les parties de l'hémisphère septentrional, depuis le 25e. jusqu'au 45e. degré de latitude. On la trouve éparse çà et là, dans la plupart de nos départemens méridionaux; dans celui des Landes, c'est elle qui forme presque toutes les haies qui bordent les rives de l'Adour.

L'homme a su tirer de ce végétal un produit bien autrement avantageux que celui qu'il lui offroit comme plante seulement forestière. Il a réussi à convertir le jus de ses baies en la plus précieuse des liqueurs, en vin. Mais cette conversion ne s'opère que par la fermentation vineuse; et la fermentation vineuse ne peut s'établir, et parvenir au point qui produit un vin de qualité, qu'après que le suc pulpeux du raisin a reçu les degrés de maturité par lesquels il forme en lui le principe sucré, d'où résultent le muqueux-doux, le muqueux-doux-sucré. De la plus ou moins grande abondance du principe sucré; de la plus ou moins grande concentration du muqueux-doux-sucré dans le raisin, tous soins relatifs égaux d'ailleurs, dans la fabrication des vins, dépendent les différentes qualités qu'on observe en eux, depuis les plus communs, jusqu'à ceux qu'on nomme vins de liqueur (1). Toutefois il ne faut pas confondre le goût douceâtre avec le principe sucré. On mange, tous les jours, des raisins d'une saveur très-agréable, et qui sont peu propres à produire de bons vins. Il en est d'autres aussi dans lesquels le principe sucré est enveloppé de manière à n'imprimer au palais qu'une saveur austère, et qui n'en contiennent pas moins, et quelquefois éminemment, les qualités vinaires. Ce principe est généralement plus marqué dans les pommes que dans les raisins ; celles dont on obtient le meilleur cidre. sont, pour l'ordinaire, d'une amertume, d'une austérité détestables au palais.

Ce n'est que par la culture qu'on peut parvenir à obtenir dans le raisin, le principe sucré, le mu-

_____

(1) C'est pour obtenir cette concentration qu'on laisse faner le raisin sur la paille, dans le département du Haut-Rhin, pour faire le *vin de paille* ; et à Rivesaltes, sur le cep même pour fabriquer le vin muscat. On suit cette dernière méthode dans les îles de Candie, de Chypre, et en Espagne. Il est des endroits où l'on enlève la plus grande partie des feuilles du cep, quand le raisin approche de sa parfaite maturité. Les vins d'Arbois, de Château-Châlons, sont, de tous les vins de France, ceux qui approchent le plus en qualité, les bons vins de liqueur d'Italie : à Arbois, à Château-Châlons, on ne vendange que sur la mi-nivôse, ou du moins, qu'après que les gelées ont fait tomber les feuilles.

O. 4

queux - doux - sucré. Cet effet de la culture est peut-être plus frappant sur la vigne, que sur tous les autres végétaux qui sont l'objet de nos travaux agricoles. On a vu qu'abandonnée à la nature seule, ses semences elles - mêmes ne mûrissent pas en deçà du 45e. degré de latitude ; par conséquent qu'elle y est incapable de se reproduire ; et l'on sait que, soignée par les hommes, elle devient susceptible d'acquérir, jusqu'au 52e., toutes les qualités qui la rendent propre à donner de bons vins : par exemple les vins de Moselle.

C'est donc à cette fin, d'obtenir le muqueux-doux-sucré, c'est-à-dire le plus haut degré possible de maturité dans le raisin, que doivent tendre les travaux du cultivateur-vigneron, dans toutes et dans chacune des façons qui composent ce genre de culture.

Pour que le raisin parvienne à sa maturité, il faut que la séve ou que les élémens de la séve qui circulent dans la plante soient dans une juste proportion avec l'intensité et la durée de la chaleur atmosphérique. C'est cette chaleur qui élabore la séve, la modifie, et opère en elle les combinaisons par lesquelles elle se convertit, dans le fruit, en principe sucré. Si la plante ne contient pas une abondance de séve capable de résister à l'action de la chaleur, les effets de celle-ci se font

remarquer aussitôt jusque sur la partie ligneuse
de la plante ; elle en dessèche les organes ; elle
crispe et resserre la canaux par lesquels la séve
étoit répandue dans toutes les parties du végétal ;
les feuilles languissent, se replient, tombent, et
dès lors toute végétation est nécessairement interrompue. Si le fruit étoit déjà formé, il reste au
point où il étoit quand la chaleur l'a saisi.

Si, au contraire, la disproportion de la chaleur avec l'abondance de la séve est en sens inverse ; si la chaleur n'a pas la puissance, par son
intensité et sa durée, d'élaborer la séve à mesure
qu'elle est formée, et qu'elle se porte aux extrémités des sarmens ; si l'action des rayons solaires
est insuffisante pour faire prendre aux nouvelles
pousses la consistance ligneuse, et, par ce moyen,
forcer la séve de refluer vers les grappes ; enfin,
s'ils ne peuvent modérer le cours de ce fluide qui
s'élance vers les sommités avec une force et une
rapidité supérieures, d'après les belles expériences
de Hales et de Bonet, à celles du sang jaillissant
de l'artère crurale d'un cheval, on obtient, il est
vrai, des feuilles charnues, des pampres ver-
doyans, des tiges d'une longueur et d'un diamètre étonnant, des grappes en profusion, enfin
tout ce qui annonce une végétation vraiment
luxurieuse ; mais aussi une végétation entièrement
vaine, sous les rapports de l'économie. On cultive

la vigne pour le raisin ; mais le raisin qui est le produit d'une telle vigne ne parvient jamais à son entière maturité ; le principe sucré ne s'est point formé ; ainsi la liqueur qu'on en extraira ne sera point susceptible de contracter la bonne fermentation vineuse.

De ces deux disproportions, dont l'une consiste dans une quantité de séve insuffisante, et l'autre, dans une quantité de séve surabondante, relativement au degré de chaleur, la dernière est sans doute la plus commune dans le climat que nous habitons. Mais on ne peut établir des lois particulières, que d'après des principes généraux ; et ce sont ces développemens qui nous conduiront, je pense, à des conséquences certaines. Il faut que le vigneron sache pourquoi sa récolte est presque toujours nulle vers la cime de son coteau, et pourquoi l'abondante moisson qu'il cueille à la base, lui donne souvent des produits d'une si misérable qualité. Il faut en outre rectifier l'opinion de quelques personnes qui croient que, par-tout les terres les plus sèches sont les plus propres à la culture de la vigne, que la terre même *stérile* lui convient mieux qu'aucune autre.

Les principes nutritifs de la vigne sont les mêmes pour cette plante que pour les autres végétaux, l'oxygène, l'hydrogène, le carbone ; ainsi, où le dépôt d'humidité n'est pas établi, la vigne ne prospère point. Elle ne végéteroit pas mieux dans notre climat sur une montagne de sable pur, assise sur le roc, qu'elle ne croît dans les sables de l'Arabie. Plusieurs faits (1) viennent à l'appui de ces assertions : nous en rapporterons quelques-uns.

Près d'Ispahan, en plaine et dans un bon sol, le citoyen Olivier a vu entretenir la fraîcheur ou renouveler l'humidité au pied des vignes par des arrosemens en irrigation. Ce territoire de la capitale de la Perse est entre le 34e. et le 35e. degré de latitude ; sa chaleur moyenne est d'environ 28 degrés ; et la plus forte s'y fait sentir depuis la moitié de messidor jusqu'à la mi-fructidor, époque ordinaire des vendanges de ce pays.

Dans les étés très-chauds et très-secs, on arrose aussi la vigne à Téhéran : latitude 38 degrés. Cependant la neige y couvre ordinairement la terre pendant deux mois de l'hiver ; sa fonte devroit donc y former des dépôts d'humidité ; mais les bancs argileux y sont placés, sans doute, à de trop grandes profondeurs pour produire ces bienfai-

---

(1) Pendant les grandes sécheresses de l'été, les habitans de Beaune se réunissent dans les temples, et invoquent le ciel afin d'en obtenir la pluie qu'ils jugent indispensable pour la maturité du raisin.

santes rosées qui revivifient sans cesse les plantes dans nos climats européens , dans ceux même qui sont à des latitudes plus méridionales que Téhéran, comme Malaga, etc.

Le citoyen Fleurian, compagnon de voyage de Dolomieu aux îles Lipari , nous a dit avoir vu sur la montagne de l'île de Stromboli , la vigne cultivée dès la plaine , et s'étendre jusqu'à six cents mètres au-dessus du niveau de la mer ; elle est plantée dans une terre volcanique, et soutenue à cette hauteur par des *roseaux.* Ils la protègent contre la violence des vents qui sont fréquens et très-impétueux dans cette contrée. Remarquez que le roseau, *arundo donax,* ne végète point sans une assez forte dose d'humidité.

On sait que , dans les belles plaines de la Lombardie , la vigne mûrit très-bien accolée au peuplier ; et le peuplier , *populus nigra* , ne vient point dans les terres sèches. Enfin il est constant que la vigne ne végète point où il n'y a pas de dépôts d'humidité, et que ces dépôts ne se forment point dans les contrées où il ne pleut pas.

Dans nos climats tempérés de l'Europe , vers le centre et le nord de la France sur-tout, ce ne sont pas , comme nous l'avons déjà observé, les alimens séveux qui manquent à la végétation de la vigne ; mais le degré de chaleur n'y est pas

indistinctement par-tout dans une exacte proportion avec leur abondance. C'est là ce qui force
les cultivateurs-vignerons, et sans que la plupart
d'entr'eux s'en doutent, à faire choix, dans de
telles latitudes, d'expositions particulières, de
sites privilégiés, où ils trouvent un climat convenable pour la culture de la vigne ; car ce n'est
pas la latitude seule qui décide la température
d'un lieu. La nature du terrein, la position des
montagnes, les vents, le voisinage ou l'éloignement de la mer, des rivières, des forêts, n'y contribuent, pour ainsi dire, guère moins que le
plus ou le moins d'élévation du pole.

En creusant la terre, on remarque qu'elle est
composée de lits et de couches dont l'épaisseur et
la direction sont assujetties à des dispositions ré-
gulières et constantes. Les argiles, les sables, les
schistes, les rocs vifs, les grès étendus, les marnes,
les pierres à chaux, sont posés par bancs. L'assise
de terre végétative est toujours à la surface du
globe ; elle recouvre toutes les autres couches.
Aucune n'est placée suivant sa pesanteur spécifique ; les plus pesantes se trouvent souvent sur les
plus légères ; il n'est pas rare de rencontrer des
rochers massifs qui ont des sables ou des glaises
pour support. La disposition de ces couches sert
à recueillir et à distribuer régulièrement les eaux
de pluie, à les contenir en différens endroits, à

les verser par les sources, qui ne sont proprement que l'interruption et l'extrémité d'un aqueduc naturel, formé par deux lits de matières propres à voiturer l'eau. Elle est contenue par les couches de glaise qui règnent dans une grande étendue du globe ; et la pente de ces couches lui procure un écoulement. Suivant leur position, les eaux séjournent donc ou près de la surface de la terre, ou à de très-grandes profondeurs. Leur plus ou moins grande distance de la surface d'une contrée quelconque ; le plus ou le moins d'éloignement de la mer, des fleuves, des rivières, des sources, des forêts, respectivement à cette contrée, augmente ou diminue la quantité de vapeurs qui flottent dans son atmosphère. Ces vapeurs condensées forment les nuages, que les vents transportent et font circuler dans tous les climats. Ils s'élèvent en se dilatant, ou s'abaissent en se condensant, suivant la température de l'atmosphère qui les soutient. S'ils rencontrent dans leur course l'air plus froid des montagnes, ou bien ils y tombent en flocons de neige, en brouillards, en rosées, conformément à leur état de densité et à leur élévation ; ou bien ils s'y fixent et s'y résolvent en pluie.

De même que les nuages sont assujettis à l'impulsion des vents, les vents eux-mêmes sont subordonnés, dans leurs cours, à de certaines circons-

tances locales. Réfléchis par les montagnes, leurs
effets s'étendent d'abord à de très-grandes dis-
tances, parce que leur direction dépend du premier courant qui les produit, et des ouvertures
plus ou moins resserrées par lesquelles ils sont
dirigés. Ces courans d'air sont en général très-
variables ; cependant il est des lieux dans lesquels
ils sont en quelque sorte périodiques, et comme
assujettis à certaines saisons, à certains jours, à
certaines heures. Olivier a remarqué en Perse que
les vents y viennent fréquemment de la terre pendant la nuit, et de la mer pendant le jour. Au
reste, les montagnes, les différentes bases du terrein changent la direction des vents ; elles peuvent
en atténuer ou en accélérer la rapidité : aussi la
position d'une chaîne de montagnes décide t-elle
souvent de l'été et de l'hiver entre deux parties
d'une contrée qu'elle traverse. Toutes ces circonstances particulières, auxquelles il faut ajouter le
plus ou le moins d'élévation d'un lieu relativement
au niveau de la mer, le plan plus ou moins incliné
de la surface, doivent être prises en grande considération, parce qu'elles entrent pour beaucoup
dans la formation de la température qui y règne.

Des expériences et des faits tirés de la culture
et de la végétation de la vigne confirment cette
théorie, qui nous met elle-même à portée de re-
monter aux causes de certains effets très-simples,

très-naturels, et qui sont autant de phénomènes pour les cultivateurs qui ne se sont jamais livrés à l'étude de la géographie physique.

A Téhéran, où l'on est souvent forcé d'arroser la vigne pendant les grandes sécheresses de l'été, comme nous l'avons déjà dit, on l'enterre vers la fin de l'automne, pour la garantir des fortes gelées de l'hiver. Qui peut nécessiter des procédés si opposés dans le même sol ? ou plutôt comment à une telle latitude la température peut-elle éprouver des variations si extrêmes ?

Il est facile de répondre à cette question. Si les vents conducteurs des gelées et des frimas règnent dans ces contrées pendant plusieurs mois de l'hiver, si la couche de terre végétative a beaucoup de liaison, si elle est glaiseuse et plus propre à maintenir les eaux, à les conserver qu'à les laisser s'infiltrer, il est tout naturel que le froid y acquière assez d'intensité pour produire des gelées d'autant plus sensibles et nuisibles à ces vignes, qu'elles jouissent, pendant la plus grande partie de l'année, d'une température très-chaude, le thermomètre y descendant rarement alors au-dessous de 25 et 26 degrés.

Mais, ajoutera-t-on, si la terre végétative a tant de consistance, elle conserve l'humidité ; si elle conserve l'humidité, pourquoi ces arrosemens pendant l'été ?

Pourquoi ?

Pourquoi? Parce que cette couche de la superficie dans laquelle, en effet, l'argile se trouve dans
une assez forte proportion avec les autres terres, n'a
peut-être pas un demi-mètre d'épaisseur, qu'elle
repose sur un banc de sable dont on ne connoît
pas le diamètre, et que le dépôt d'eau se trouve
placé à une telle profondeur, que ses émanations
tendent inutilement à monter jusqu'aux racines des
plantes; parce qu'une couche de terre argileuse
qui n'a qu'un demi-mètre d'épaisseur, et qui est
exposée à une chaleur adurante, comme celle de
26 degrés, a bientôt perdu par la vaporisation
toute l'humidité dont elle étoit imprégnée, si les
vapeurs souterraines ne peuvent parvenir à la
renouveler proportionnément à la déperdition
qui s'en fait. Elle arrive ainsi en peu de tems à un
état de siccité qui seroit mortel pour les plantes,
si l'art ne venoit à leur secours, s'il n'employoit,
pour les conserver, le moyen des arrosemens.

Ce procédé d'enterrer ou de couvrir la vigne,
pour la préserver des gelées pendant l'hiver, n'est
point inconnu dans notre climat; il est en usage
dans quelques cantons du Haut-Rhin, mais seulement dans les vignes de la plaine, et dans des
terres assez compactes pour être propres à la
reproduction des blés (1). Cette couche de terre

_____

(1) Ce procédé n'a lieu que sur les vignes de deux,
trois ou quatre ans de plantation, ou sur le bois de pareil

végétative a sans doute peu d'épaisseur ; et le banc
de terre légère, aréneuse et infiltrante, n'est pas
éloigné de la surface ; autrement le raisin n'y
mûriroit pas. A cette latitude, qui est entre le
48 et le 49e. degré, l'action des rayons solaires
est bien moins puissante que dans le territoire de
Téhéran pour opérer la prompte évaporation de
l'humidité : aussi les plantes y sont rarement en
souffrance. Il est présumable d'ailleurs que le dépôt souterrain des eaux y tient la place qu'il doit
occuper, pour la renouveler dans une proportion
convenable pour la nourriture de la plante et pour
la maturité du raisin, puisqu'on y récolte de bons

âge des vieilles vignes, que des circonstances particulières
ont forcé de renouveler, en les coupant au rez-de-terre.
Un bois plus vieux ne se prêteroit que difficilement à
prendre le pli qu'on est obligé de lui donner pour le coucher ; d'ailleurs le bois des jeunes vignes, ou le jeune bois
des vieilles vignes, étant plus poreux, plus dilaté que
celui des vignes anciennes, contient beaucoup plus d'humidité, et par cela même est d'autant plus sensible aux
gelées ou susceptible d'être gelé.

On coupe d'abord tous les liens qui attachent la vigne
à l'échalas ; on émonde légèrement le cep, on le courbe
à huit ou dix centimètres de terre, et avec les plus
grandes précautions, pour éviter les déchirures et les
plaies. Après l'avoir couché, on le fixe avec des crochets
de bois, et on le couvre ou de paille de blé ou de seigle,
ou avec de vieilles tiges de fèves de marais. On donne,
autant qu'il est possible, la préférence à cette dernière

vins. Sur une ligne presque parallèle, mais cependant un peu plus méridionale, à Bellay-Montreuil, près Saumur, dans le ci-devant Anjou, il existe un vignoble en terre plus forte encore que celle dont nous venons de parler, et dont les vins ont de la qualité. Je pourrois citer cent exemples de vignes qui ont de la réputation ou qui méritent d'en avoir, et qui croissent dans des terres dont la première couche a suffisamment de consistance ou de liaison pour produire de bonnes récoltes en blé ; ce qui ne peut être attribué qu'aux

---

matière, parce qu'ayant plus de corps elle se tient plus aisément soulevée. Les vignerons les plus économes ou les moins aisés se contentent de jeter quelques pelletées de terre sur les ceps couchés. Cette manière a peu d'inconvéniens quand l'hiver est sec ; mais s'il est pluvieux, le bois s'attendrit ; il devient plus sensible aux gelées du printems et s'affoiblit quelquefois tellement, qu'on est obligé de le renouveler dès l'année suivante. Quelquefois aussi le vigneron attend là neige ; et avant qu'elle ait été durcie par la gelée, il couche et fixe les tiges et sarmens sur la terre, et se contente d'amonceler sur eux quelques tas de neige. Ce dernier procédé ne réussit pas moins que les autres, quand l'hiver se passe sans de fréquentes alternatives de gelées et de dégels. Dans tous les cas, au retour des vents qui annoncent le printems, on arrache les piquets, on soulève légèrement les ceps, et on les abandonne, pendant huit ou dix jours, à l'action de l'air qui les sèche ; on achève ensuite de les redresser pour les tailler et les rattacher aux échalas.

P 2

dipositions des couches inférieures, et à leurs effets sur la couche supérieure ; ce qui prouve aussi que ce ne sont pas les terres infertiles , proprement dites , qui conviennent *le mieux* à la culture de cette plante. Passons aux abris, considérés comme cause secondaire mais très-puissante de la température.

Les vins de Perpignan, de Collioure, de Rivesaltes sont assez connus. Placés dans le ci-devant Roussillon, il se trouvent entre le 41 et le 42e. degré de latitude. Le raisin y parvient à une telle maturité, qu'il en résulte, à volonté, des vins de liqueur. Le département de l'Ariège, le ci-devant Pays de Foix, est contigu à celui des Pyrénées: et le vin qu'on y récolte, bien loin d'être un vin de liqueur, n'est pas même passable pour l'ordinaire de la table. A quelle cause attribuer des qualités si diverses dans les produits de deux territoires si rapprochés, sinon à la base du terrein et aux abris ? Les vignobles du Roussillon ont à l'*est* et au *sud-est* la Méditerranée. Aucune élévation remarquable dans le terrein ne contrarie, vers ces points, la direction des rayons solaires: ils en sont également frappés dans toute leur étendue. Ils ont au midi le commencement de la chaîne des Pyrénées ; une contre-chaîne de montagnes de seconde ou de troisième origine forme autour d'eux une espèce d'enceinte de l'*ouest* au *nord-*

ouest; de sorte qu'ils sont à couvert, d'une part, des chaleurs brûlantes du midi plein, et de l'autre, de toutes les émanations froides et humides qui pourroient les atteindre par le *nord* et le *nord-ouest*. Les vignes de l'Ariège, au contraire, sont entièrement ouvertes de ces deux côtés; elles sont privées de la chaleur vers le soleil levant, par les mêmes montagnes qui protègent celles du Roussillon du côté du nord et de l'ouest. De plus, le vent d'est, très-fréquent dans ces contrées, leur porte et répand sur elles tous les principes de froidure dont ils se pénètrent en traversant les sommets constamment neigeux de cette partie des monts Pyrénées. Tels sont les effets des abris et des différentes positions des montagnes dans la même latitude, et, pour ainsi dire, sur le même territoire.

Le célèbre cultivateur anglais, Arthur Young, a inséré dans son voyage agricole en France, (ouvrage qui contribuera plus, quoi qu'on en dise, et malgré les erreurs qu'il contient, au progrès de notre agriculture, que les trois quarts de ceux que nous possédons sur cet art, parce qu'à force de nous répéter le sens de ce vers de Virgile :

O fortunatos nimiùm suâ si bona nôrint !

« Ils seroient trop heureux, s'ils connoissoient tous leurs moyens de prospérité », nous commençons

P 3

enfin à le comprendre)Arthur Young a inséré dans
son ouvrage une carte, dans laquelle il a ingé-
nieusement tracé trois lignes du midi au nord,
dont chacune indique la limite de la culture de
trois familles de végétaux très-précieux à l'économie rurale ; l'olivier, le maïs et la vigne. La
ligne de démarcation de la culture de la vigne
part de Guérande, vers les confins de la ci-devant Bretagne , et se prolonge obliquement, en
passant à quatre ou cinq lieues au nord-ouest de
Paris, jusqu'à Coucy, trois lieues au nord de
Soissons. Toute cette grande étendue de l'ouest
de la France, qui renferme la Picardie, les deux
Normandies et presque toute la Bretagne , n'est
point propre, en effet, à la culture de la vigne ,
tandis que la partie de l'est, qui est aux mêmes
latitudes, renferme des vignobles du premier rang,
puisqu'elle contient une portion de la Franche-
Comté, presque toute la Bourgogne, et la Champagne entière. Arthur Young en conclut qu'il y a
une différence considérable entre le climat des
parties orientales et occidentales de la France. Il
estime que le côté oriental est plus chaud de deux
degrés et demi que le côté occidental : il ne nous
donne point la raison de cette différence. Quelques personnes, à la vérité, l'ont attribuée au voisinage de la mer; mais cette allégation est vague
et d'autant moins satisfaisante que, sur les côtes
de la même mer, on voit les vignes amener leurs

fruits au plus haut degré de la maturité. Telles
sont celles de l'Aunis, des îles de Ré et d'Oleron,
du riche territoire du Médoc et celles du département des Landes. La vigne est cultivée, près de
Bayonne, jusque dans les dunes de sable qui
bordent la mer, et elle n'y est sujette à aucun
autre inconvénient qu'à être ensevelie sous des
tourbillons de sable mouvant.

Si l'on jette les yeux sur la carte, si l'on observe
attentivement la position de ces provinces, respectivement à celle des îles britanniques et à
toutes les régions du nord de l'Europe, on voit
d'un coup-d'œil combien la température de ces
mêmes régions doit avoir d'influence sur le climat
de cette partie du territoire français. Elle forme un
vaste promontoire qui s'avance à plus de 75 myriamètres en mer, si l'on prend pour sa base,
d'un côté Saint-Valery, et de l'autre, les Sables
d'Olonne : Brest est à sa pointe. Cette pointe se
prolonge jusqu'à peu de distance de celle du cap
Lézard ; de sorte que toute la contrée, depuis
Dunkerque jusqu'à Brest, seroit abritée par l'Angleterre, si le détroit de Calais n'étoit une issue
par laquelle pénètre une partie des vents du
nord-ouest, contraints par les montagnes du nord
de l'Ecosse, de refluer vers nos parages, après
s'être associés et combinés, un peu en-deçà des
Orcades, avec ceux du plein nord, déjà impré-

gnés de l'humidité et de tous les principes de froidure dont ils ont dû nécessairement se charger, en parcourant les montagnes de glace de la Laponie ; les frimas de la Norwège, les brumes de la Baltique et celles de la mer du Nord. Ces vents arrivent sur nos côtes avec d'autant plus d'impétuosité, et le froid qu'ils recèlent est d'autant plus sensible, qu'ils ont été plus comprimés dans leur passage entre les côtes de France et d'Angleterre, au détroit de Calais. Les nuages portés ou poussés par eux s'amoncèlent sur les montagnes du pays Breton, et s'y résolvent fréquemment en pluies froides et d'autant plus sensibles aux végétaux délicats, qu'il est des tems où la latitude reprend en quelque sorte son influence naturelle ; où les vents du midi, pénétrant à leur tour dans ces contrées, exposent les plantes aux alternatives du chaud et du froid, plus funestes pour elles qu'une température rigoureuse, mais constante (1). On rencontre cependant dans

_____

(1) On pourroit conclure, dit *Catesby*, de ce que la vigne croît spontanément dans presque toutes les parties de l'Amérique septentrionale, que ces pays sont aussi propres à sa culture que l'Espagne, l'Italie, la France dont la latitude est la même ; mais les efforts qu'on a faits jusqu'ici dans la Virginie et la Caroline, prouvent que le climat n'est point doué de ces heureuses qualités qui, dans les parties parallèles de l'Europe, produisent de si bons vins. Les saisons sont plus égales dans l'ancien

l'étendue de ces pays quelques climats acciden-
tels, certains vallons, dont les abris se trouvent
si heureusement disposés, qu'on y cultive avec
succès des plantes encore plus délicates que la
vigne.

On sait, par exemple, que la plus grande partie
des melons dont sont approvisionnés les marchés
de Paris viennent de Harfleur. On trouveroit aussi
dans le voisinage d'Avranches, quelques situa-
tions favorables à la vigne. Mais à quoi bon ces
petites vignes isolées ? les propriétaires n'en
tirent aucun avantage ; le raisin y devient pres-

---

monde que dans celui-ci ; on n'y éprouve point ces alternatives subites de chaud et de froid qui, dans la Caroline, flétrissent les jeunes pousses, et, tour-à-tour, exci-
tent ou arrêtent la séve au printems. D'ailleurs l'humidité qui règne fréquemment, à l'époque où les raisins
mûrissent, crève l'enveloppe des grains et les pourrit :
cette difficulté n'a point encore été vaincue. *Hist. nat.
de la Caroline*, tom. I.

Un Français, Pierre Legaud, de la Lorraine, a depuis assez long-tems essayé la culture de la vigne à
Springmill, 8 milles de Philadelphie. Il a choisi un coteau qui présente du sud-est au sud-ouest ; il a tiré des
plants de France, d'Espagne, de Portugal ; ses dépenses
et ses soins sont infructueux, les produits n'ont aucune
qualité ; le seul dédommagement qu'il trouve, c'est de
vendre du plant à quelques autres cultivateurs, qui,
vraisemblablement ne seront pas plus heureux que lui.

que toujours, avant sa maturité, la proie des oiseaux ou des picoreurs.

Au reste, deux montagnes de sable granitique de la Bretagne, qui seroient propres, sans doute, à la vigne, si le climat répondoit à la nature du sol, ne sont cependant pas entièrement inutiles à ce genre de culture; elles se trouvent, pour ainsi dire, placées en première ligne pour couvrir et protéger les vignobles de l'Anjou, du pays Nantais et de l'Aunis.

Concluons de ces faits que les abris et la base du sol contribuent plus à former la température d'un lieu, que sa latitude elle-même; que les climats et la nature du terrein variant à l'infini, les nuances doivent être infinies aussi dans la qualité des produits des végétaux; que c'est une grande erreur, par conséquent, de croire qu'on puisse récolter du vin de Bourgogne où la Bourgogne n'est pas. Cependant on a vu quelques riches propriétaires se livrer aux plus excessives dépenses pour exécuter cette ridicule entreprise; on en a vu, non pas se borner seulement à tirer des plants de certains crûs affectionnés par eux, mais en faire charroyer des terres dans leurs domaines, situés à cinquante ou soixante myriamètres du lieu où ils les faisoient charger. Les richesses de tous les potentats, la puissance de tous les peuples du monde, seroient insuffisantes

pour former seulement un demi-hectare de terre
conforme dans tous les points à celle du petit
vignoble de Morachet, et dont les vertus seroient
les mêmes pour donner les mêmes qualités à ses
produits. Il faudroit, chose impossible, retrouver
à la même latitude le même climat, les mêmes
abris ; il faudroit y transporter non seulement la
couche supérieure de terre, mais encore toutes
les couches inférieures, et peut-être jusqu'à vingt-
cinq mètres de profondeur ; les ranger ensuite
dans l'ordre où la nature les a disposées à Morachet ; laisser à chaque couche sa même épaisseur,
et donner au plan de chacune de ces couches
son même degré d'inclinaison. Mais cessons de
nous occuper d'une telle chimère, qui seroit beaucoup mieux placée dans une féerie que dans un
ouvrage élémentaire.

Notre opinion sur la grande influence des
couches inférieures de la terre, relativement aux
végétaux qu'on cultive à sa surface, étonnera
peut-être quelques personnes ; mais comment ex-
pliqueroit-on autrement une foule de faits, dont
plusieurs du même genre se retraceront infailliblement à la mémoire du lecteur, dès que nous
l'aurons mis sur la voie ?

Le petit vignoble de Morachet est situé dans le
voisinage de Poligny, et distingué en trois parties, sous les dénominations de Morachet, de

Chevalier Morachet, de troisième Morachet. Chacune de ces parties n'est séparée de l'autre que par un sentier. D'ailleurs, elles forment un ensemble dont l'exposition est la même sur tous les points ; même nature de terrein, quant à la couche supérieure ; mêmes espèces de vignes ; mêmes façons dans la culture ; même époque de vendanges ; mêmes soins et mêmes procédés dans la fabrication des vins. Jugeons maintenant, par les prix des récoltes, de la différence de leurs qualités. Quand une pièce de vin du premier Morachet se vend 1,200 fr., la même mesure récoltée sur le Chevalier en vaut 800, et celle du troisième 400 seulement.

Pendant qu'Arthur Young parcouroit les vignobles de Champagne, quelques propriétaires lui désignèrent certains hectares, plantés en vignes, qui ne valoient que 600 francs ; et d'autres, très-voisins des premiers, dont le prix s'élevoit à une somme cinq ou six fois plus forte, quoique l'exposition n'en fût pas différente, et que la nature du terrein semblât être parfaitement la même dans les uns et dans les autres.

Cette remarque n'avoit point échappé à Bernard Palissy. Dans son dialogue entre Théorique et Pratique, il fait dire à celle-ci : « Je t'ai » baillé, par exemple, les vignes de *la Foye-* » *Moniaut*, qui sont entre St. Jean-d'Angéli et

» Niort, lesquelles vignes apportent du vin qui
» n'est pas moins estimé qu'hypocras; et, *bien
» près de là*, il y a autres vignes desquelles le
» vin ne vient jamais à parfaite maturité, lequel
» est moins estimé que celui de Raisinettes sau-
» vages: par-là tu peux penser que les terres ne
» sont semblables en vertus, combien qu'elles
» soient *voisines, et qu'elles se ressemblent en
» couleur et en apparence* (1) ».

Nous pensons qu'on peut rapporter à la différence de nature et de position des couches inférieures de terre celle qu'on observe dans la
qualité des produits d'un sol si égal d'ailleurs dans
toutes ses parties extérieures. Ne suffiroit-il pas
pour cela, que le dépôt des eaux souterraines fût
plus ou moins profond, plus ou moins incliné
dans une portion que dans l'autre, ou que certains bancs intermédiaires, entre la couche d'argile et la couche supérieure, se prêtassent, plus
ou moins facilement, à l'ascension des vapeurs
subterranées? Cette opinion, seulement fondée sur
la vraisemblance, n'est encore, il est vrai, qu'un
problême; et nous convenons que, pour le résoudre de la manière la plus satisfaisante, il faudroit des connoissances bien autrement étendues

_____

(1) Voyez ses Œuvres, édition de Faujas de Saint-
Fond, p. 175.

que les nôtres sur la minéralogie et la géologie de l'intérieur de la terre. Aussi regarderions-nous comme un ouvrage très-utile à l'agriculture une bonne géographie souterraine. Nous n'entendons pas parler d'un livre tel qu'il en existe déjà quelques-uns, dans lesquels on se contente de dire: Ici commence, là finit le filon d'une telle ou telle mine; à telle distance, vous trouverez une carrière de marbre, ou une assise de craie, ou une mine de charbon de terre qui se prolonge jusqu'à tel endroit, son plan ayant tel ou tel degré d'inclinaison. Pour nous autres cultivateurs, il faut entrer dans beaucoup plus de détails. Nous demandons à connoître tout-à-la-fois le nombre, l'épaisseur, les dimensions, la nature et le plan des bancs intermédiaires des différentes terres, et l'ordre suivant lequel ils sont placés, depuis la couche supérieure jusqu'à celle qui forme le premier réservoir des eaux souterraines. Alors nous n'aurions plus à craindre de nous livrer à des essais dont les fâcheux résultats n'ont que trop souvent justifié notre lenteur et notre timidité à les entreprendre; et, dans ce moment-ci, nous serions à portée de décider une question sur laquelle on n'ose présenter ses idées qu'avec une grande réserve, parce qu'elles ne sont encore étayées que sur des vraisemblances. Il s'agit de savoir si le voisinage des rivières est avantageux ou nuisible à la vigne. Les réponses que nous avons reçues à

cette question, de la part des cultivateurs qui ont
bien voulu nous communiquer les lumières que
nous avons réclamées de leur zèle, sont en pleine
contradiction les unes avec les autres; et toutes
n'en sont pas moins fondées sur l'expérience et
d'après de bonnes observations. Une partie de
ces cultivateurs dit : Tout ce qui tend à favoriser
l'humidité, comme le voisinage des rivières, etc.,
est préjudiciable à la vigne ; soit parce qu'en lui
communiquant une séve surabondante, elle est
un obstacle à la maturité de son fruit, soit parce
qu'elle l'expose aux gelées, le fléau le plus fréquent et le plus redoutable auquel elle puisse être
exposée. D'autres observateurs tirent de la proxi-
mité des rivières, des conséquences entièrement
opposées aux premières. Le peu d'humidité qui
s'en exhale, disent-ils, ne peut servir qu'à l'entretien de la séve, qu'à faire partie de la nourriture
essentielle de la plante. Ces vapeurs la rafraî-
chissent doucement, réparent ou tempèrent les
effets des grandes chaleurs, ramollissent l'enveloppe du grain, facilitent sa dilatation, et disposent
le muqueux à la maturité.

En effet, quand le cours de l'Ebre, au rapport
de Pline (1), se fut éloigné d'Emus, ville de la
Thrace, les vignes du voisinage eurent bientôt
perdu leur réputation, parce que la chaleur des-

_____

(1) Lib. 17, cap. 4 et 5.

séchoit la plante avant la maturité du raisin. On récolte le Tokai dans les vignes qui croissent sur la Teysse ; les vins célèbres de l'Hermitage , de Côte-Rôtie , de Condrieu, sont produits sur les coteaux qui bordent le Rhône ; la Dordogne , la Garonne et les autres grandes rivières qu'elles reçoivent , ne contribuent pas peu aux bonnes qualités des vins de la Guienne ; la Loire , la Marne et la Seine ne voient, pour ainsi dire, que des vignes dans toute l'étendue de leur cours ; et la fameuse côte qui traverse la Bourgogne domine une plaine arrosée par la Saône.

Ne seroit-il pas possible que ces deux opinions fussent également fondées en principes ; c'est-à-dire, que , par-tout où les vapeurs souterraines procurent aux plantes une quantité suffisante de nourriture , proportionnée à leurs besoins et à l'action de la lumière et de la chaleur sur la séve, l'humidité provenant du voisinage des rivières fût surabondante et par conséquent nuisible ; et que là, au contraire, où le sol est très-sec ou imperméable à ces mêmes vapeurs , par la nature de quelques-unes des couches intermédiaires , les émanations des rivières fussent un bienfait pour la vigne , et vraiment un moyen de prospérité? Mais il est une circonstance essentielle pour en assurer le bon effet ; c'est que les vignes dominent la rivière ; qu'elles soient assez élevées pour n'être atteintes par les émanations humides , qu'après

que

que celles-ci ont, en quelque sorte, été combinées avec l'air atmosphérique. Les vapeurs épaisses, nébuleuses, non encore raréfiées, sont les causes les plus prochaines des brouillards, des frimas, des gelées ; aussi ne peut-on être trop attentif à choisir, pour leur culture, un terrein éloigné de tout ce qui peut les produire et les conserver ; tels que les sources où les eaux stagnantes, les taillis et les hautes futaies, les bocages, les bruyères, les genetières, les landrières, les prairies naturelles ou artificielles, je dirois même les champs cultivés en céréales ; il n'est pas jusques aux clôtures en haies vives, jusques aux arbres épars, qui ne puissent être la cause d'un fléau pour les vignes. Les propriétaires de celles qui sont situées dans les ci-devant Angoumois et Saintonge ont souvent à gémir sur la médiocrité de leurs récoltes, après en avoir admiré la préparation au moment où la fleur est prête à s'épanouir ; mais une abondante rosée survient, la plante se pénètre d'humidité ; l'effet du vent est nul pour la dissiper, parce que les grands végétaux y sont un obstacle à sa circulation ; le froid devient plus piquant au lever du soleil ; il saisit et condense les molécules aqueuses ; il les convertit en glace ; et les jeunes bourgeons et toutes les parties de la fructification sont entièrement désorganisés par l'impression des premiers rayons du soleil. On connoît la cause du mal, on ne la détruit pas ; et on se plaint !

Ne perdons jamais de vue ce précepte de Virgile :

.... *Denique apertos*
Bacchus amat colles.

« La vigne se plaît sur des collines découvertes ». On diroit que la nature a pris plaisir à former pour elle cette belle chaîne de collines qui traverse la Bourgogne. Elles tiennent les unes aux autres par des vallées dont la pente est si douce, qu'elle est à peine remarquable. Tournées au sud-est, elles présentent, dans leur réunion, la forme d'un arc détendu, par lequel les vignobles qu'elles renferment se trouvent, d'une part, à couvert des froids piquans du nord, des vents orageux du nord-ouest, et des pluies froides et fréquentes de l'ouest ; de l'autre, ils jouissent plus long-tems qu'à toute autre exposition, des regards du soleil ; circonstance d'autant plus heureuse, qu'une grande masse de lumière et une chaleur durable sont les premiers agens qu'emploie la nature pour l'élaboration de la séve ; aussi leur sommes-nous redevables de la qualité des vins de Volney, de Pomard, d'Alosse, de Pernaud, de Savigny, d'Aunay, de Nuits, de Chambertin, de Mulsaut, de Morachet, Sillery, Versenay, Epernay, Moussy, Pierri, etc.

Il peut cependant résulter de très-graves inconvéniens de cet aspect à l'est. Pour peu que la
superficie du terrain soit disposée à conserver
l'humidité ; si le sol est à découvert du côté du
sud-ouest ; s'il est avoisiné par des objets propres
à produire des brumes , ou à empêcher leur
prompte vaporisation , comme ceux que nous
avons cités plus haut , le cultivateur ne vit que
de craintes et d'anxiétés , parce qu'en effet les
premiers rayons du soleil levant sont les agens
des désastres de la gelée. Cette exposition peut
donc être préférée à toute autre , vers nos contrées méridionales, où la base du terrein et les
circonstances locales répondent , en général, à
la latitude ; mais elle ne peut être indifféremment
adoptée par-tout. En approchant du nord , l'aspect du midi semble convenir davantage à la
vigne , du moins sous le rapport de sa conservation. Le soleil , pendant les premières heures du
jour, ne porte ses rayons sur elle qu'obliquement-
ment ; leur effet suffit pour évaporer la rosée ,
pour sécher la plante ; elle n'est pénétrée par la
chaleur qu'insensiblement ; et quand celle-ci est
parvenue à son plus haut degré diurne d'intensité , la première cause du mal à redouter, l'humidité , a depuis assez long-tems cessé d'exister.
On seroit embarrassé , peut-être, pour citer un
aussi grand nombre de vins délicats produits à
cette exposition , qu'à celle de l'est et du sud-est ;

cependant il en est, puisque les côtes de Dizi, de Mareuil, de Hautvillers, d'Aï, etc. , ont le plein midi pour aspect. L'exposition au couchant convient à si peu de localités, qu'il est à peine nécessaire d'en parler. La vigne y reçoit les vents les plus fâcheux , ceux du nord-ouest. Le soleil n'y fait sentir ses rayons qu'au moment où sa foiblesse les rend sans effet. S'ils agissent encore sur la séve , ce n'est que pendant quelques heures seulement ; la nuit vient bientôt effacer jusqu'à la trace de leur impression. De plus, l'évaporation de l'humidité ne commence que très-tard , à cet aspect ; la condensation de l'air y maintient les vapeurs dans la basse région ; la vigne s'y trouve constamment plongée dans une atmosphère nébuleuse , et ses fruits ne mûrissent jamais.

Après les collines à pentes douces , à sommets arrondis, et celles qui, terminées par un plateau, présentent un cône tronqué, on a recours, pour planter la vigne , aux coteaux plus élevés ; car l'homme ne rencontre pas par-tout les choses ou les formes qui conviendroient le plus à ses besoins, ou qui agréeroient davantage à ses caprices. Les pentes les moins rapides sont à préférer, parce que les travaux de la culture y sont moins pénibles , que les ravins s'y forment moins facilement , et que les éboulemens y sont plus rares,

Le sol des coteaux est plus inégal que celui de
tout autre site ; plus ils ont de rapidité , plus les
inégalités de la terre sont frappantes. La pluie,
dont l'action tend sans cesse à combler les vallées
en affaissant les cimes , entraîne sur le milieu , et
ensuite vers le bas, tout l'humus dont elles étoient
revêtues avant le défrichement , de manière à
laisser souvent le tuf à découvert. Aussi , la plupart de ces hauteurs , même celles plantées en
vignes, offrent-elles l'aspect de la stérilité dans le
terrein, et du rachitisme dans les plantes. Les tiges
sont minces , à moitié déracinées ; les sarmens
frêles , courts et menus. Les fruits qui y sont
suspendus sont plutôt des grappillons que des
grappes ; et leurs feuilles sembleroîent plutôt
appartenir à l'érable commun, *acer campestre*,
qu'à la vigne. Ce terrein est trop maigre ; la
pente de la couche argileuse , suivant l'inclinaison de toutes les autres couches., a trop de
rapidité pour transmettre de l'humidité aux racines ; elles ne trouvent donc là que la quantité
essentielle de nourriture qu'il leur faut pour ne
pas mourir ; et cela ne suffit pas. Ces hauteurs,
exposées aux effets des orages violens , sont souvent battues par les vents, frappées par la grêle,
et éprouvent , même à l'aspect du plein midi, des
froids plus piquans et plus dangereux que si elles
avoient l'exposition du nord.

Vers la base de la montagne, la vigne est su-

Q 3

jette à des inconvéniens tout contraires et non
moins fâcheux. L'atmosphère y est toujours humide ; les bonnes terres s'y sont amoncelées dans
une proportion désastreuse pour cette plante,
parce qu'elle s'y repaît d'une surabondance de
nourriture qui fait tourner à bois tous ses produits, ou qui fait passer ses raisins à la pourriture, avant qu'ils aient atteint l'époque de leur
maturité.

Le milieu du coteau est donc la position par
excellence. La vigne n'y trouve point de quoi satisfaire son intempérance naturelle ; elle n'y pâtit
point non plus dans une disette absolue. Non-seulement sa végétation s'y maintient dans les bornes
que l'art tend à lui prescrire ; mais par l'action et
la réaction des rayons du soleil, c'est-à-dire, par
leur incidence et leur réflexion, le vin y acquiert
des qualités qu'on ne trouve jamais dans celui qui
est récolté aux deux autres extrémités. On observe que si le vin du bas de la montagne qu'on
nomme le clos Vougeot vaut trois cents francs,
les deux hectolitres, celui du milieu se vend neuf
cents, et celui du haut six cents seulement.

La nature des terres regardées comme les plus
propres à la culture de la vigne, varie comme
les climats dans lesquels cette culture est introduite. Nous ne parlerons ici que des couches supérieures du sol, pour ne donner dans aucune

conjecture hasardée. L'expérience démontre que, dans les départemens méridionaux, la vigne se plaît et prospère dans les terres volcaniques, dans les grès et dans les sables granitiques, mêlés de terre végétale et de quelques portions d'alumine. Vers le centre de la France, elle réussit dans les schistes ardoisés, et sur-tout dans les roches calcaires, qui se délitent facilement au contact de l'air. Au nord, on préfère le sable gras, combiné avec la terre calcaire. Mais par-tout on peut faire usage de la réunion presque monstrueuse des terres et des pierres de tous les genres, pourvu que cette masse soit très-perméable à l'eau, et retienne très-peu d'humidité. On regarde comme une qualité essentielle des bonnes terres à vigne leur mélange avec les quartz, les cailloux et les gros graviers. Les rayons du soleil pénètrent ces pierres; elles s'approvisionnent, en quelque sorte, de chaleur pendant le jour, et la dispensent aux plantes pendant la nuit. Ce n'est pas tout : dans une terre excessivement poreuse, elles servent encore, par l'effet de leur poids et de leur masse, à modérer la trop prompte évaporation de l'humidité.

Au reste, c'est plus par leurs productions végétales que par tout autre moyen qu'on peut connoître les qualités du sol et la température du climat. Par-tout où le cultivateur verra prospérer,

Q 4

entr'autres le figuier, *ficus carica*, l'amandier à noyau tendre, *amygdalus communis*; où il verra le pêcher, *amygdalus persica*, donner de beaux et de bons fruits sans le secours de la greffe, il pourra conclure que la terre et l'exposition où croissent ces plantes seront favorables à la culture de la vigne.

SECTION II.

De la préparation du terrein; du choix des plants; de leur espacement; et des différentes manières de planter.

Le cultivateur, après avoir fixé son choix sur une pièce de terre analogue à celle dont nous venons de parler, par la nature de son grain, par sa position, et par les abris qui doivent la protéger contre tous les genres d'intempérie, s'occupera, non pas seulement de la défricher à la charrue, à la houe ou à la bêche, mais de la défoncer, et d'en retourner la terre jusqu'à un décimètre au-dessous du point sur lequel reposera chaque base de son plant. Plus le terrein est sec, plus on approche du midi, et plus le défoncement doit avoir de profondeur; d'une part, parce que l'humidité est nécessaire à la formation ou à la reprise des racines; de l'autre, parce que les racines y doivent être plus multipliées et les plants plus espacés que vers les contrées septentrionales; mais il faut que la vigne trouve par-tout une terre meuble, divisée, et que ses racines puissent aisément pénétrer. A proportion que le défoncement s'exécute, on dégage le terrein des pierres les plus grosses; on les réunit en petits tas à la surface du sol, pour en former ensuite des terrasses de deux mètres de largeur, si la rapidité de la pente est telle qu'il faille employer ce moyen pour soutenir les terres, comme à Côte-Rôtie, et s'épargner le travail excessivement pénible de reporter annuellement à la cime celles qui auroient été entraînées au bas de la montagne. On peut encore employer ces pierres à former un mur de clôture à pierres sèches ou liées, selon leurs formes ou leurs dimensions; car nous proscrivons de nos vignobles, non seulement les arbres épars, de quelque nature qu'ils soient, parce qu'ils préjudicient aux ceps par leur ombrage, par leurs racines, et par l'humidité qu'ils conservent autour d'eux, mais nous en éloignons spécialement les haies vives. Au défaut de pierres, il vaudroit mieux se borner à creuser un fossé large et profond; et si sa crête est en dehors de l'enceinte, on peut tout au plus se permettre d'y planter un rang d'aubépine, *cratægus oxyacantha*, qu'on a soin de maintenir à la hauteur d'un mètre seulement.

On rencontre des sols propres à la culture de la vigne, mais qui présentent, au premier aspect, des difficultés insurmontables pour les mettre en valeur. Ce sont des roches presque nues, mais tendres, qui s'écaillent et s'effleurissent à l'air. L'action de la bêche, de la tranche, de la houe, est insuffisante pour la diviser, pour en atténuer convenablement les parties. Il ne faut pas se déconcerter avant d'en avoir fait l'essai ; souvent, avec le secours de la mine, des leviers, des maillets, on vient à bout, avec beaucoup moins de peines et de dépenses qu'on ne l'auroit supposé, de convertir ces roches en excellens crûs de vin, très-propres à dédommager amplement le propriétaire de ses avances et de tous les frais d'exploitation. Un particulier des environs d'Anduse, département du Gard, possédoit dans son domaine une roche calcaire, nue, dont il ne savoit que faire. Il prit le parti, il y a environ quarante ans, de faire jouer la mine et de la faire éclater. On en brisa ensuite les pierres à coups de maillets, pour les réduire à la grosseur des noisettes ou des pois. Sa roche ainsi brisée, fut mise sur un plan incliné, suivant la nature du lieu : il y planta, la vigne qui, à la grande surprise de tous, produisit et produit encore le meilleur vin du pays. Lorsque ces débris de pierres sont échauffés par les rayons du soleil, il seroit impossible d'en supporter la chaleur et d'y marcher pieds nus. Ce lieu se nomme Soubeiran ; il est voisin de Gaujac.

Si le terrein qu'on se propose de mettre en vigne est déjà en rapport, la meilleure préparation qu'on puisse lui donner, c'est d'y cultiver, pendant deux ou trois ans, des plantes potagères, des légumineuses, des racines, des tubercules, donnant la préférence à celles dont la culture exige plusieurs labours, comme les haricots, les pommes de terre, etc. Les façons qu'on est obligé de leur donner, les engrais par lesquels on prépare la terre à les faire prospérer, l'ameublissent, la divisent, l'enrichissent. Le fumier, en général si contraire à la vigne, l'ennemi des bonnes qualités de son fruit, répandu ainsi d'avance, ne se fait plus remarquer que par ses bons effets; il s'est dégagé de l'excès de son acide carbonique; il n'est plus, en quelque sorte, que de la terre végétale combinée avec le fonds du terrein; et, dans cette nature, il convient à la vigne dans tous ses âges, et sur-tout dans celui de son enfance.

Les terres qui ont donné, pendant plusieurs années de suite, une bonne récolte de sainfoin, *hedysarum onobrychis*, ou de luzerne, *medicago sativa*, ont aussi reçu une excellente préparation pour la vigne. De tous les végétaux admis dans notre agriculture, il n'en est même aucun de plus propre à succéder à une vigne que sa vieillesse a forcé d'arracher, et qu'on se propose de renouveler au bout de quelques années. L'arrachage et l'extraction des racines de la vigne, exécuté avec soin (et cet article est de la plus grande importance), dispose merveilleusement le terrein à recevoir les semences de ces deux excellens fourrages; celles-ci, à leur tour, le nettoyent des plantes parasites et gourmandes, en le couvrant de toute l'épaisseur de leurs tiges touffues. Leurs racines, qui plongent profondément dans la terre, en divisent encore les molécules; ces plantes, enfin, par leur longue durée, donnent à toute la masse du terrein le tems de se revivifier et de s'imprégner de nouveau des principes alimentaires de la vigne. Au reste, qu'on prépare, pour la cultiver, soit une terre neuve ou en friche, soit une terre déjà en rapport, l'article essentiel est qu'elle soit assez divisée dans son étendue et dans sa profondeur pour que les racines naissantes puissent la pénétrer aisément, et sans que leur direction naturelle en soit contrariée.

On crée, on renouvelle, on perpétue une vigne par le moyen des crossettes, des boutures, des plants enracinés, des marcottes et des provins. On pourroit aussi faire usage des semis; mais cette dernière voie paroît trop lente. Duhamel assure qu'un pied de vigne élevé de pepin n'avoit encore produit, chez lui, aucun fruit, au bout de douze années de culture.

La crossette, qu'on nomme aussi chapon, est une partie de sarment poussé dans l'année, et à laquelle est jointe une petite portion du bois de la pousse précédente. Sans cette annexe, la crossette seroit une bouture, puisqu'elle seule établit la différence. Plusieurs cultivateurs les emploient indistinctement, parce qu'ils n'ont fait aucune remarque qui fût particulière à la manière d'être ou de végéter de chacune d'elles, ou qui ne fût commune à toutes les deux. En effet, il seroit difficile d'assigner une fonction particulière à ce vieux bois qui forme la crossette; il ne donne jamais de racines; il n'est point susceptible de recevoir la communication du mouvement végétatif; à peine il est enfoncé en terre, qu'il tend à la décomposition. Il n'est là vraisemblablement que pour attester les bonnes qualités de la bouture à laquelle il est joint. « Les anciens, dit Olivier de Serres, ont commandé qu'en cueillant » les crossettes ou maillots, leur soit laissé du » vieux bois : non que cela de soy serve à la fer- » tilité; mais enfin que par-là l'on fust bridé de » ne planter que des œils les plus profitables, » lesquels sont tousiours les plus proches du tronc. » Ainsi, ce vieux bois y demeurant, l'on ne peut » estre trompé en cela; autrement il seroit facile » d'une longue crossette en faire, par tromperie, » deux ou trois, contre l'intention de tout bon » vigneron ». En parlant du choix des plants et de la manière de les mettre en place, nous emploierons indistinctement les mots de crossettes et de boutures, pour désigner ceux qui ne sont garnis d'aucune racine.

Le plant enraciné est un jeune cep élevé dans une pépinière où il a été placé deux ans plutôt sous la forme de crossette ou de bouture, et où il a reçu les mêmes façons que les arbres élevés dans les pépinières les mieux soignées. Il est cependant un moyen plus court, plus simple et moins dispendieux, de se procurer du plant enraciné. Choisissez, en floréal, un sarment fort et vigoureux; enlevez les yeux les plus voisins du cep; inclinez doucement son extrémité supérieure dans une petite fosse que vous aurez préparée au-dessous pour la recevoir; recouvrez-la de terre; assujettissez contre une gaulette la partie extérieure de ce sarment, et vous en obtiendrez un plant enraciné, que vous séparerez du cep à la fin de l'automne ou de l'hiver suivant. Ayez sur-tout l'attention de ne pas couder le sarment; il doit être plié, non en équerre, mais un peu plus qu'en demi-cercle. Une coudure trop rapprochée meurtrit, brise, déchire les canaux séveux, y forme des obstructions; elle est un obstacle aux progrès de la végétation.

La marcotte est une partie de sarment qu'on couche et qu'on fixe dans un panier rempli de terre. L'extrémité du sarment sort du panier à la hauteur de deux ou trois nœuds. La partie du bois enterrée pousse des racines par les rugosités voisines de l'insertion des bourgeons que renferme le panier. Le succès de cette manière de se procurer du plant enraciné est certain sans doute ; elle est bonne à employer dans les jardins, pour former des treilles, pour entourer des quarrés ; mais n'est-elle pas trop minutieuse quand on travaille en grand ?

Les anciens préféroient le plant enraciné à la crossette. Nous connoissons quelques grands vignobles en France où cette méthode est adoptée exclusivement à toute autre. Cependant on ne peut se dissimuler qu'elle n'ait de grands inconvéniens, qu'elle ne soit même souvent impraticable. Dans les lieux, par exemple, où l'on est forcé d'employer le rhingar, la taravelle ou plantoir de fer, pour ouvrir la terre ; comment introduire, sans les pelotonner, sans les presser, sans les mutiler, ces touffes chevelues ? Il faudroit à chacune une ouverture de quatre ou cinq décimètres en largeur et en profondeur pour les étaler, les disposer, les asseoir dans le sens et selon les dimensions que la nature leur a données. On dira peut-être qu'en retranchant aux plantes leurs racines chevelues on les soulage ; que c'est le moyen de leur en faire pousser de meilleures. Ce raisonnement est faux. Ce n'est point l'arbre qui nourrit les racines ; mais elles sont indipensables à sa végétation ; l'arbre croît et profite selon que ce principe de vie est abondant et agissant; le retranchement de ses racines, loin de le soulager, nuit essentiellement à sa croissance. Dire que les nouvelles racines qu'on oblige une plante à pousser sont préférables à celles que l'on coupe, c'est encore avancer un paradoxe. Les racines écourtées emploient un tems infini à reprendre, ne rapportent que tard, ne profitent que foiblement, et finissent souvent par mourir avant la reprise. Quand vous plantez, contentez-vous, en général, de raccourcir jusqu'au vif celles qui sont mortes, chancies ou cassées.

Les plants enracinés de la vigne sont plus délicats que les jeunes arbres des autres familles de végétaux. En supposant des fosses ou des tranchées assez profondes, assez ouvertes pour les contenir sans qu'ils soient à la gêne, leurs racines s'y trouveront encore déplacées. La nourriture et les suçoirs ne seront plus dans la même direction; il faudra un assez long tems pour que les circonstances par lesquelles le suc nourricier et les bouches des racines capillaires tendoient à se rapprocher mutuellement, s'établissent de nouveau. D'ailleurs le plant enraciné est communément tiré des pépinières; on forme ces pépinières dans des jardins, c'est-à-dire, dans des terres bien supérieures en qualité à celles dans lesquelles on les transplante pour former une vigne. Dans les pépinières, il reçoit des engrais et même

et même des arrosemens au besoin. Une fois
converti en vigne, il est tout-à-coup sevré de
ces avantages, et il doit être d'autant plus sensible que son penchant naturel le porte à se sub-
stanter, on peut le dire, jusqu'à l'indiscrétion.

Pour peu, en outre, qu'il s'écoule de tems entre
l'arrachage et la transplantation, les racines les
plus ténues, et ce sont les plus agissantes, se
dessèchent et perdent cette souplesse qui leur est
si nécessaire pour remplir les fonctions auxquelles elles sont destinées. Si l'ouvrier n'a pas
l'attention, trop gênante, trop minutieuse pour
qu'on y puisse compter, de rendre à chaque individu le genre d'exposition qu'il avoit dans la
pépinière, de donner celle du nord au côté qui
a déjà été accoutumé à son action, et celle du midi,
au côté dont les pores ont été déjà dilatés par la
chaleur; la plante succombera bientôt, il lui
faudra du moins beaucoup de tems pour qu'elle
s'acclimate de nouveau. Ainsi, quoiqu'au premier
apperçu on puisse croire qu'il y ait à gagner du
tems, en préférant les plants enracinés aux plants
de bouture, parce que dans les premiers les racines sont déjà formées, et qu'il ne s'agit que de
leur reprise, tandis que dans les seconds elles
ont à se développer et à croître; ce n'en est pas
moins une erreur. L'expérience prouve que ce
tems de la reprise des chevelus est tout aussi

long dans les plants enracinés que celui de leur formation dans les crossettes ou les boutures. Celles-ci n'ont encore contracté aucune habitude ; très-mobiles dans leur manière d'être quand elles faisoient encore partie du cep dont on les a détachées, elles ont été accoutumées, dès leur naissance, à recevoir indistinctement de toutes parts les impressions de la chaleur et de la froidure. Le prompt et l'entier succès de la plantation en bouture dépend entièrement de la bonne préparation de la terre, des soins qu'on donne aux différens procédés de détail qu'exige la plantation, et du bon choix des plants.

Une bonne crossette doit être prise sur un cep fort et vigoureux, âgé de huit ou dix ans au plus, dans les terreins où la vigne ne subsiste que pendant vingt-cinq ou trente années ; et de vingt à trente dans ceux où elle se soutient en bon état pendant environ un siècle. Quand la mère souche n'a pas fourni la moitié de sa carrière, elle est encore douée de toute son énergie végétative. Il faut être assuré qu'elle produit des fruits gros et bien nourris ; il faut que son bois soit fort, sain, sans tare, sans cassure ; qu'il ait lui-même porté du fruit dans l'année, parce qu'alors sa fécondité n'est pas équivoque ; et qu'il ait assez de longueur pour qu'après en avoir retranché une partie de l'extrémité supérieure,

qui doit être rebutée, le surplus puisse plonger
en terre à la profondeur de trois à cinq décimètres, selon la nature du sol et du climat, et
excéder de deux nœuds au moins la surface du
terrein. Le propriétaire ne peut être sûr que
toutes ces conditions se trouvent réunies, s'il n'a
fait lui-même le choix des plants dont il se propose de former sa vigne. Les friponneries qui se
commettent, et les erreurs dans lesquelles on
tombe journellement à cet égard, devroient en
effet l'éclairer assez sur ses propres intérêts,
pour ne pas abandonner à l'ignorance ou à la
mauvaise foi ce point indispensable pour le succès d'une entreprise si longue, si dispendieuse,
si délicate. Le vigneron a-t-il de la probité ? il
vous trompera en se trompant lui-même, quoiqu'il en dise, sur le choix des espèces. Quand la
vigne est dégarnie de son fruit et dépouillée de
ses feuilles, il est extrêmement difficile de distinguer les individus qui appartiennent à telle
ou telle race. Si l'ouvrier a acquis ce genre de
connoissance, ce n'est pas à vous servir qu'il en
fera usage ; il coupera indistinctement tout ce
qui se trouvera sous sa main pour avoir plutôt
expédié la besogne. Propriétaires, si vous êtes
jaloux de faire une bonne plantation, ne vous
en rapportez donc qu'à vous-mêmes, qu'à vos
propres yeux, sur le choix des plants que vous
voulez vous procurer. Parcourez vos vignes, ou

R 2

celles des voisins avec lesquels vous aurez traité, pendant que les grappes sont encore pendantes aux sarmens, c'est-à-dire, quelques jours avant les vendanges ; choisissez alors sur chaque cep de l'espèce qui vous convient le sarment le plus sain et le plus vigoureux ; marquez-le avec un brin d'osier, avec une étiquette d'ardoise; et ne permettez de planter dans le tems que les plants ainsi désignés. Quand on achète les crossettes, on est bien plus sûr encore d'être trompé qu'en les faisant cueillir à la journée. On trouve des marchands de ce genre dans presque tous les vignobles ; ils ne manquent pas de garantir, en belles paroles, la bonté de leur fourniture ; ils la livrent ; on les paie dans l'année, mais on ne peut la juger exactement qu'après la troisième ou la quatrième feuille, quand il n'est plus tems de la réparer, ou du moins quand le remplacement est devenu si coûteux, si pénible, qu'il y auroit, pour ainsi dire, de la folie à l'entreprendre. Tirez vos plants de loin, et ce sera bien autre chose encore ; l'inconvénient attaché à la déloyauté des fournisseurs n'en sera que plus certain, et vous aurez à supporter, en outre, la peine d'une erreur trop commune et trop chèrement payée ; car c'en est une, il ne faut pas le laisser ignorer plus long-tems à ces cultivateurs dont le zèle surpasse les lumières, de ne vouloir adopter pour former des vignes nouvelles, ou

pour en renouveler d'anciennes, que des plants
tirés des vignobles les plus renommés de la
France, à quelque éloignement qu'on en soit et
quelque différence qu'il y ait entre le sol et le
climat de ceux-ci, comparé à la température et
au grain de terre dans lequel on se propose
d'exécuter une plantation. On voit des propriétaires, dans nos départemens du centre et de
l'ouest, se pourvoir à grands frais du Muscadet
de Champagne, du Maurillon de Bourgogne,
du Verdot de Guienne, etc. : voilà ce que nous
appelons une erreur trop chèrement payée. En
effet, et ne nous lassons point de le répéter, aucune plante n'est aussi sujette à varier dans ses
formes et dans la qualité de ses produits, que la
vigne. Telle espèce réussit dans une province,
tandis qu'elle est défectueuse dans l'autre. Elle
est si mobile dans ses caractères, que quelque
différence dans la chaleur de l'atmosphère, dans
la nature du terrein, dans l'exposition, suffit
pour opérer sur elle des modifications qui la
rendent, pour ainsi-dire, méconnoissable dans
ses formes et dans la qualité de ses produits,
quand on les compare après quelques années
de culture dans un territoire où elle a été ré-
cemment admise, avec ce qu'ils sont dans celui
où elle s'est naturalisée par la succession de plusieurs siècles. Ce seroit mal-à-propos qu'on voudroit lui appliquer, non botaniquement, mais

économiquement parlant, ce principe des phy-
siciens, que les plantes gagnent à être transpor-
tées du nord au midi, et qu'elles perdent à passer
du midi au nord. Les vignes cultivées aujourd'hui
dans le nord-est et dans le nord de la France
n'y sont-elles pas parvenues par le midi ? et la
plupart de nos vins les plus délicats, les plus
recherchés, ne sont-ils pas des produits de ces
contrées ? Supposons qu'un cultivateur de la
Touraine, par exemple, se procure des marcottes
de Bordeaux, de la Bourgogne ou de la Champagne, qu'il les plante séparément et qu'il donne
à chacune de ces nouvelles colonies les façons et
les soins de culture les plus analogues à ceux
qu'elles auroient reçus dans leur pays natal ;
et voyons quels en seront les résultats. La vigne
bordelaise mûrira douze ou quinze jours plus
tard, la première année, que les anciennes vignes
de la contrée, parce qu'elle se sera trouvée à
une température moins chaude et moins soutenue
que celle dans laquelle ont été élevés les ceps
dont elle tire son origine ; et, par la raison
inverse, la vigne de Champagne parviendra à
sa maturité douze ou quinze jours plutôt que les
vignes de la Touraine. L'année suivante, le tems
de la maturité des uns et des autres se rapprochera davantage. Les différences seront moins
sensibles à la troisième année. Enfin, après huit
ou dix ans de transplantation, l'époque de la

maturité, la saveur dans les fruits, tout se rapprochera ; quelques années de plus encore, et les caractères apparens et les qualités des produits se confondront tellement qu'il n'y aura, pour ainsi dire, d'autre moyen de les distinguer que par le souvenir de la place que les vignes étrangères doivent occuper. Pourquoi d'ailleurs aller chercher au loin des races qu'on a si près de soi ? car il n'existe aucun grand vignoble en France où ne se trouvent tout acclimatées les espèces ou variétés qu'on veut tirer d'ailleurs. Elles peuvent n'avoir, il est vrai, ni les mêmes noms, ni la même saveur, ni les mêmes qualités, ni les mêmes caractères apparens : qu'importe ? elles n'y existent pas moins. Si c'est par l'effet de leur dégénération ou de leur régénération qu'elles sont devenues en quelque sorte méconnoissables, vous pouvez vous attendre aux mêmes mutations dans les nouveaux individus que vous voudriez introduire dans votre domaine; vous éprouverez, à cet égard, ce que mille autres ont éprouvé avant vous. En voici un exemple très-frappant. Nous le citons de préférence, parce que le lieu d'où le propriétaire tira ses plants de faveur est peu éloigné de celui où il jugea à propos de les replanter, et que cette circonstance est très-digne d'attention.

En 1774, le comte de Fontenoy, propriétaire en Lorraine, homme assez heureusement né pour avoir le goût des choses utiles, et assez riche pour pouvoir s'exercer impunément à des essais coûteux, forma le projet d'établir une vigne de Champagne dans sa terre de Champigneulle. Quelques observateurs lui représentèrent inutilement que le sol n'étant pas celui de Champagne, il ne récolteroit que du vin de Lorraine. Les marcottes furent tirées de la montagne de Reims; on les planta sur un coteau, à la plus heureuse exposition; aucun soin, aucune dépense ne furent épargnés ni dans la plantation ni dans la culture de cette jeune vigne. Ses premiers fruits semblèrent, en effet, donner quelques espérances de succès; ils avoient une autre saveur que ceux des vignes voisines: mais, après sept ou huit ans, cette saveur particulière disparut; et vingt années ne s'étoient pas encore écoulées, qu'il ne restoit plus d'autre privilége à cette vigne que de porter le nom de plant de Reims.

Cependant on a transporté au Cap, nous objectera-t-on, du plant de Bourgogne, et ce plant a bien fait; il a réussi. Il ne s'agit que d'interpréter ce mot *réussi*, et de s'entendre sur la nature de ce succès. Si par le moyen de ce plant de Bourgogne, et après vingt-cinq ou trente ans de culture, on étoit parvenu à obtenir, de cette plantation au Cap, du vin qui eût le bouquet, la légèreté, la délicatesse des premiers vins de Bour-

gogne, ce seroit sans doute un terrible argument
à opposer à notre opinion sur la facilité qu'a la
vigne de dégénérer ou de se régénérer facilement
en passant d'un climat dans un autre. Mais si ce
plant de Bourgogne n'a prospéré au Cap que
pour y donner un vin épais et sirupeux, comme
les anciens vins de ce territoire; si le Maurillon,
dont la grappe est de grosseur moyenne, et les
grains petits et peu serrés en Bourgogne, donne
au Cap des grappes d'un volume considérable,
et garnies de grains gros et serrés; si le muqueux
qu'on en exprime est tellement épais, que, pour
lui faire contracter la fermentation spiritueuse,
il faille le diviser en le mélangeant avec de l'eau;
ce fait viendra tout entier à l'appui de ceux que
nous avons déjà rapportés; et il y vient effective-
ment, parce que nous venons de présenter les
vrais résultats de cette transplantation.

Le moyen le plus simple, le moins coûteux et
le plus sûr, est donc de se pourvoir autour de
soi, dans ses propres vignes ou dans celles de ses
plus proches voisins, des plants nécessaires pour
exécuter la plantation qu'on se propose de former; de porter son choix sur les seules races
connues pour produire le meilleur vin du canton,
et, par conséquent, de les réduire à un très-petit
nombre. Ces mélanges monstrueux des raisins de
toutes les espèces, de toutes les races, de toutes

les variétés, tels qu'on les voit dans presque tous les vignobles de la France, puisqu'on ne peut guère excepter que les premiers crûs de Champagne et de Bourgogne, ne laissent aucun goût décidé au vin; les divers principes de cette réunion sont trop opposés pour que les résultats en soient bons; ils ôtent au vin toutes ses qualités, et ne lui en donnent aucune.

A mesure que vous formez vos crossettes, ayez soin de les classer. Etablissez d'abord, dans votre collection, deux grandes divisions, les cépages blancs et les cépages colorés. Les espèces ou variétés colorées, mûrissant dix ou douze jours plutôt que les blanches, ne doivent ni être confondues ensemble dans la plantation, ni occuper indistinctement les différentes places du coteau, celles-ci variant dans leur température, comme la vigne, selon son espèce, dans les époques de sa végétation. Subdivisez avec le même soin vos deux grandes divisions; mais n'oubliez pas qu'on ne peut être trop discret à ne pas multiplier les races. Il suffit qu'il y en ait une ou deux tout au plus qui dominent, et celles-ci doivent former au moins les deux tiers en nombre, dans chacune des deux grandes divisions : quant à celles que vous jugerez convenable d'y ajouter pour former le troisième tiers, faites en sorte qu'elles soient de nature à se rapprocher, le plus possible, des premières, relativement à la qualité et à l'époque de leur maturité.

On peut séparer les plants des ceps, dès que le bois de l'année a acquis sa maturité; ce qu'on reconnoît par le dépouillement de ses feuilles, par le resserrement de ses fibres, par la diminution de son volume, par une sorte de sécheresse dans la moëlle, qui annonce la cessation de tout mouvement apparent de la séve. Le bois est mûr presque par-tout, vers la fin de l'automne; et l'on peut dès-lors s'occuper de la plantation dans nos départemens méridionaux. Si on y attendoit le printems, il arriveroit souvent que les jeunes individus, ne trouvant pas autour d'eux l'humidité nécessaire ou pour la formation de la séve, ou pour donner de l'impulsion à celle qui est restée inerte en eux, languiroient d'abord et succomberoient aux premières chaleurs qui se feroient sentir. L'hiver est rarement assez rigoureux dans ces contrées pour que, même dans cette saison, il ne s'établisse pas vers l'extrémité inférieure des brins plantés une sorte de mouvement qui, s'il ne donne pas naissance à de racines apparentes, les dispose du moins à en produire, d'une manière presque spontanée, dès les premiers beaux jours.

Vers le nord, il en est tout autrement. Planter avant l'hiver, c'est risquer de faire un travail inutile; l'humidité pourrit la partie enterrée des plants; et les deux yeux qui doivent excéder la surface du terrein reçoivent quelquefois de telles atteintes des gelées, qu'ils ne peuvent plus se développer **en** bourgeons. Le commencement du printems est l'époque qu'on préfère pour y planter la vigne. Nous serions peut-être d'avis qu'on renvoyât au même tems la formation des crossettes, si de remettre tous les travaux aux mêmes époques n'étoit le vrai moyen de n'en bien exécuter aucun.

En supposant qu'on soit forcé de tailler les boutures, long-tems avant d'en pouvoir faire usage, il ne faut pas négliger les moyens de les conserver jusques-là fraîches et saines. Les crossettes ou boutures étant liées en petits faisceaux, et chacun de ceux-ci portant l'étiquette qui doit servir à constater son espèce ou sa race quand il s'agira de planter, on les transporte à la cave, où on les enfouit dans du sable un peu humide, les deux ou trois nœuds de la partie supérieure restant à l'air. On se contente, dans quelques vignobles, d'ouvrir, dans un terrein sec, quelques tranchées de quatre ou cinq décimètres de profondeur: leur largeur et leur longueur sont indifférentes; il suffit de les proportionner au volume qu'elles doivent contenir. On y couche le plant, on donne à chaque lit l'épaisseur d'un décimètre, et on le couvre ensuite avec la terre tirée du fossé. Si on y range les boutures de manière à ce qu'elles soient isolées les unes des autres, et qu'elles ne se touchent, pour ainsi-dire, par aucun point, on remarquera avec plaisir, en les tirant de terre un peu tard, au commencement de floréal, qu'il est déjà sorti plusieurs petites racines des yeux du gros bout. Il est rare qu'un plant ainsi préparé, et dont la plantation est soignée, ne réussisse pas. Avant de décrire les diverses méthodes dont on se sert pour mettre les plants à demeure, nous parlerons avec quelque étendue de l'une des circonstances les plus importantes de la plantation, de l'espacement des ceps.

Nos principes, à cet égard, sont opposés à ceux des Œnologistes français qui nous ont précédés; à ceux entr'autres que publia M. Maupin en 1763, dans un ouvrage assez connu des cultivateurs, intitulé : *Nouvelle Méthode de cultiver la vigne, etc.* Cet écrivain ne consulte ni la différence des climats, ni la variété des terres, ni la nature des espèces; il établit en principe que « la vigne » étant une plante vivace dont les racines s'éten- » dent et s'allongent considérablement, il estime » qu'*en quelque sorte de terre que ce soit*, on » ne peut mettre les ceps à moins de quatre pieds » de distance, en tout sens, les uns des autres.

» Dans les *terres fortes*, ajoute-t-il, sur-tout dans
» celles qui *sont humides*, je les aimerois autant
» à *cinq* qu'à quatre. Il est évident, 1°. que *par-*
» *tout*, *dans tous les pays* et *dans toutes les*
» *terres*, le grand espacement des ceps emploie
» beaucoup moins d'échalas que si les vignes
» étoient plus serrées et épaisses, comme elles
» le sont généralement ; ce qui est un premier
» objet d'économie : 2°. que la culture des vignes
» espacées est beaucoup plus libre que si elles ne
» l'étoient pas : 3°. que les ceps espacés doivent
» être beaucoup plus forts, plus robustes, que
» ceux qui ne le sont pas, et de-là, qu'ils ont
» besoin beaucoup moins souvent d'être provi-
» gnés et fumés ; ce qui est un second objet
» d'économie : 4°. que l'espacement qui donne
» des ceps plus vigoureux dans une espèce de
» terre doit les donner aussi plus vigoureux
» *dans toutes les autres*; et que, quoique la
» la vigueur soit plus ou moins grande, à raison
» des différentes qualités des terres, elle est ce-
» pendant toujours beaucoup plus considérable
» que si les ceps étoient bien moins écartés : c'est
» une vérité qui ne peut être contestée, et de
» laquelle résulte, *clair comme le jour*, la con-
» venance générale de l'espacement des ceps ou
» de ma nouvelle méthode, *pour toutes les terres*
» *sans exception*. J'ai donc eu raison de dire
» que ma nouvelle méthode de cultiver la vigne,

» dans laquelle les ceps sont beaucoup plus écartés
» que dans l'usage ordinaire, convient *à toutes*
» *les terres* et à *tous les pays*, puisque les effets
» et les avantages en seront incontestablement
» par-tout les mêmes ».

Il est impossible, je pense, d'énoncer un plus
grand nombre d'erreurs en aussi peu de lignes.
S'il étoit question de plantes forestières ou de nos
grands arbres fruitiers indigènes, on pourroit ne
pas raisonner autrement. S'il ne s'agissoit que
d'obtenir beaucoup de bois, de larges feuilles,
une grande abondance de raisins, ou plutôt des
raisinettes, pour nous servir de l'expression de
Bernard Palissy ; si en un mot nous ne cultivions
la vigne que pour obtenir la maturité botanique
de son fruit, nous souscririons volontiers à la
doctrine de Maupin. Mais il entend parler et
nous parlons aussi de raisins propres à nous
donner un suc propre à être converti, non en
verjus, non en piquette, mais en vin, en bon
vin. Ne nous faut-il pas, pour cela, le muqueux
doux-sucré, c'est-à-dire, un degré de maturité
tel dans le raisin, qu'on l'attendroit vainement
dans les trois quarts de nos vignobles, si on ap-
pliquoit indistinctement *par-tout* les principes de
cet Œnologiste sur l'espacement des ceps ? Nous
l'avons déjà dit plusieurs fois, et c'est ici le cas de
le répéter encore, cette maturité du raisin ne

s'obtient que par une juste proportion entre la quantité de séve circulant dans la plante, et l'intensité de la chaleur atmosphérique exerçant sur elle sa puissance. Si vous procurez à la plante plus de séve que les rayons du soleil n'en pourront élaborer, elle ne vous donnera que de mauvais fruits; et, vu son intempérance naturelle, la séve circulera en elle avec excès et d'une manière disproportionnée à la chaleur, si vous vous conformez à la méthode de Maupin, qui ne tend qu'à lui fournir par-tout, sans règle et sans mesure, les moyens d'absorber la plus grande quantité possible d'élémens séveux.

Ne seroit-il pas plus conforme aux lois de la saine physique de dire : Par tout où vous pouvez obtenir dans le raisin assez de maturité pour que le mucilage se convertisse en muqueux doux-sucré, même en laissant une grande distance entre les ceps, ne négligez pas ce moyen; vous en obtiendrez des récoltes plus abondantes; vous prolongerez la durée de votre vigne, les frais de culture seront plus modérés, et votre vin n'en aura pas moins les bonnes qualités qu'il doit avoir. Mais si vous cultivez la vigne à une température moins chaude, dans une terre plus féconde ou à une exposition plus incertaine que nous ne venons de la supposer, gardez-vous d'espacer les ceps de la même manière, parce que

que vous devez chercher à diminuer leurs dimensions, pour restreindre d'autant plus ses facultés *absorbatoires*. Vos récoltes seront moins abondantes, il est vrai, mais elles auront toutes les qualités qu'elles sont susceptibles d'acquérir, parce que vous aurez eu le bon esprit de ménager une juste proportion entre la quantité des élémens séveux et la somme de chaleur que vous avez eue, pour ainsi dire, à votre disposition, pour les élaborer.

Les partisans du systême de M. Maupin nous répondront peut-être que notre raisonnement n'est fondé que sur la théorie ; que nos raisons ne sont que spécieuses, et qu'elles doivent disparoître devant l'expérience. Ils nous citeront en conséquence une lettre de feu M. de Fourqueux, adressée à l'auteur lui-même, dans laquelle ce magistrat rend compte des résultats d'un essai qu'il a fait sur le grand espacement des ceps, dans la terre de son nom, située près de Saint-Germain-en-Laie. La voici :

« Je voudrois bien, monsieur, pouvoir vous
» donner avec exactitude le détail que vous me
» demandez sur le produit de la vigne que je fais
» cultiver suivant vos principes ; mais je n'ai pu
» me trouver chez moi, depuis quatre ans, dans
» le tems des vendanges. Je ne puis donc vous
» communiquer que les observations générales

» que j'ai faites par moi-même, dans les premières
» années........ La récolte de la partie éclaircie a
» été constamment, pendant cinq ou six ans, plus
» abondante d'un cinquième que celle de la partie
» voisine, où les ceps étoient cependant trois ou
» quatre fois plus nombreux.

» J'ai remarqué que la maturité des raisins étoit
» *plus tardive* dans les rayons clairs, quoique
» mieux exposés à l'air et au soleil. La vigueur
» des ceps, l'abondance de la sève et la grosseur
» des grappes de raisins étoient la cause de cet
» effet fâcheux, dans les années tardives et dans
» les climats froids comme le mien.

» Dans des terreins plus légers et des exposi-
» tions chaudes, cet inconvénient ne seroit d'au-
» cune importance; mais je suis convaincu que
» cette culture, infiniment meilleure que celle du
» pays, pourroit être sensiblement perfectionnée,
» sur-tout pour la taille, que nos vignerons, en
» général, exécutent sans principes, comme le
» reste ».

Il nous semble que cette lettre, loin de combattre notre opinion, ne fait au contraire que la
justifier. Le passage suivant n'a pas échappé sans
doute à l'attention du lecteur : *J'ai remarqué que*
la maturité des raisins étoit plus tardive dans les
rayons clairs, quoique mieux exposés à l'air et

au soleil. La vigueur des ceps, l'abondance de la séve et la grosseur des grappes étoient la cause de cet effet fâcheux, dans les années tardives et dans les climats froids comme le mien.

Certes, nous n'avons pas voulu dire autre chose ; et ce seroit perdre du tems que de chercher à démontrer que tout l'esprit de cette lettre, loin d'être une arme à opposer à nos principes sur l'espacement proportionnel des ceps, est un des meilleurs moyens que nous puissions employer pour les étayer. Au surplus, il nous est parvenu des renseignemens particuliers sur la continuation ou les suites de la même expérience, qui serviront à fixer irrévocablement l'opinion sur cette importante partie de la culture de la vigne. Nous en sommes redevables au citoyen Abeille, un des hommes les plus éclairés de notre tems, et l'un des plus zélés pour la propagation des connoissances utiles. Feu M. de Fourqueux lui avoit communiqué verbalement deux observations très-remarquables sur la méthode de Maupin relativement à l'éloignement réciproque des ceps : l'une, que son procédé rendoit en effet les ceps plus vigoureux, les grappes plus grosses, les raisins plus abondans ; l'autre, que la maturité étoit plus tardive. Ce seroit sans doute, nous a dit le citoyen Abeille, un grand inconvénient dans les pays un peu septentrionaux, mais qui, ne pouvant avoir lieu dans les contrées plus méridionales, n'ôteroit pas l'espérance d'améliorer une grande partie de nos vignobles. C'est sous ce point de vue qu'il devient intéressant de constater les effets que cette méthode a produits à Fourqueux. En conséquence, il s'est donné la peine d'adresser au citoyen Fourqueux fils les questions suivantes, auxquelles celui-ci a bien voulu donner les réponses que nous imprimons à la suite.

QUESTION.

De quelle nature est le terrein sur lequel la vigne est plantée? est-il sablonneux ou pierreux? c'est-à-dire, le sable fin ou un peu gros, le sable gros et un peu caillouteux, ou la terre proprement dite, dominent-ils sensiblement l'un sur l'autre? enfin, le terrein a-t-il beaucoup ou peu de fond?

RÉPONSE.

« Mon père avoit essayé la méthode de M. Maupin, pour la vigne, en deux endroits de son » parc. Ces deux terreins ne sont ni caillouteux, » ni sablonneux; ils sont plutôt de la terre proprement dite ».

Question. Quelle est son exposition par rapport au midi?

Réponse. « L'un des deux essais étoit en pente, » au midi, mais dans la partie, pour ainsi dire, la

» plus basse de la colline. Le terrein en est bon
» et a beaucoup de fond. L'autre essai étoit en
» pente au nord ; la terre a moins de fond ».

Question. Quelle étendue de terrein a-t-on
soumise à l'expérience ?

Réponse. « L'expérience a été faite au midi,
» sur dix ou douze perches seulement ; et celle
» au nord sur une vingtaine ».

Question. Quelle est la distance entre les ceps,
suivant la méthode ordinaire du pays ; et celle qu'ils
ont entr'eux, suivant la méthode de M. Maupin ?

Réponse. « Mon vigneron ne se rappelle pas la
» distance à laquelle étoient plantés les ceps, ni la
» distance des rayons ; mais comme on a suivi
» exactement la méthode présentée par M. Mau-
» pin, cette distance se trouve consignée dans
» son ouvrage ».

Question. Les différences remarquées par M. de
Fourqueux, sur l'abondance du produit et sur le
retardement de la maturité du raisin, se sont-elles
soutenues ; ou bien des causes locales ont-elles
ramené la portion en expérience au même degré
de fécondité et de maturité que les autres parties
de la vigne ?

Réponse. « Notre climat étant très-froid, même
» au midi, les essais ont été si peu productifs, que
» mon père a lui-même détruit ce qui étoit au
» nord ; et mon vigneron, qui est le même que

S 3

» du tems de mon père, m'a fait détruire, il y a
» quatre ou cinq ans, l'essai fait au midi, attendu
» que la gelée, presque tous les ans, et le manque
» constant de maturité, rendoient le produit ex-
» trêmement inférieur à celui de la culture du
» pays ».

Question. En cas de succès quelconque, cet
exemple a-t-il été imité dans le pays par d'autres propriétaires de vigne ?

Réponse. « Personne n'a répété cette expérience
» dans le pays; et mon vigneron, qui est lui-
» même propriétaire, n'a jamais été tenté de
» l'essayer chez lui ».

« Ce qui a paru le plus constant dans cette ex-
» périence, c'est que l'isolement des ceps les ex-
» posoit encore plus à l'inconvénient des gelées,
» et s'opposoit à la maturité de ce qui leur étoit
» échappé; de sorte que si, comme je l'ai entendu
» dire à mon père, chaque cep isolé portoit plus
» de grappes, cette culture n'auroit encore d'avan-
» tages que dans un climat beaucoup plus chaud
» que celui-ci. Par le rapprochement de nos ceps,
» suivant la culture du pays, ils se préservent
» mutuellement de quelques coups de froidure;
» et quant à la chaleur nécessaire à la maturité
» du fruit, elle se concentre mieux là où les ceps
» sont tellement rapprochés, que l'air circule peu
» autour d'eux. Je vois ici tous les ans, dans mon
» petit coin de vigne, que la partie extérieure

» est toujours moins belle que l'intérieure, et je
» pense que c'est précisement parce que les pre-
» miers rangs manquent de l'abri qu'ils portent
» à ceux qui les suivent ».

Ces réponses sont claires, précises, authentiques;
il ne peut y avoir d'équivoque dans leurs conséquences. L'expérience est d'accord avec la théorie : elles se réunissent pour prouver incontestablement que la vigne ne doit pas être espacée
également par-tout et dans toutes les terres; qu'à
mesure qu'on approche du nord, ou que quand
on cultive au midi dans une température moins
chaude, par l'effet de quelque cause locale, qu'elle
ne devroit l'être vu sa latitude, il convient de
diminuer, dans une sage proportion, par le rapprochement des ceps, le volume qui résulteroit
autrement de son essor naturel. Ce n'est qu'ainsi
qu'on peut parvenir à mettre des bornes au nombre
infini de leurs trachées et de leurs canaux d'aspiration, de fixer ou de concentrer autour d'eux la
chaleur nécessaire à la maturité de leur fruit.
Enfin, en les multipliant eux-mêmes, on multiplie les abris qui peuvent les garantir de la gelée.
En supposant qu'en Roussillon, en Provence, en
Languedoc, on dût, sauf les exceptions dont nous
avons parlé, les espacer, par exemple, de deux
mètres, cette distance, en Guienne, pourroit être
restreinte de plus d'un quart; en Touraine, de

moitié; aux environs de Paris des trois quarts; et, vers Reims, Soissons, Laon, ce seroit assez de les éloigner l'un de l'autre de trois à quatre décimètres. Les règles particulières à cet égard ne peuvent être prescrites que par l'expérience, par l'étude des localités. Au nord, comme au midi, on rencontre des sites plus ou moins heureux, des veines de terre plus ou moins favorables, qui, ayant une grande influence sur la température, doivent guider le cultivateur dans la résolution qu'il prend. Mais ses connoissances ne doivent pas se borner à celles du lieu, elles doivent s'étendre à la nature de chaque espèce de vigne dont il se propose de former sa plantation, afin de les placer d'une manière conforme à son intérêt. Le cépage qui mûrit le plus difficilement est toujours celui qui annonce le plus de vigueur dans sa végétation : il doit être planté dans la partie la moins féconde du coteau. Les espèces ou variétés blanches, mûrissant constamment les dernières, n'occuperont jamais le bas de la pente; elles y pourriroient avant de mûrir. Réservez cet emplacement à l'espèce qui annonce le moins de force végétative, à celle qui est plus recommandable par la qualité que par le volume et par l'abondance de ses fruits : elle abusera moins que toute autre de la bonté du terrein auquel vous l'aurez confiée.

La plantation de la vigne s'exécute de trois manières ; soit en formant un trou avec le rhingar, le plantoir de fer ou la taravelle, soit en creusant des fosses isolées, soit en ouvrant des tranchées ou rayons parallèles d'une extrémité à l'autre du champ. La nature du terrein et la forme de sa surface indiquent celle qui doit être préférée. Dans les roches tendres, sur les coteaux escarpés, pierreux, graveleux ou caillouteux, la taravelle est le seul instrument dont on puisse faire usage. La description qu'en donne Olivier de Serres est très-exacte. « Cet instrument ressemble aux grands » taraires des charpentiers. Il est composé d'une » barre de fer longue de trois pieds, et grosse » comme le manche du hoyau, le bout entrant » en terre estant arrondi en pointe, bien forgé » et acéré : l'autre regardant en haut est attaché » à une pièce de bois trauersante, faisant le tout » la figure d'un T, pour le tenir avec les mains ; » et afin que la taravelle n'enfonce trop dans terre, » mais justement elle y entre selon la résolution » que vous aurez prise d'y enfoncer le complant, » un arrêt sera mis à la pièce de fer entrant dans » terre, et l'endroit remarqué à cette cause ; le- » quel arrêt, étant aussi de fer, servira, en outre, » à y mettre le pied dessus, pour, pressant en » bas, aider aux mains à faire entrer la taravelle » dans terre, au cas qu'on la rencontre dure et » forte ».

L'ouvrier, pour ouvrir le trou destiné à rece-

voir la crossette, doit diriger la taravelle de façon
que les ceps, en s'élevant, contractent une inclinaison un peu contraire à celle du terrein. La distance qu'on s'est déterminé à laisser entre eux
doit régler la profondeur de la plantation ; car,
pour être conséquent dans un système de culture,
il faut chercher à faire correspondre le volume et
la quantité des racines avec ceux des branches.
Il est possible qu'à une température très-favorable à la vigne il soit avantageux d'enfoncer les
plants jusqu'à quatre ou cinq décimètres, et qu'ailleurs il suffise de l'enterrer à deux et demi ou à
trois. Quoiqu'il en soit, on le taillera de manière
à ce qu'il n'en reste hors de terre qu'un ou deux
nœuds ; plus on lui laisseroit d'élévation, et plus
on l'exposeroit à l'effet des intempéries. C'est toujours du nœud le plus voisin de la surface de la
terre que part la tige. Si quelque cause le détruit
ou l'empêche d'épanouir, il suffit de découvrir
avec le doigt l'œil inférieur qui l'avoisine, et celui-
ci le remplace aussitôt.

Le vigneron porteur de la taravelle est aussi
pourvu d'une mesure qu'il applique d'un trou à
l'autre, pour les ouvrir à la distance prescrite par
le maître ; et il suit dans son opération les lignes
parallèles qui, d'avance, auront été tracées au
cordeau, et de manière que la plantation présente
un quinconce parfaitement régulier. Cette forme

laisse plus libres que toute autre les mouvemens
des ouvriers, soit qu'ils taillent, qu'ils palissent,
qu'ils, labourent ou qu'ils vendangent; elle donne
aussi plus de facilité pour transporter, étendre et
égaliser les engrais.

A mesure que chaque trou est formé, un second ouvrier, qui suit le premier, tire chaque
brin du vaisseau plein d'eau où il a séjourné depuis sa formation, si elle est récente, ou depuis
son extraction des fossés, si elle est ancienne, et
l'introduit dans ce même trou. Une troisième personne l'y assujettit, non en piétinant selon l'usage
ordinaire, mais en remplissant le surplus de l'ouverture de quelques poignées de terreau ou de
terre végétale. Il ne s'agit pas de donner aux parois de ces trous la dureté d'une muraille, mais
seulement d'empêcher la formation ou détruire
les interstices qui sépareroient les molécules de la
terre autour du plant. Quelques cultivateurs, jaloux de ne négliger aucun des moyens propres à
assurer le succès de leur plantation, font répandre
dans chaque trou un peu d'eau de mare ou mieux
encore du jus de fumier. Ils affaissent convenablement la terre, et la rapprochent avec égalité de
toutes les parties de la bouture.

On a quelquefois à planter dans des terres, à
des expositions très-favorables à la vigne, où la
laravelle ne pourroit être employée, parce que

le terrein trop mouvant combleroit le trou avant
qu'on eût eu le tems d'y introduire la bouture;
il en est d'autres dont la surface est tellement hé-
rissée de roches, qu'il est impossible d'y ouvrir
des tranchées ou des rayons. On se borne alors à
pratiquer des fouilles, d'espace en espace, de
quatre à cinq décimètres de profondeur et d'ouverture. On jette au fond la terre la plus émiée
de la surface dans une épaisseur de quelques centimètres, puis on y place le plant bouture, ou
chevelu, plus ou moins perpendiculairement, suivant la nécessité de multiplier ou de restreindre
la quantité des racines. On recouvre d'abord avec
le surplus de la première terre qui n'a pas été
employée au fond de la fosse; on emploie ensuite
celle de la seconde fouille; et celle de la troisième
devient la couche supérieure.

Quand le terrein est en pente douce, quand la
terre a plus de liaison et de consistance qu'il n'en
faudroit pour ce genre de culture, on plante ordinairement dans des tranchées ou rayons, ouverts d'un bout à l'autre de la pièce. On donne,
ou plutôt on doit donner à ces fossés des dimensions en profondeur et en largeur relatives aussi
à l'espacement des ceps, c'est-à-dire, à la nécessité d'augmenter ou de diminuer le nombre des
racines. Dès que la première tranchée est ouverte,
occupez-vous de sa plantation, afin que rien ne

s'oppose à l'ouverture de la seconde et de celles
qui doivent la suivre. Si vous craignez que votre
terre ne soit pas assez meuble, assez divisée, il faut
y suppléer en répandant une plus grande quantité
de terreau dans les tranchées ; car la plus mauvaise des méthodes est celle qui contraint de revenir pendant deux ou trois années de suite sur
le même terrein pour en terminer la plantation;
c'est prolonger la jeunesse de la vigne, et la forcer par conséquent à ne donner pendant long-
tems qu'un vin sans qualité. N'allez pas non plus
former deux rangs de ceps dans le même rayon,
en inclinant les uns à droite, les autres à gauche,
et forçant ainsi les racines à se réunir, à se pelotonner, à s'étouffer ou à se chancir mutuellement. Dressez votre plant au milieu du fossé ; et
s'il est enraciné, donnez à le placer les mêmes
soins, la même attention qu'exigent tous les jeunes
arbres qu'on replante. Faites en sorte que, votre
plantation achevée, le terrein soit uni dans toute
son étendue. Ces éminences qui forment entr'elles
de petits sillons ne sont que des réservoirs d'humidité et des moyens de favoriser les gelées. Ayez
toujours à votre disposition un certain nombre de
marcottes pour remplacer les plants qui viendroient à périr pendant les trois premières années de la plantation. Enfin n'oubliez pas, en can-
tonnant, pour ainsi dire, vos divers cépages, en
formant de chacune des espèces des colonies sé-

parées, que vous évitez par ce moyen la nécessité de revenir à plusieurs reprises sur le même
terrein pour y faire la vendange. « Les espèces,
» dit Olivier de Serres, seront plantées et distin-
» guées par quarreaux trauersans la vigne, ac-
» commodant le naturel de chaque espèce à la
» qualité de la terre et du soleil, selon les diuer-
» sités qu'on remarque en tout lieu, afin que plus
» elles profitent et plus facilement soyent gouuer-
» nées, que mieux on les aura appropriées,
» même au tailler, où l'intérest est très-grand, s'il
» n'est fait comme il faut ; pour ce que l'une doit
» estre couppée tost, l'autre tard, celle-ci court,
» celle-là long ; chose difficile à faire quand la
» vigne est confusément plantée par l'ignorance
» des vignerons, qui, sans voir la feuille des
» vignes, n'en peuuent guère bien discerner les
» espèces. Le marrer ou houer par ces diuisions
» est aussi rendu plus aisé, sur tout si estans égales,
» les ouuriers y peuuent trouuer leur besogne
» taillée : cela reuenant à l'utilité du maistre qui,
» par ces petites portions, auec jugement et
» moins de crainte d'estre trompé, peut faire
» trauailler ses gens, que si les espèces des raisins
» y estoyent confusément amoncelées ».

SECTION III.

De la hauteur des ceps ; de la taille ; du palissage ; de la rognure ; de l'ébourgeonnement et de l'épamprement.

La vigne ne varie pas moins dans sa hauteur que dans son espacement. Les hautains, que les anciens nommoient *Vignes arbustives*, sont communs en Italie, en Espagne et dans nos départemens de la Provence, du Languedoc, dans la partie orientale du Dauphiné, dans le Bigorre, la Navarre et le Béarn. Ce genre de culture est suivi en France, non généralement, mais d'espace en espace, depuis les Pyrénées et les bords de la Méditerranée, jusqu'aux frontières de la Bourgogne. On entend par hautain proprement dit, un cep lié contre le pied d'un arbre, dont les sarmens se confondent avec ses branches. De toutes les manières de cultiver la vigne, il n'en est aucune de plus pittoresque, de plus agréable aux yeux. « Je fis à pied, et lentement, dit Baretti (1), la plus grande partie du chemin qui conduit de Molis de Reys jusqu'à Barcelonne, jouissant d'une perspective assez belle pour rap-

---

(1) Voyage d'Espagne, tom. IV, p. 73.

peler l'idée des Champs-Elysées. C'étoit une suite non interrompue de vignes soutenues par des mûriers régulièrement plantés ; les branches de vignes y pendent par-tout en festons d'un arbre à l'autre. J'en ai vu de pareilles dans les duchés de Mantoue et de Modène, avec cette seule différence, qu'en Italie les vignes sont accolées à des ormes ». Wright décrit, avec la même complaisance, le spectacle qu'offrent celles-ci à l'œil du voyageur (1). Le sol de la Lombardie est uni et riche ; il contient de superbes pâturages, des champs fertiles, et beaucoup de mûriers blancs destinés tout-à-la-fois à produire la nourriture des vers à soie, et à servir de support aux vignes qui montent jusqu'à l'extrémité de leurs branches. Ce pays est le plus beau de l'Italie, si l'on en excepte la campagne des environs de Naples. On y voit peu de bois propres à la charpente, mais seulement des ormes et des peupliers qui servent aussi d'appui à la vigne. Les chemins qui traversent cette contrée sont larges, unis, et bordés de haies taillées et soignées avec la plus grande exactitude. De ces haies sortent, d'espace en espace, à la distance de quarante ou cinquante verges les uns des autres, des arbres autour desquels monte la vigne. Après s'être entrelacée dans leurs branches, elle

_____

(1) Voyage d'Italie, tom. I, p. 31.

en

en sort pour se former en guirlandes qui pendent
d'arbre en arbre au-dessus des haies. Les sarmens
s'étendent ensuite à droite et à gauche ; on les
soutient avec des pieux ou des poteaux plantés
parallèlement aux arbres ; et ils forment alors des
espèces d'auvents, des toits obliques qui règnent
des deux côtés des chemins, et au-dehors comme
au-dedans. Cette architecture naturelle s'étend
dans presque toute la Lombardie.

La plupart de nos hautains de Provence présentent un spectacle non moins agréable, non moins
pittoresque. L'œil du voyageur, peu accoutumé à
ce genre de plantation, promène avec plaisir ses
regards sur les différentes productions du sol :
tout y annonce l'ordre symétrique d'un jardin. Ici
un rang d'oliviers forme une espèce d'espalier ;
le verd pâle de leurs feuilles contraste merveilleusement avec celui du blé qui croît à leurs pieds ;
la vigne forme un peu plus loin un autre espalier,
ou bien elle y est plantée en masse. Quelques
particuliers la marient aussi avec l'amandier ou
l'ormeau ; et les sarmens, se mêlant avec leurs
branches, forment des têtes singulières et touffues : d'autres, enfin, laissent la vigne sans soutien ; et, dans un sol fécond, elle pousse des jets
forts et vigoureux, qui s'entrelacent les uns dans
les autres. Il faut convenir que ces mélanges de
diverses récoltes forment un ensemble charmant.

TOME I. T

Mais que d'abus décrits en peu de mots! car il ne s'agit pas ici du coup-d'œil ; c'est la production qui nous intéresse. Nous y reviendrons tout-à-l'heure.

La seconde espèce de hautains diffère de la première par le genre de son appui ; au lieu d'arbres, on donne pour support à la vigne des perches qui, par leur entrelacement, forment des treillages perpendiculaires, qui s'élèvent souvent jusqu'à deux ou trois mètres. L'entretien de ces vignes est extrêmement dispendieux ; il est même impossible par-tout où le bois est rare.

Dans la troisième espèce de hautains, on laisse croître le cep depuis huit décimètres jusqu'à un mètre et demi de hauteur, et on lui donne pour appui un échalas long de deux mètres, auquel on attache les sarmens pour les empêcher de retomber sur terre et d'ombrager les grappes. Ou bien, dans les sites exposés aux grands vents, à des orages violens, et sur les coteaux rocailleux et pierreux, on réunit d'espace en espace trois échalas liés ensemble par le haut, et séparés, vers le bas, en forme de trépied. On attache les sarmens des différens ceps à chacune des branches du trépied, qui se servent mutuellement de soutien et empêchent les sarmens de se briser et les grappes de se meurtrir ; ils permettent d'ailleurs la libre circulation de l'air dans toute l'étendue

de la plantation. Ce genre de culture en vignes
hautes est assez commun depuis les bords de la
Méditerranée jusqu'aux environs de Lyon ; c'est
à Côte-Rôtie , à Condrieu , et dans les vignobles
voisins , qu'il est dirigé avec le plus de soin.

On compte deux sortes de vignes, moyennes ou
basses. Les premières, appelées vignes courantes
et rampantes , ont sept à huit décimètres de hauteur , et les sarmens qui en sortent se soutiennent
d'eux-mêmes, ou du moins on ne leur donne aucun appui; elles sont communes en Dauphiné, en
Provence , en Gascogne, en Poitou , en Anjou , et
dans les deux départemens de la Charente. Dans
la partie du ci-devant Aunis qui borde les rivages
de l'Océan, ces vignes sont nommées rampantes,
avec d'autant plus de raison que , pour les soustraire à l'impétuosité des vents , on ne laisse que
quelques centimètres de hauteur à chaque tige ,
et que ses rameaux, avec leurs feuilles et leurs
fruits , se traînent pour ainsi dire sur la terre.
Enfin les vignes basses , et ce sont les plus communes depuis les frontières de la Bourgogne et
le milieu de la Touraine jusqu'aux départemens
les plus septentrionaux de la France, ont des tiges
hautes d'un décimètre cinq centimètres à huit
décimètres , selon leur espacement et leur grosseur. Elles sont liées à un échalas d'abord au pied
de la tige ; puis l'ouvrier réunissant en paquets

tous les sarmens de l'année , les attache ou plutôt
les garrotte pêle-mêle avec les feuilles, les vrilles,
les faux bourgeons, les gourmands (car la vigne
a aussi les siens) et , souvent une partie des grappes , vers l'extrémité supérieure de l'échalas , par
un ou plusieurs liens de paille ou d'osier.

On pourroit demander aux cultivateurs de tous
ces différens vignobles , s'ils ont appris par l'expérience à devoir préférer l'une de ces méthodes
aux autres ; ou bien , si la hauteur qu'ils donnent
aux ceps leur a été indiquée par leurs ancêtres ;
en un mot , si ce n'est pas par coutume , plutôt
que par raisonnement, qu'ils se décident. Il faut
qu'ils sachent que le vin qu'on retire du raisin
d'un cep lié à un arbre n'égalera jamais en bonté
celui d'une vigne basse ; que le fruit des hautains
ne mûrit jamais aussi bien que celui des vignes
basses, parce qu'il est placé de manière à recevoir la réverbération du soleil , qui est au moins
aussi chaude que le soleil même. Le plan incliné
des coteaux le réfléchit mieux que toute autre
exposition ; d'ailleurs, le raisin enfermé dans les
têtes des arbres est trop couvert par leurs feuilles
et par les siennes propres , pour éprouver le contact des rayons. Deux raisons peuvent avoir donné
lieu à ce genre de culture. On aura reconnu que la
vigne , plantée dans un bon terrein , pompe trop
de séve par ses racines , et qu'il falloit occuper

cette séve à pousser des bois vigoureux , afin de
l'atténuer et d'en faciliter l'élaboration : mais on
n'avoit pas encore observé que la vigne pompe
pendant la nuit l'humidité répandue dans l'atmosphère ; que cette humidité, aspirée par les trachées, descend alors vers les racines, où elle se
réunit avec le surplus des principes séveux qui
ne s'est pas élevé pendant le jour, et que la transpiration n'a pu dissiper. L'absorption par les
plantes est toujours en raison de la plus ou moins
grande surface que présentent les feuilles. Ainsi,
plus une vigne a d'étendue, plus elle a de surface ;
plus elle a de furface, plus elle pompe d'humidité
pendant la nuit , et plus elle augmente, par conséquent, le volume de ses principes séveux : de-là,
la trop grande aquosité du vin ; de-là, son peu de
qualité, son peu de durée.

Peut-être aura-t-on cru aussi ne pouvoir mieux
faire que de suivre l'exemple des Italiens , qui
ont cultivé la vigne avant nous ; mais on n'a pas
fait attention que la chaleur est plus vive, plus
forte, plus soutenue en Italie que dans nos provinces les plus méridionales , et qu'excepté dans
un très-petit nombre de crûs , les vins de ces
contrées sont communs et peu propres à être
conservés.

La culture dans laquelle on adopte la seconde
espèce de hautains est moins vicieuse que la pre-

T. 3

mière. Dans celle ci la vigne présente moins de surface : on est obligé d'étendre horizontalement, souvent même de courber les sarmens ; la séve ne montant plus alors en ligne droite, elle est moins véhémente dans sa course ; quand elle parvient aux bourgeons, elle est en moindre quantité et mieux élaborée. Le défaut de cette culture ne consiste que dans la trop grande élévation de ses branches à fruit ; et l'expérience prouve que, même dans nos provinces les plus méridionales, le raisin qui vient à la hauteur de plus de deux mètres ne donne que des vins sans caractère et sans durée. Quel est donc le juste point d'élévation auquel le cultivateur arrêtera les tiges de sa vigne, et d'après quels principes se conduira-t-il à cet égard ? D'après ceux qui l'ont dirigé dans l'espacement, lors de la plantation. Dès qu'il a cru devoir restreindre le volume de ses plants, par rapport à leur grosseur, pour ne leur faire aspirer qu'une quantité de séve relative à la chaleur de son climat, il est évident qu'il doit tendre au même but dans le sens de leur élévation. On ne peut avoir d'autre objet, dans cette opération, que de chercher à augmenter la chaleur en raison du besoin qu'on en a pour produire la maturité du raisin. Plus le raisin est rapproché de la surface de la terre (pourvu toutefois qu'il ne soit pas en contact avec elle, car cette circonstance lui fait perdre toutes ses qualités), plus il est rap-

proché de la terre, plus est sensible la réverbération, plus est forte la chaleur. Sur un plan très-
incliné, dans les pentes très-escarpées, on peut
donner plus de hauteur et plus de distance aux
ceps que sur un sol uni ou modérément incliné,
parce que la coupe presque verticale du terrein
réfléchit horizontalement les rayons, à-peu-près
comme les murailles sur lesquelles on espalie. On
pourroit objecter que plus les grappes sont près
de terre, et plus elles sont exposées aux gelées.
Cela est vrai ; mais la gelée est un malheur, un
malheur accidentel ; il est commun à toutes les
plantes exotiques que l'intérêt nous porte à cultiver en plein champ. Il est quelques moyens pré-
servatifs qu'il ne faut pas sans doute négliger
d'employer : mais celui-ci ne peut être de leur
nombre ; car enfin il nous faut tendre à obtenir,
avant tout, une maturité constante ; et nous ne
pourrions l'espérer dans plus de la moitié de nos
vignobles, si nous voulions y faire usage d'un tel
expédient.

Il paroît que trois sortes de vignes peuvent
s'accommoder de nos divers climats de France.
On peut les désigner sous les noms de vignes
moyennes, vignes basses, et vignes naines. Les
premières conviennent parfaitement à la température de nos provinces méridionales, en les bor-
nant à la hauteur d'un mètre cinq ou six déci-

T 4

mètres, y compris les bifurcations ou mères-branches: les secondes , qui ne doivent pas s'élever
jusqu'à un mètre, se plaisent et réussissent dans
nos vignobles du centre; et nos départemens septentrionaux, où la culture de la vigne est introduite, ne peuvent admettre que la vigne naine.
Nous supposons toujours qu'il peut y avoir par-
tout des exceptions, fondées sur des causes locales, ou sur la nature de certains cépages. Il
appartient à la sagacité du cultivateur de saisir
ces différences, et de les faire tourner à son
profit.

Si les brins qui ont formé une nouvelle plantation ont été bien choisis, si la culture en a été
soignée, les deux yeux qu'on a laissés apparens
pousseront, dès la première année, chacun un
sarment. Ce nouveau bois a-t-il de la consistance?
est-il proportionné à celui du maître brin qui l'a
produit? est-il mûr? on peut déjà le tailler. Dans
le cas contraire, attendez que la végétation de sa
seconde année lui ait donné plus de force. Nous
n'avons point à redouter encore la multiplicité des
organes qui aspirent, puisque nous n'aurons de
long-tems que du bois à espérer.

La taille a pour objet, sur la vigne faite ou en
rapport, d'empêcher la dissémination de la séve
et la formation d'une quantité infinie de sarmens,
de brindilles, de chiffonnes et de feuilles qui sorti-

roient en foule de tous ses yeux, étendroient la
surface de chaque cep d'une manière démesurée,
et multiplieroient au-delà de toute proportion ses
facultés d'aspiration. En le débarrassant du bois
qu'on appelle superflu, on concentre la séve dans
une partie des sarmens qu'on juge les plus propres
à produire de beaux, de bons fruits, des fruits
mûrs. Par la même opération sur la vigne qui
est encore dans l'enfance, on emploie toute la
séve à nourrir le brin qui doit être converti en
souche, et devenir une tige capable de produire
le nombre de bras ou de mères-branches relatif
à la hauteur et au volume qu'on se propose de
laisser prendre au cep.

La première taille de la vigne n'entraîne aucun
embarras, elle est facile ; il ne s'agit que d'enlever
en entier le jet le plus élevé des deux yeux mis
à découvert dans la plantation, et de roguer le
second près du tronc, immédiatement au-dessus
du premier œil. L'année suivante, si la vigne est
destinée à devenir une vigne moyenne, on taillera
sur trois sarmens, et on enlèvera les autres rez
de la souche ; si elle ne doit être qu'une vigne
basse, on ne laissera subsister que deux flèches
ou coursons. Un seul suffit à une vigne naine, et
c'est sur le sarment le plus bas qu'il doit être formé.
Dans tous les cas, on ne laisse sur chaque flèche
que l'œil le plus voisin du tronc. A la troisième

taille, on donne un bourgeon de plus à chaque
tête ; et le nombre des têtes ou mères-branches
doit être ménagé de manière que la vigne moyenne
en ait au moins trois, et rarement plus de quatre,
même quand elle est parvenue au plus haut point
d'élévation qu'on veut lui prescrire. Deux mères-
branches suffisent à la vigne basse, et ce n'est
jamais que du tronc ou de la souche que doivent
partir immédiatement les sarmens à fruit ou les
flèches de la vigne naine, préférant toujours les
plus bas, mais de façon que les raisins ne touchent
pas la terre. A quatre ans, la vigne bien plantée a
déjà de la force ; elle commence à donner du fruit ;
on peut tailler à deux yeux sur les deux ou trois
sarmens les plus vigoureux. La cinquième taille
demande encore quelques ménagemens particuliers ; coupez à deux yeux seulement sur le bois
le plus fort ; bornez à un seul bourgeon le produit
du sarment inférieur, et ne laissez pas en tout au-
delà de cinq flèches. Le jeune plant est enfin devenu une vigne faite. Les mêmes principes qui
ont dirigé jusqu'ici le cultivateur dans la façon de
la taille le guideront de même dans la suite, toutefois avec cette différence, que le cep ayant acquis
plus de vigueur, il peut porter dans la taille non pas
moins d'attention, mais une attention moins minutieuse. Nous opérerons donc désormais d'après
les principes qui nous ont guidés jusqu'ici ; mais
nous n'oublierons pas qu'ils se modifient dans leur

application, plus encore dans l'exercice de la taille que dans toutes les autres façons dont se compose la culture de la vigne. Faut-il tailler court ou long, laisser peu ou beaucoup de coursons? On ne peut se régler à cet égard que sur les climats, les expositions, la nature des terreins, la vigueur plus ou moins grande des sujets, la qualité particulière du bois, suivant la température de l'année et les événemens de l'année précédente. On doit considérer l'âge des vignes, la distance des ceps, la nature et l'espèce des raisins. En Bourgogne, le Maurillon ne veut pas être taillé comme le Gamet; en Guienne, la Folle et le Muscat demandent chacun un genre particulier de taille. La vigne trop chargée s'épuise bientôt; trop déchargée, elle ne produit que du bois. Dans nos climats chauds du midi, un cep de vigne moyenne, élevé d'un mètre cinq à six décimètres, éloigné dans la même proportion des autres ceps, garni des trois ou quatre branches-mères qui lui donnent la figure d'un triangle ou celle d'un cul-de-lampe, peut supporter cinq ou six flèches sur chacune de ses branches, et chacune de ces flèches peut être garnie sans inconvénient de quatre à six yeux. Les vignes basses, dont l'espacement est beaucoup moindre et dont la tige ne doit être divisée qu'en deux parties, est assez chargée de deux ou trois flèches sur chaque branche, chaque flèche portant un, deux et trois yeux, selon la grosseur du bois et sa franchise. Le cep de la vigne naine n'est point bifurqué ; il est moins espacé ; il ne présente que la forme d'un arbrisseau ; trois ou quatre flèches taillées à un ou deux yeux seulement sont une charge proportionnée à ses forces. Une vigne vieille demande les mêmes soins, la même attention que si elle étoit encore dans l'enfance ; elle veut être taillée court et souvent ravalée. Le besoin de la rajeunir donne un grand prix aux jets, quoique d'abord stériles, qui naissent vers le bas de la souche ; on ne peut apporter trop de soins à leur conservation, puisque quand on est obligé de rabaisser, c'est sur leur seul produit que repose tout l'espoir du vigneron. Non seulement la vieillesse, mais le nombre des accidens auxquels la vigne est exposée, fait souvent une loi de cette mesure. Par exemple, qu'une vigne ait été entièrement maltraitée par la gelée, et qu'on ne puisse plus compter sur ses arrière-bourgeons, on coupera jusque sur la souche l'ancien et le nouveau bois. Des vers blancs auront attaqué et rongé la racine ; la vigne aura jauni et dépéri ; on ne peut être alors trop attentif à la tailler court. Si, dans l'année même, des gelées de floréal et de prairial ont fatigué ou détruit les bourgeons, il faut ravaler sur ceux qui sont restés sains, et, l'année suivante, rabattre sur le seul bon bois qui a poussé des sous-yeux, ou qui a percé de la souche. Si, au contraire, l'année précédente la vigne a coulé, et que la séve, n'ayant point été employée à produire du fruit, ait fait des pousses démesurées, on ne risque rien alors de l'allonger et de la charger amplement, sauf à la ménager à la taille suivante si on la trouve fatiguée. Dans les années sèches, la vigne fait peu de bois ; alors, taillez court, chargez peu si l'hiver a été rigoureux ; si le bois et les boutons en bourre ont gelé en partie, ne vous hâtez point de retrancher le bois gelé, on peut encore espérer une récolte sur les arrière-bourgeons. Peu après que la température sera devenue plus douce, examinez les bois qui ont souffert et les yeux qui sont éteints ; tirez sur les bons bois et sur les bons yeux, dussiez-vous même allonger plus que de coutume, sauf à ravaler l'année suivante, et à asseoir la taille sur le bois qui aura poussé immédiatement de la souche.

Quelle est la saison la plus favorable à la taille ? Cette question est encore à résoudre ; ni les vignerons ni les œnologistes ne sont d'accord entr'eux sur ce point. Il ne faut pas s'en étonner, parce que les uns et les autres ont toujours généralisé leurs principes, et constamment raisonné d'après les événemens particuliers aux lieux, aux expositions, au sol, au climat, dans lesquels les premiers ont travaillé, et sur lesquels les seconds ont observé. Au reste, le différend dont il s'agit ne peut embrasser que deux saisons, l'automne et le printems. Les partisans de la taille d'automne se déter-

minent d'après les considérations suivantes : 1°. Ce
travail, fait en automne, ne laisse plus de tems
pour vaquer à la foule des occupations que prescrit le retour du printems : 2°. toutes les variations de l'atmosphère qui peuvent imprimer du
mouvement à la séve (et elles sont assez communes
dans les hivers ordinaires), concourent à l'avan-
cement de la vigne ; elles portent déjà de la nourriture dans les vaisseaux et dans les rudimens des
bourgeons ; dès les premiers beaux jours ceux-ci
se développent. Cette espèce de précocité s'étend
à tous les périodes de la végétation ; la vigne y
gagne au moins quinze jours de chaleur : de-là un
bois plutôt formé et mieux aoûté ; de-là des fruits
plus mûrs ; de-là une maturité qui précède le retour des premières gelées, dont l'effet est de resserrer les fibres du bois, de sécher les feuilles,
de durcir l'enveloppe de la pulpe, et, par conséquent, d'arrêter tout-à-coup la circulation de la
séve, et d'empêcher la formation du muqueux-
doux-sucré.

Ceux qui se font une loi de suivre le système
opposé se fondent sur les désastres occasionnés
par les hivers rigoureux, dont les effets sont bien
autrement sensibles pour la vigne taillée dès l'automne, que pour celle qui ne recevra cette façon
qu'après les grandes gelées. Le bois de la vigne
est moëlleux et spongieux, ses pores sont très-

ouverts ; elle est abondante ên séve ; en la taillant
l'hiver, la gelée, les frimas, le givre, les neiges,
les brouillards morfondans et toutes les humidités
froides, entrant par toutes les ouvertures faites à
la plante, se congèlent et pénètrent jusque dans
son intérieur. Les gelées printanières ont aussi bien
plus d'action sur les jeunes bourgeons, que sur les
boutons encore revêtus de leur bourre.

Les raisons dont on s'autorise pour suivre chacune de ces méthodes sont incontestables. Le
talent consiste à savoir les modifier l'une par
l'autre. En effet, ici, la taille d'automne doit être
préférée ; là, on ne doit admettre que celle du
printems : telle race veut être taillée tôt ; telle
autre demande à l'être tard. Le cultivateur a le
plus grand intérêt à obtenir dans le même tems
la maturité de tous les différens cépages ; et cependant les uns sont précoces, les autres sont
tardifs ; retarder la végétation des uns, avancer
celle des autres, les connoître tous et les diriger
tous vers la même fin, est une partie essentielle
de l'art de les cultiver. Il y a plus de deux siècles
qu'Olivier de Serres professoit la même doctrine.
« Quant au tems de la taille, il sera limité par le
» fonds de la vigne et espèces de ses complants,
» selon l'adresse du planter. Si la vigne est assise
» en coustau chaud, de terre mégre et séche, et
» composée de races ayans petite mouëlle, sera

» couppée le plus tôst qu'on pourra après que
» ses feuilles seront tombées; au contraire, le
» plus tard, celle qui est posée en plate cam-
» pagne, de terre grasse, humide et froide,
» fournie de complant de grosse mouëlle. Et où
» qu'elle soit assise, ni de quelles espèces com-
» plantéé, tousiours on choisira vn beau iour
» pour la tailler, non importuné de froidures ny
» d'humidités. C'est pourquoy en vn endroit fau-
» dra mettre la serpe deuant l'hyver, et en l'autre
» après. Le plus tost est limité au mois d'octobre,
» le plus tard en celui de mars. Ceci est tout as-
» seuré, que la taille primitiue cause abondance
» de bois aux uignes; et la tardiue, au contraire,
» n'en fait produire que bien peu. L'obseruation
» de ces deux contrariétés est du tout néces-
» saire ». Il ne nous reste plus qu'un mot à
ajouter sur cet article important de la culture
de la vigne : si on taille trop tôt, c'est-à-dire,
avant la chûte entière des feuilles, avant que le
bois ait acquis le terme de sa maturité, il ne restera pas aux plantes trois ans d'existence. Ce fait
est constaté par l'expérience et par une longue
suite d'observations. Si on taille trop tard, après
que la séve a repris son cours, la plus grande
partie s'en dissipera en pleurs, en pure perte
pour la végétation. L'époque redoutable par-tout
pour la taille est celle des grands froids, parce
qu'alors, comme le dit encore Olivier de Serres,

les

les froidures pénétrent dedans la vigne par ses grosses entrées. Dans tous les cas, l'ouvrier doit choisir un beau jour, et se pourvoir d'une serpette bien tranchante, pour éviter de faire éclater le bois. La coupure, comme pour former le haut d'une crossette, doit présenter la forme d'un bec de flûte; elle résulte en effet du coup de poignet par lequel la serpette est tirée de bas en haut. Il est essentiel que la taille soit faite à un centimètre de distance de l'œil le plus voisin, et du côté qui lui est opposé. Par cette double attention, on évite que l'effet de la gelée, par laquelle le bois pourroit être surpris, ne s'étende jusqu'à la bourre; on la préserve aussi de la chûte de l'eau ou des pleurs dirigés vers elle par le talut de la coupure. Quand on voit le vigneron muni, pendant la façon de la taille, d'une ample provision d'onguent de Saint Fiacre, pour couvrir les plaies qu'il est souvent obligé de faire à la souche, et employer adroitement le dos de sa serpette pour enlever les mousses naissantes, pour applanir les excavations qui servent d'asyle aux insectes malfaisans ou à leur ponte, on peut le juger un homme attentif et soigneux. Le maître peut se reposer, jusqu'à un certain point, sur sa vigilance. S'il commet quelques erreurs, elles seront plutôt l'effet de son peu d'instruction que de sa bonne volonté. N'espérez jamais autant du vigneron auquel vous avez donné vos vignes à bail, que du journalier que vous payerez bien. Le fermier ne fera rien pour ménager votre vigne, pour en prolonger la durée ; il fera tout pour en hâter la destruction : son intérêt le veut ainsi. Il taillera indifféremment sur le fort et le foible ; il n'a d'autre but que d'obtenir des récoltes abondantes : vous serez bien heureux si la taille de sa dernière année de jouissance ne met pas un terme très-prochain à la vôtre ; car il ne taillera vraisemblablement qu'à vin ou qu'à mort, expressions qui sont synonymes quant à l'effet.

La nature a pourvu la partie supérieure des sarmens de la vigne, de vrilles ou de tenons pour s'accrocher aux plantes voisines, se soulever à mesure que celles-ci croissent elles-mêmes, et, par ce moyen, maintenir à une certaine distance de la terre, les grappes suspendues à la partie inférieure des rameaux. La température de nos climats ne nous permettant pas de leur présenter des arbres ou des arbrisseaux pour supports, nous sommes obligés de les accoler à des pieux qu'on nomme échalas, pesseaux ou charniers, formés de bois mort. La façon de les dresser et de les disposer les uns et les autres n'est rien moins qu'indifférente pour la qualité des fruits de la vigne. L'ouvrier a prescrit, en quelque sorte, par la forme de la plantation et par l'exécution de la taille, la quantité de principes nutritifs destinés à être convertis en séve ; par le palissage, il dirige la marche de cette séve, il donne aux canaux qu'elle parcourt une direction plus ou moins propre à en faciliter l'élaboration. La plus mauvaise de toutes les méthodes de palisser, et malheureusement la plus commune, est celle par laquelle on contraint la séve de se porter verticalement de bas en haut, en attachant et la tige et les sarmens à un pieu perpendiculairement planté près d'eux. La séve s'élance alors, et avec une rapidité étonnante, vers l'extrémité supérieure des pousses nouvelles. Elle ne peut ni séjourner ni refluer vers les grappes; elle est entièrement convertie en bois nouveau, et consommée par la formation de ces sommités, qui, bientôt réunies en paquets, formeront ces têtes ridicules qui ombragent la terre, soustraient les grappes à la lumière, aux regards bienfaisans du soleil, concentrent l'humidité sous leur ombrage, y appellent les gelées ou la pourriture, et sont enfin un obstacle funeste à la circulation de l'air. Quelle différence entre la qualité du fruit d'une vigne ainsi échalassée, et celui d'une vigne dont les rameaux ont reçu une direction oblique, ou plutôt horizontale, par leur adossement à une sorte de bâti sur lequel ils prennent la forme d'un contre-espalier! La séve est alors d'autant mieux élaborée, qu'elle circule avec moins de véhémence; elle est répartie de toutes parts dans une heureuse proportion; toute la plante participe à l'influence

V 2

de l'air, la nuit comme le jour; il en résulte des fruits mieux nourris et une plus prompte maturité. Au reste, cette méthode de palisser les vignes n'est rien moins que nouvelle; les anciens l'employoient fréquemment; ils donnoient à ces sortes de vignes le nom de *vites jugatæ jugo simplici*, parce que la réunion des perchettes transversales aux pieux perpendiculaires leur donnoit de la ressemblance au joug militaire, qui se faisoit en plantant verticalement deux lances, sur lesquelles on attachoit horizontalement la troisième. Elle est même toujours en usage dans plusieurs vignobles de la Provence, du Languedoc, de la Franche-Comté, de la Guienne, de la Bourgogne et du Dunois. Le défaut qu'on remarque dans quelques uns de ces espaliers est de maintenir les fruits à une trop grande élévation, et dans d'autres de diriger les rameaux des plantes plutôt obliquement qu'horizontalement; il vaut mieux en effet leur faire décrire une ligne arrondie ou demi-circulaire que seulement oblique. La plantation en échiquier, telle que nous l'avons conseillée, présente de grandes facilités pour exécuter ce genre de palissage. Elle permet de former les rangées en spirale, de les dresser en ligne droite ou oblique, suivant que l'une ou l'autre direction est prescrite par la pente plus ou moins rapide du terrein, et par son exposition. La première est indispensable sur un plan très-incliné, parce qu'elle multiplie naturellement les soutiens de la terre. Evitez soigneusement de former des lignes palissées transversalement, c'est-à-dire, qui présenteroient leur plan aux premiers regards du soleil, si la vigne a l'exposition de l'est ou du sud-est. Ses premiers rayons, dardés sur toutes les lignes qui lui seroient parallèles, causeroient infailliblement la destruction de tous les jeunes bourgeons, pour peu qu'ils eussent été frappés par la gelée. Les cultivateurs savent que ce n'est pas le froid proprement dit qui détruit la grappe naissante, mais les rayons qui l'atteignent après avoir traversé les cristaux de la gelée. Dans un site de cette nature, et dans tout autre où quelque cause que ce soit favorise l'humidité, établissez vos espaliers de bas en haut. Il en est tout autrement au plein midi. A cette exposition, la vigne peut se présenter sans danger, et dans toute son étendue, aux regards du soleil; les lignes peuvent être parallèles à cet astre; avant de les frapper directement, ses rayons ont échauffé l'atmosphère; la gelée n'existe plus; l'humidité du matin est dissipée; la plante elle-même est pénétrée d'assez de chaleur, pour n'avoir plus à redouter celle du milieu du jour, quelque adurante, pour ainsi dire, qu'elle puisse être. Des cultivateurs de bonne foi nous objecteront sans doute que cette méthode d'espalier les vignes, quelqu'avantageuse qu'on la suppose, ne peut être généralement admise, parce

que la cherté du bois ne permet pas de la mettre
en pratique dans un grand nombre de pays vignobles. Je les prie de réfléchir qu'il suffiroit
souvent, pour palisser, de la moitié du bois qu'on
emploie en échalas; que c'est plutôt une autre
disposition du bois qu'on emploie, un mode différent de le dresser, qu'une augmentation de bois
qu'elle exige. Le palissage des vignes est introduit depuis plusieurs siècles dans une partie de
nos départemens méridionaux, où le bois est généralement plus cher que par-tout ailleurs, et où
l'on donne même plus d'élévation à ces sortes de
bâtis, que l'intérêt bien entendu du propriétaire
ne l'exigeroit : ainsi, ce seroit plutôt une diminution qu'un surcroît de dépense pour eux, qu'ap-
porteroit la méthode dont nous parlons ici. Quant
aux vignes moyennes dont on dispose les maîtresses
branches en équerre ou en gobelet, et dont on
assujettit les sarmens, en leur faisant décrire un
demi-cercle, à des échalas en trépied, parce que
la nature du terrein ne permet pas, comme sur
la côte du Rhône, de les introduire dans la terre,
nous les avons déjà données pour exemple à ceux
qui travaillent sur un sol et à des expositions analogues ; ainsi la consommation du bois y reste
dans la même proportion. Il ne s'agit donc que
de ces vignes basses dans lesquelles un échalas
planté droit soutient un cep avec tous ses accessoires. Dans la méthode proposée, nous dira-

t-on, il faudra que le nombre d'échalas excède
de beaucoup celui des ceps. Examinons cela. Combien de fois n'avons-nous pas vu de ces échalas
sortir de terre de près de deux mètres, et auxquels étoient accolés des sarmens qui, après la
rognure, ne s'élevoient pas à la moitié de cette
hauteur ! Toute la partie des échalas qui les dé-
passe n'est-elle pas en pure perte ? pourquoi n'en
convertiroit-on pas un seul en deux ? Enfoncez
ensuite chacun des pieux entre deux ceps ou à la
distance d'un mètre trois ou quatre décimètres
l'un de l'autre, et attachez transversalement, avec
un brin d'osier, deux gaulettes, l'une vers le milieu, l'autre vers le haut de ces deux pieux. Les
gaulettes peuvent être de tous bois, de noisetier,
de châtaignier, d'aune, de bouleau, de peuplier,
de saule, et de toutes leurs variétés ; rien n'empêche qu'on ne les forme du bois de la vigne elle-
même. Il résulte souvent de la taille, des sarmens
qui ont alors plusieurs centimètres de grosseur ;
ils ont toute la force nécessaire pour soutenir
le foible poids dont on les chargera. Si un seul
sarment étoit trop court, pourquoi n'en réuni-
roit-on pas deux par un lien d'osier ? Il ne s'agit
pas ici de construire des treillages bien correcte-
ment maillés comme les espaliers et les contre-
espaliers de nos jardins de luxe ; il ne faut que
fournir un point d'appui à de foibles rameaux,
et les empêcher de ramper sur terre. N'est-on

V 4

pas obligé de détruire et de reconstruire chaque année ces bâtis? Point du tout. Ayez l'attention de former vos pieux de bois sain, de cœur de chêne ou de châtaignier, et, après avoir aiguisé en pointe et charbonné l'extrémité qui doit être enterrée, d'enduire la partie supérieure de deux couches de couleur à l'huile la plus commune, et seulement dans la hauteur de quelques millimètres, et vous aurez des pieux qui résisteront pendant plus de vingt ans à toutes les intempéries. La durée des perchettes transversales sera bien moindre, il est vrai. Chaque année il en faudra même renouveler un certain nombre; mais pouvant les former du bois le plus commun, et, pour ainsi dire, de tout âge, la dépense de leur renouvellement partiel est très-inférieure à celle qu'entraînent annuellement l'arrachage et la remise en place des échalas ordinaires, les cassures qui se font, la perte occasionnée par le fréquent aiguisement, les avaries et les déchets qu'ils éprouvent dans leur entassement en plein air, où ils deviennent même très-souvent la proie des voleurs.

Il nous reste à parler de l'échalassage des vignes naines, comme celles de la Champagne et de nos vignobles les plus septentrionaux. Le peu de distance qu'on y laisse d'un cep à l'autre ne permet guère de les palisser. Cependant il est encore

possible de donner à leurs rameaux une direction
oblique et même demi-circulaire. Il suffit de
dresser perpendiculairement l'échalas entre deux
ceps, de tirer de droite et de gauche un bourgeon
de chaque cep, après qu'il a jeté son premier
feu, et qu'il a acquis assez de force pour résister
à son déplacement. On fait passer ces deux sarmens l'un sur l'autre ; on les attache sur le pieu,
sans les serrer, et au point où ils se croisent. Si
l'un ou si tous les deux se prolongent au-delà de
l'échalas, de manière à s'étendre sur le cep voisin,
rien n'empêche qu'au moyen d'un osier attaché à
leur extrémité, on ne leur fasse décrire une
courbe en liant l'autre bout de l'osier à la tige
ou à l'aisselle des branches du cep qui se présente
naturellement à la main du vigneron. On ne né-
gligera pas de mettre un certain ordre dans l'ar-
rangement et la distribution des rameaux, com-
mençant à employer les moins longs et suivant
l'ouvrage de bas en haut. Il n'est pas nécessaire
de répéter, sans doute, combien sont grands les
avantages de ces différens modes d'espalier la
vigne, comparés à la méthode de la dresser
verticalement. Celle-ci est tellement défectueuse,
qu'on devroit même lui préférer la culture sans
échalas, par-tout où les rameaux peuvent se soutenir d'eux-mêmes et ne pas ramper sur terre ;
encore, dans ce dernier cas, auroit-on la res-
source dont on ne profite pas assez généralement

sur les côtes de l'Aunis et des îles qui les avoisinent, d'assujettir les sarmens sur des fourchettes de bon bois, à la hauteur de trois à quatre décimètres. Il est beaucoup de vignobles dans lesquels on trouve des parties de terrein où on pourroit se passer et d'échalas et de palissades. Combien de coteaux couverts de vignes, dont les cimes arides et pierreuses fournissent si peu d'alimens séveux, qu'on ne laisse à la taille qu'une ou deux flèches sur chaque cep! Il en naît des rameaux minces et courts qui portent des grappes de bonne qualité, mais petites et proportionnées à la foiblesse du plant qui les produit. A quoi bon les échalasser? on conçoit que, vers le milieu du coteau, où la végétation est forte, que vers le bas où elle est quelquefois même luxurieuse, il faille donner un appui aux sarmens; mais sur la hauteur, où ils ne manquent pas d'air, où ils se soutiennent d'eux-mêmes leur fournir des échalas, n'est qu'une dépense inutile et du tems perdu. L'usage de les employer, répond-on, est introduit dans la contrée; et on en met par-tout. Voilà le mal. L'agriculture ne fera de vrais progrès que quand les cultivateurs se rendront compte des motifs qui déterminent les diverses pratiques de leur art.

N'est-ce pas l'irréflexion seule qui leur fait commettre tant d'erreurs, relativement à la rognure, à l'ébourgeonnement et à l'épamprement de leurs

vignes ? Par-tout où ces différentes façons sont
d'usage, nécessaires ou non, non seulement on
les étend indistinctement à toutes les parties du
vignoble, à toutes les espèces, à tous les individus ;
mais on les donne à des époques fixes. Cependant
elles ne devroient avoir lieu que là où elles sont
nécessaires, et quand elles sont indispensables ;
et le tems et la nécessité de les employer ne peuvent être prescrits positivement que par l'état de
l'atmosphère et par la manière dont le tems s'est
comporté. Il est vrai de dire encore que si elles
sont utiles à certaines espèces, à certains individus, il en est aussi pour lesquels elles ne sont
qu'une mal-adroite mutilation.

Nous avons dit dans le chapitre de la physio-
logie de la vigne, que cette plante absorbe bien
plus de principes nutritifs, qui se convertissent en
séve, par ses pampres que par ses racines, et que
l'absorption qu'elle en fait est d'autant plus grande,
comparativement à la même fonction dans les
autres végétaux, que ses feuilles sont plus nombreuses et qu'elles présentent des surfaces plus
étendues. A peine ses premiers bourgeons ont-ils
paru, que si la température est douce et l'atmosphère un peu humide, ils croissent avec une
étonnante rapidité. Les grappes ne tardent pas à
paroître ; le vigneron les contemple avec alé-
gresse ; elles sont l'objet de tous ses soins ; il craint

qu'elles ne manquent de nourriture ; il ne voit qu'avec effroi le prolongement presque démesuré des sarmens, il craint que toute la séve ne se convertisse en bois, que les grappes n'en soient affamées et que le raisin ne profite pas. Que fait-il alors ? il prend le parti de rogner l'extrémité du bourgeon, pour forcer la séve de refluer vers la grappe. Elle reflue en effet, mais c'est pour s'échapper par tous les yeux inférieurs, et donner naissance à une foule de brindilles, de faux bourgeons et de branches chiffonnes que bientôt après le vigneron retranche, de crainte que tous ces rejetons ne vivent encore eux-mêmes aux dépens de la grappe : c'est ce qu'on nomme ébourgeonner. Enfin, dans les mêmes vues et pour donner de l'air au fruit, il opère sur les feuilles, vers la fin de l'été, un troisième retranchement qu'on appelle épamprer. Il résulte de très-bons effets de tous ces procédés quand ils sont mis en usage à propos, qu'ils sont employés avec discernement sur des sujets jeunes et vigoureux, plantés dans un sol fécond et à température plutôt douce que chaude ; seulement le cultivateur se trompe quant à leur effet. Ce n'est pas parce que la séve manquera au raisin, quel que soit le volume des branches et des feuilles du cep qui le porte, qu'il est quelquefois utile d'en retrancher une partie, mais, au contraire, parce qu'il résulteroit de tous ces nombreux produits de la végétation une séve tellement abon-

dante, que la chaleur commune seroit insuffisante, dans la plupart de nos climats, pour l'élaborer et la convertir en muqueux-sucré. S'il en
étoit autrement, les plants les plus petits ou les
plus vieux, les foibles cépages, les races les plus
délicates, gagneroient, dans les terres les plus
arides, à supporter ces diverses façons ; cependant l'on sait, par expérience, qu'ils n'y survi-
vroient pas long-tems. S'il en étoit autrement, on
rogneroit, on ébourgeonneroit, on effeuilleroit
dans les climats les plus chauds, où la végétation
de la vigne est bien autrement active et luxurieuse
que dans nos vignobles du centre et du nord de
la France ; et cependant ces divers procédés y
sont inconnus. On n'arrête point la vigne, on ne
l'ébourgeonne point, on ne l'effeuille point en
Sicile, en Italie, en Espagne, ni même en Provence, en Languedoc, en Guienne, en Angoumois, ni sur la côte du Rhône ; et le raisin n'y
acquiert pas moins le volume et le degré de maturité qui conviennent pour la perfection de ce
fruit : c'est que la chaleur du soleil y supplée
dans ces contrées. Au reste, si vous êtes obligé de
l'employer dans toute l'étendue ou dans une partie
de votre domaine, sur tous les individus ou sur
quelques uns seulement, employez la serpe pour
rogner et pour ébourgeonner, et les ciseaux pour
effeuiller. N'imitez pas, pour donner la première
de ces façons, ces mal-adroits cultivateurs qui

empoignent d'une main plusieurs bourgeons à-la-fois, les compriment en paquet, et de l'autre, les tordent et les déchirent impitoyablement; de-là une foule d'éclats, d'esquilles, de filamens et de lambeaux qui empêchent la plaie de se cicatriser. Si vous coupez le bourgeon net, au milieu d'un nœud, cette plaie sera bientôt fermée. N'arrêtez pas votre vigne avant qu'elle ait fleuri, avant même que son fruit soit noué; vous l'exposeriez trop au danger de la coulure. En contrariant le cours de la séve, au moment d'une crise délicate, vous l'obligez de rétrograder vers la grappe; et le plus souvent la coulure n'est due qu'à la surabondance de séve qui se porte vers elle. Les vignerons ne suivant aucune règle particulière sur l'époque de la rognure, on ne doit pas être surpris de ce que les vignes coulent si fréquemment. Puis leur manière de rompre au-hasard les bourgeons mutile souvent les grappes; car tous ces bourgeons réunis et rompus à tort et à travers ne sont pas de la même longueur. Il importe assez peu qu'un sarment reste long; mais on fait grand tort à celui qu'on rabaisse outre mesure. Quand on rabat trop bas les mieux nourris, ils repoussent nécessairement de toutes parts des rejetons ou de faux bourgeons desquels résultent quelquefois des grappes nuisibles, parce qu'elles sont trop tardives. En donnant le coup de serpette pour détruire ces brindilles, opérez toujours de bas en haut, pour éviter de faire des éclats ou d'éteindre le bouton voisin. Quant aux tenons ou vrilles, il importe assez peu de les retrancher ou de les laisser subsister. Les expériences comparatives, faites à cet égard, n'ont donné aucun résultat positif.

On effeuille les vignes, et pour modérer le cours de la séve, et pour procurer au raisin le contact immédiat des rayons dusoleil et lui faire prendre, ou cette belle couleur dorée, ou ce velouté pourpre, indices de la saveur et souvent de la formation du muqueux-sucré. Cette opération est très-délicate; elle doit être faite à plusieurs reprises et ne commencer que quand le raisin a acquis presque toute sa grosseur. Si on effeuille trop, le raisin sèche et pourrit avant de parvenir à son point de maturité, sur-tout dans les automnes pluvieux, parce qu'alors le muqueux-doux, noyé dans une trop grande quantité de véhicule aqueux, ne peut plus se rapprocher; et dans un tems sec, il se fane, se ride; la rafle même se sèche. Ce n'est pas tout, les bourgeons encore verds qui ne sont pas aoûtés ne mûriront point; ceux qui commencent à l'être cesseront de profiter; et les boutons n'ayant point reçu, de la part des feuilles, leur complément de végétation, ou avorteront l'année suivante, ou s'ils font éclore des grappes, elles couleront.

En 1763, le raisin ne mûrit dans presque aucun de nos vignobles ; les meilleurs cantons de Bourgogne et de Champagne ne donnèrent que du vin médiocre. Quelques vignerons mirent tout leur raisin à découvert, et d'autres effeuillèrent sagement. Celui des premiers mûrit moins que celui des derniers. Il faut donc mettre beaucoup de prudence en effeuillant, commencer par peu, aller toujours en augmentant et s'arrêter, dès que l'on s'apperçoit que la pellicule du raisin commence à se rider et le grain à se ramollir : cet indice est certain.

SECTION IV.

Des labours, des engrais, et du goût de terroir.

Il est utile et même indispensable de donner des labours à la vigne. Les labours divisent la terre, la rendent perméable à l'humidité et susceptible d'être pénétrée par les rayons du soleil ; ils la nettoyent d'une foule d'herbes dans lesquelles la vigne se perdroit, pour ainsi dire, si l'on n'avoit le soin de les extirper, et à plusieurs reprises, dans le courant de l'année. Une vigne non labourée n'est qu'une chétive plantation forestière ; les lichens et les mousses ne tardent pas à couvrir ses tiges, qui, dès-lors, ne donnent plus que des

rameaux

rameaux frêles, des feuilles étroites et minces. Ses
fruits ne mûrissent jamais, et ressemblent, dans
tous les points, à ceux des vignes incultes qui
croissent dans les haies de nos provinces méridionales. Sans les labours, un jeune plant ne
prendroit pas même racine; et, dans le nord de
la France, une vigne faite ne vivroit pas trois ans
sans labours.

Cependant il ne faut pas appliquer à la vigne
tous les avantages qu'on attribue, dans les autres
genres de culture, à la fréquence des labours. La
vigne est une plante vivace qui, bien cultivée,
est susceptible de prospérer dans le même terrein
pendant une longue suite d'années. A peine est-
elle sortie de l'enfance, que tout le chevelu qui
part de son collet s'étend en tous sens, mais à peu
de profondeur, dans toute l'étendue de la terre
qu'on lui a consacrée. Les racines de la partie inférieure plongent et pénètrent plus avant en terre;
le fer du laboureur ne peut les atteindre, mais
elles contribuent beaucoup moins que les chevelus à la nutrition de la plante, parce que ceux-
ci sont frappés par la lumière, et qu'ils trouvent à leur portée les substances alimentaires que
l'air dépose à la surface de la terre. Aussi devroit-on
proscrire par-tout l'usage introduit dans quelques
vignobles d'ébarber les ceps, c'est-à-dire, de ra-
cler la souche avec un instrument tranchant, pour

en détacher tous ces précieux filamens qu'on traite comme des gourmands ou des parasites, tandis qu'ils sont les premiers moyens employés par la nature pour opérer la végétation, et qu'ils doivent être considérés comme les organes les plus utiles à la plante. Non seulement il est absurde de l'en dépouiller, mais il ne faut pas ignorer qu'ils ne veulent être ni fréquemment mis à découvert, ni sans cesse tourmentés et dérangés de leurs fonctions. Il peut résulter d'aussi graves inconvéniens du trop de labours, que des labours donnés à contre-tems, à de certaines époques de la végétation, et pendant ou immédiatement après certaines manières d'être du tems. On est quelquefois surpris de ce qu'une vigne jeune et vigoureuse tombe tout-à-coup dans un état de langueur. On voit ses feuilles pâlir et s'incliner, la croissance du raisin s'arrêter; on attribue le mal dont elle est atteinte à de mauvais vents qui n'ont pas soufflé, à des insectes qui n'ont pas paru, à la privation des engrais dont elle n'avoit pas besoin : le cultivateur s'alarme, voit la cause de ce mal par-tout où elle n'est pas; car le plus souvent il est l'effet d'un labour donné mal-à-propos ou en tems inopportun.

Trois labours au moins sont nécessaires à la vigne, et paroissent suffire à sa prospérité. Le premier doit avoir lieu d'abord après la taille, sitôt que le terrein est débarrassé des sarmens qu'elle a supprimés. S'ils étoient encore attachés aux ceps, ils seroient un obstacle continuel à l'exécution du travail ; l'ouvrier perdroit son tems, et ne trouveroit à s'en dédommager qu'en faisant une mauvaise besogne. Le premier labour peut donc avoir lieu, dans les climats chauds, dès la fin de l'automne, c'est-à-dire, là où il est avantageux que l'humidité de l'hiver pénètre jusqu'aux racines inférieures de la plante ; autrement la terre dont elles sont entourées se maintiendroit constamment compacte ou en poussière, selon sa nature. Dans les vignobles où la taille a lieu à la fin de l'hiver, le labour ne peut la suivre de trop près, afin que la terre soit essorée, non seulement avant l'épanouissement de la fleur, mais même, si cela est possible, avant l'apparition du bourgeon. La terre nouvellement remuée se couvre de vapeurs qui provoquent les gelées ; on courroit risque d'en voir frapper les productions nouvellement écloses. Le labour ne doit pas être d'égale profondeur dans toutes les terres, ni sur toutes les parties du même coteau. Les terres un peu compactes veulent être remuées plus profondément que les terres sèches et pierreuses ; vers le bas des pentes où les racines sont beaucoup plus enterrées qu'on ne le désireroit, il faut pénétrer plus avant que sur les crêtes, où les racines resteroient à nu si on ne modifioit ce travail avec intelligence. Labourez dans les vallons et dans les terres liées jusqu'à un déci-

mètre de profondeur; mais ne donnez que six ou
sept centimètres de guéret aux terres légères et
dans les pentes escarpées. Les meilleures vignes
étant presque toujours en côte, l'ouvrier doit se
placer en travers pour exécuter le labour. De haut
en bas, l'attitude seroit trop gênante, il ne pourroit la supporter. S'il travailloit de bas en haut, il
attireroit toutes les terres sur la partie basse, vers
laquelle elles ne se portent d'elles-mêmes que trop
facilement. Il ne peut que résulter de nombreux
inconvéniens de la manie de déchausser les racines
de la vigne avant l'hiver, de les mettre à découvert pour ramener la terre qui les couvre entre
deux rangées de ceps, où on lui donne la forme
d'un sillon très-bombé. Cette plante est originaire
des climats chauds de l'Asie; le froid est son ennemi le plus redoutable. Disposer ses racines de
manière à être mises en contact avec la glace, le
givre, les frimas, c'est lui préparer un traitement
tout-à-fait opposé à sa nature. Loin de tourmen-
ter ses racines en exécutant le labour, il faut au
contraire que l'instrument qu'on emploie ne fasse,
pour ainsi dire, que planer sur la terre qui avoisine le cep de plus près. La forme de l'instrument
dont on se sert doit varier comme la nature du
terrein. La bêche, par exemple, ne peut pénétrer
un sol rude et pierreux; d'ailleurs, la surface de
son tranchant est trop étendue pour qu'on ne risque
pas sans cesse de meurtrir un grand nombre de

racines. On en fait usage cependant dans quelques
uns de nos vignobles du nord; et nous convenons
l'avoir vu employer, en terre douce, avec tant de
dextérité, qu'il en résultoit un excellent travail;
mais des ouvriers aussi adroits, aussi soigneux que
ceux par qui elle étoit dirigée, sont, en général,
si rares, qu'on ne peut en conseiller l'usage pour
le labour des vignes. L'effet de la fourche est presque nul dans un sol propre à cette plante : la terre
s'échappe de tous côtés à travers les branches qui
la composent. Le crochet n'est pas dangereux, mais
il exécute mal; il ne remue pas assez la terre; il
ne la déplace pas, il ne fait que la sillonner. De
tous les instrumens de labour, le plus propre à
celui de la vigne, c'est la houe. Mais la houe se
modifie de trois ou quatre manières; savoir : la
houe commune ou presque quarrée, la houe
triangulaire ou en forme de truelle, la houe bifur-
quée, et la houe à trois branches. Il s'agit de bien
appliquer, et pour la commodité de l'ouvrier, et
pour la perfection du travail, l'une de ces formes
à l'espèce de terre qu'on laboure; et comme la
nature de la terre varie souvent dans le même
vignoble, dans la même vigne, il est rare qu'une
seule de ces formes suffise pour bien exécuter le
labour d'une vigne d'une certaine étendue. La
houe commune est préférable aux autres dans une
terre douce; la houe triangulaire convient aux
terres graveleuses; et celle à deux ou trois divi-

sions, aux terres plus ou moins pierreuses ou cailouteuses.

Pour commencer le premier labour (je suppose la vigne en pente et ayant l'exposition du sud), l'ouvrier se place au plus haut point du coteau, et de manière à s'acheminer en travers de la pente, comme je l'ai déjà dit. S'il a le midi à sa droite, il tire la terre un peu obliquement de bas en haut, et, par conséquent, de droite à gauche. Quand il est au bout de la première rangée, il ne revient point sur ses pas pour commencer la seconde, mais il entre sur-le-champ dans la deuxième. Ayant dans cette position le soleil à sa gauche, il tire la terre obliquement à lui, de bas en haut et de droite à gauche. Ce travail étant exécuté dans toute l'étendue de la vigne, sa surface doit présenter une suite non interrompue de petits sillons qui se prolongent, en serpentant, depuis la cime jusqu'au bas de la côte. Leur aspect rappelle l'image des flots d'une nappe d'eau soulevée par un orage.

On donne le second labour d'abord après que le fruit est noué. On y procède comme au premier, à la seule différence que le vigneron se place, pour le commencer, sur le point où il avoit fini le travail de la première rangée ; au lieu d'avoir le midi à sa droite, il l'a à sa gauche ; il conserve aux sillons qu'il crée leur ligne d'obliquité, mais dans un sens opposé au premier. Il tire la terre de gauche à droite, et de manière à ce que la partie qui étoit creuse devienne bombée à son tour. Ce second labour est nommé dans plusieurs vignobles, *binage*, *premier binage*, *raclet*, *premier raclet*; mais ces expressions sont impropres, parce qu'elles donnent l'idée d'un travail plus léger, plus superficiel qu'il ne doit être. Le second labour n'est guère moins important que le premier : la terre n'est complètement remuée qu'après l'avoir reçu.

Le troisième est plutôt, en effet, un binage, un sarclage, qu'un labour proprement dit ; aussi peut-il être exécuté avec plus de promptitude et avec un instrument moins lourd. Il a pour objet d'étendre la terre, d'égaliser sa surface, d'extirper les herbes dont les pluies du solstice favorisent la germination et l'accroissement, et d'attirer les rosées. Les gelées n'étant plus à craindre, il est bon que la terre se pénètre d'humidité, pour la restituer aux plantes qui en sont alors d'autant plus avides, que c'est le moment où le raisin va prendre de la grosseur. Les circonstances météorologiques ne sont rien moins qu'indifférentes pour la perfection des labours de la vigne ; aussi doit-on les avancer ou les retarder de quelques jours, suivant l'état du ciel. Un labour donné immédiatement après de longues pluies est désastreux dans les terres un peu compactes. On ne coupe alors la terre que par mottes, qui, au premier coup de chaleur, se durcissent en pierres; n'étant plus divisée, elle est privée de la qualité spongieuse qui la rend propre à s'imprégner des substances aériennes, qu'elle doit tenir en réserve pour le besoin des ceps. Si la terre est trop sèche, si la chaleur est excessive quand on donne le troisième labour, on favorise l'évaporation du peu d'humidité subterrannée qui rafraîchissoit encore les racines, on expose la plante à la brûlure; les feuilles jaunissent, tombent; la végétation s'arrête; le fruit ne grossit plus; il se dessèche et ne peut mûrir. C'est à la suite d'une pluie douce, et après que le raisin a tourné, qu'il est plus avantageux de donner le troisième labour. On dit après que le raisin a tourné, parce que, pendant la durée de cette seconde crise de la végétation, la vigne doit être impénétrable à tous. La nature veut opérer ce travail, comme celui du nouement, seule, dans le silence, et, pour ainsi dire, dans le mystère.

Le dernier labour a sur-tout pour objet de purger la terre de toutes les herbes qui consumeroient une partie de la substance nutritive de la vigne, qui attireroient sur elle une humidité surabondante, et favoriseroient les gelées d'automne. Celles-ci ne sont pas moins funestes que les printanières. Les gelées du printems détruisent une partie de la récolte; celles de l'automne la détériorent en entier, parce qu'elles sont un obstacle à la maturité du fruit. Aussi, indépendamment des labours, Olivier de Serres donne-t-il au cultivateur le conseil de visiter souvent sa vigne, « pour prévenir le dommage qu'elle pourroit rece» voir des larrons, du bestail, des vents, du trais» ner des raisins par terre, du croissement des » herbes et autres événemens ; la secourant, selon » les occurences, jusqu'à la vendange ».

Les différentes familles des herbes ne croissent pas indistinctement à toutes les températures. Celles qui se plaisent à l'ombre des bois, sur le bord des ruisseaux, dans les prairies, ne sont pas à redouter pour nos vignes ; mais il en est d'autres, et nous en comptons trente espèces au moins, qui préfèrent à tout un sol sec, graveleux, un air chaud, en un mot, le genre de terre et la température propres à nos vignes. Toutes sont dangereuses comme parasites, comme attractives de l'humidité et des gelées, et il en est un certain nombre dont les émanations communiquent au vin un goût désagréable, que l'art de le fabriquer n'est point encore parvenu à détruire.

Les plantes qui croissent le plus communément dans nos vignobles sont les mercuriales, *mercurialis annua*, *mercurialis perennis*; l'arroche, *chenopodium vulvaria*; les chiendents, *triticum repens*, *panicum dactylon*; l'oreille de souris, *myositis arvensis polygoni folio* ; le mouron, *anagallis arvensis* ; la fumeterre, *fumaria officinalis* ; la pariétaire, *parietaria officinalis* ; la crapaudine, *sideritis hirsuta* ; l'épurge, *euphorbia lathyrus* ; le laiteron, *sonchus oleraceus* ; la vermiculaire, *sedum acre* ; l'orpin ou la joubarbe des vignes, *sedum telephium* ; la morgeline, *alsine media* ; le pourpier-arroche, *atriplex patula* le porreau, *allium porrum* ; la scabieuse, *scabiosa arvensis* ; les liserons, *convolvuli* ; les aristoloches, *aristolochia clematitis*, *aristolochia longa* ; la morelle, *solanum nigrum* ; le pissenlit, *leontodon taraxacum* ; la piloselle, *hieracium pilosella* ; les soucis, *calendulæ* ; les chardons, *cardui* ; la mâche, *valeriana locusta* ; l'héliotrope, *heliotropium europeum* ; la roquette, *bunias erucago* ; la rave, *brassica rapa* ; la ronce, *rubus fructicosus* ; le coquelicot, *papaver rheas* ; la fougère, *pteris aquilina* ; le pas-d'âne, *tussilago farfara*. Parmi ces plantes, il en est dont les racines traînantes, comme les chardons, les liserons, sont tellement vivaces, que pour peu qu'il en reste quelque partie adhérente à la terre, tout l'individu se renouvelle en peu de jours. Le cultivateur vigilant ne peut se dispenser de les porter hors de sa vigne à mesure qu'il laboure ou qu'il sarcle. Il en est d'autres qui auroient bientôt repris racines si on ne les arrachoit qu'à demi, ou si on ne les enfouissoit pas en entier ; le remue-

ment imparfait de la terre leur serviroit de culture. Quant à celles dont la tige est molle, la
feuille charnue, la racine peu velue, il suffit d'un
coup de houe ou de binette pour les détruire sans
retour; couchées sur la terre, exposées aux rayons
du soleil, elles perdent en un instant le mouvement végétatif et tous les moyens de le recou-
vrer. Il n'est pas douteux que le labour à la main
a de grands avantages pour nettoyer le terrein et
pour le retourner dans tous les sens sur celui
qu'on exécute avec la charrue ou l'araire. Le cultivateur, armé de sa houe, pénètre la terre autant
et pas plus qu'il ne le veut; il évite aisément d'atteindre la souche ou les racines des ceps; il ne
casse point les rameaux, il ne froisse aucune
grappe; maître absolu de tous ses mouvemens,
il dirige à son gré l'instrument dont il se sert. Le
labour à la charrue est plus expéditif et moins
coûteux, il est vrai; mais combien il est imparfait! de combien d'accidens n'est-il pas suivi! La
terre renversée par bandes n'est jamais complètement remuée; le plus souvent le soc n'arrache
pas, mais il déplace et replante les herbes qu'il
importe essentiellement de détruire. Quelle que
soit l'adresse de celui qui le dirige, quelqu'attention, quelque bonne volonté qu'il mette à bien
faire, entrez dans la vigne quand il en est sorti;
parcourez son ouvrage, et vous trouverez à peine
quelques sillons parfaits; vous verrez des ceps

renversés, des racines en l'air, des grappes détachées, des rameaux épars, et vos yeux n'apper-
cevront qu'une foible partie du mal : les meur-
trissures, les déchiremens faits au souches et aux
racines sont innombrables ; mais la terre les soustrait à vos regards. Les inconvéniens, les imper-
fections du labourage de la charrue sont trop
évidens pour que les propriétaires qui l'emploient
essayent même de se les dissimuler. Mais ils al-
lèguent, pour se justifier, la rareté des bras,
quoiqu'il n'y en ait guère moins d'oisifs dans nos
provinces méridionales qu'ailleurs. Nous trouvons
d'amples dédommagemens des vices de nos labours, disent les cultivateurs de ces contrées, dans
la maturité de nos raisins, favorisée par une température plus chaude et dans l'absence des gelées,
fléaux dont sont frappées si souvent les vignes du
centre et du nord de la France. Il faudroit un
meilleur raisonnement pour justifier un pareil
abus ; plus un climat est propre à un genre de
culture, plus on doit mettre de soins à le seconder.
Et puis, quand on considère la négligence d'un
grand nombre de ces propriétaires à faire un
meilleur choix de cépages, à diminuer des trois
quarts le nombre des espèces ou des variétés qui
peuplent leurs vignes, le peu d'attention qu'ils
mettent dans la fabrication de leurs vins, on a
bien le droit de soupçonner leurs calculs d'inexac-
titude. Est-il vraisemblable qu'il puisse y avoir

du bénéfice à mal façonner son bien où à ne le façonner qu'à demi, sur-tout dans les pays où la nature est si bien disposée, comme dans nos départemens méridionaux, à seconder les efforts du cultivateur ?

Les mêmes raisons peuvent être employées à combattre le système des viguerons du nord, qui croient gagner beaucoup à beaucoup fumer leurs vignes. Par ce moyen, ils obtiennent à la vérité des récoltes plus abondantes, plus de vin, mais un vin sans qualité, qui n'est jamais de garde, et qui rappelle souvent, quand on le boit, l'odeur des substances dégoûtantes qui l'ont produit. Comment peut-on croire qu'il y ait de l'avantage à détériorer sa récolte, à faire perdre aux productions de son domaine la réputation dont elles jouissoient, ou à les priver de celle qu'elles sont susceptibles d'acquérir ? Comment peut-on s'imaginer qu'il y ait du bénéfice à fabriquer un vin qu'on est forcé de vendre tout chaud, au sortir de la cuve, quand on pense que souvent sa valeur seroit quintuplée après deux ou trois ans de garde ?

Le fumier communique à la vigne une nourriture trop abondante. Le suc nourricier, réduit en gaz et reçu par les orifices des racines capillaires et par les trachées des feuilles, pénètre et circule dans les conduits séveux, forme la charpente de la plante, et lui fournit la substance des jets, des feuilles, des fleurs et des fruits ; plus le suc nourricier est abondant, plus le diamètre des vaisseaux se distend ; et le cours de la séve est d'autant plus rapide, que les canaux qu'elle parcourt ont plus de capacité ; ainsi la séve circule moins élaborée ; il n'en peut résulter qu'un vin plat, insipide, dénué des principes de l'alkool. D'ailleurs, cette abondance de la récolte, cette brillante végétation, ne sont, en quelque sorte, qu'illusoires, parce qu'elles ne peuvent être que passagères. Dans les vignobles où la méthode de fumer est introduite, on ne fume guère que tous les dix ans. Il n'est pas douteux que l'effet des fumiers est très remarquable pendant les trois ou quatre premières années qui suivent leur introduction dans la vigne : mais une année de plus, et les ceps languissent déjà ; ne trouvant plus ni la même nourriture ni la nourriture abondante à laquelle on les avoit accoutumés, ils souffrent de cette privation, et souvent en succombent. On perd ainsi une partie de ses plants par trop ou trop peu de nourriture.

Le fumier composé de litières nouvellement sorties des étables et des écuries doit être absolument proscrit des vignes, de même que les dépôts des voieries et les gadoues ; mais la vigne peut recevoir, et souvent il est avantageux de lui donner des amendemens où des engrais qui suppléent à la maigreur de la terre, à son épuisement ou à ce qu'elle laisse à désirer pour le plus grand avantage de ce genre de culture. Au-engrais ne paroît lui mieux convenir que la terre végétale proprement dite; elle résulte de la dé-décomposition des végétaux. Les mousses, les feuilles, les gazons mêlés ensemble, réunis en grandes masses et abandonnés pendant deux ans à l'effet de la fermentation, forment cet engrais par excellence. Cependant, comme il est souvent impossible de se procurer en quantité suffisante ces principes du meilleur des amendemens, les cultivateurs intelligens ont recours aux terres qui résultent du curage des rivières, des étangs, des fossés, aux balayures des chemins et des rues; ils en forment des monceaux composés alternativement d'une couche de ces sortes de terres et d'une couche de vieux fumier de bœufs ou de vaches, de chevaux ou de bergeries; ils laissent hiverner ce mélange, le remuent ensuite, à la bêche, dans tous les sens et à plusieurs reprises pendant une année, après laquelle ils le transportent dans les vignes. Les qualités des différens engrais étant très-inégales, on ne doit se déterminer pour la préférence qu'on donne à l'un sur les autres, que d'après la nature et l'exposition du terrein qui doit le recevoir. Tel engrais seroit mortel pour les ceps d'un vignoble, pour ceux qui sont placés dans certaines parties d'une vigne, et qui, ailleurs, dans le même canton, dans d'autres parties de la même vigne, ranimeroit la végétation, revivifieroit les plants, les rajeuniroit en quelque sorte. On amende les parties les moins sèches des vignes en y répandant du sable, et sur-tout du sable de ravins, parce qu'il est constamment mêlé d'humus, avec des coquillages, des marnes et autres substances calcaires. On peut leur donner pour engrais les cendres, la suie, la colombine, la poulnée, et même les matières fécales; mais il est indispensable que celles-ci aient été long-tems exposées à l'air, et qu'elles soient réduites en poudrette. Tous doivent être mêlés en général avec de bonnes terres franches, pour en rendre l'effet moins actif et plus durable. S'il est des circonstances où il soit avantageux de les distribuer seuls et sans aucun mélange, comme sur des terres excessivement humides, vu leur conversion en vigne, on ne doit les répandre qu'à la main, par poignée, comme on sème le blé. La terre végétale seule est capable de ranimer pour plusieurs années la végétation des ceps qui languissent dans les terreins maigres et vers la crête des coteaux les plus élevés. Ainsi le grand art d'amender et de fumer réside dans la connoissance de l'effet des différens engrais et dans leur application proportionnée au besoin des différentes espèces de terres. En les composant, en les mêlant avec des terres franches

ou

ou végétatives, dans la mesure d'une moitié, d'un tiers ou d'un quart, et même en n'employant que du sable, de la marne, ou seulement de la terre, on modifie à volonté l'effet de tous. Quelques cultivateurs ont employé des raclures de cornes, dans la proportion de vingt hectolitres par demi-hectare ; quelques vignerons des environs de Metz font usage des ongles des pieds de mouton. Un nommé Lambert, cultivateur de vignes dans le voisinage de Couson, se servoit des retailles des étoffes de laine qu'il achetoit aux tailleurs et aux frippiers. Toutes ces matières ont réussi, comme engrais de la vigne ; elles contiennent en effet beaucoup d'hydrogène et de carbone, deux des principaux agens de la végétation. Enfouies dans la terre, leur décomposition est lente, presque insensible, et ne peut guère entraîner d'autre inconvénient que de communiquer au vin quelque goût particulier ; mais la difficulté de s'en procurer en quantité suffisante pour les grandes exploitations ne nous permet pas de nous en occuper ici particulièrement, parce que nous n'avons en vue que d'établir les principes généraux de la culture des vignes.

L'automne est le tems qu'on choisit ordinairement pour le transport des engrais. Le cultivateur est moins pressé de travail pendant cette saison que dans les autres ; les terres, les engrais sont moins pesans et plus faciles à charroyer, parce qu'ils n'ont pas encore été pénétrés par l'humidité des pluies. On`les transporte à dos d'ânes, de mulets ou de chevaux, dans des paniers dont le fond est à charnière d'un côté, et tenu, clos de l'autre, par le moyen d'une cheville. Il suffit de la tirer, pour que, par l'effet du poids, le fond s'ouvre et la décharge s'opère. On laisse l'engrais ainsi amoncelé, d'espace en espace; et la combinaison achève de s'opérer entre les différentes parties dont il est composé, en attendant le moment de l'étendre. Dans les vignes à pentes douces, on emploie les voitures à ce transport; et de toutes celles que nous connoissons, il n'en est point de plus commode pour terrer ou terroter non seulement les vignes, mais tous les champs, à quelque sorte de culture qu'ils soient consacrés, que le petit tombereau à bascule et en forme de trémie, qu'on nomme *Perronet*, du nom du célèbre ingénieur qui l'a inventé. Un enfant de quatorze ou quinze ans peut le charger, le conduire et le décharger avec la plus grande facilité. On pénètre dans la vigne par les allées qui ont dû être formées au tems de la plantation, soit pour séparer entr'elles les espèces et les variétés des cépages, soit pour exporter la vendange. Elles servent aussi de dépôt aux engrais, jusqu'à ce qu'ils soient répartis dans les massifs avec des hottes ou des paniers;

travail dont les femmes et les enfans s'occupent, à mesure qu'on taille, et immédiatement avant le premier labour. En le donnant, on mêle l'engrais avec la terre pour faciliter leur combinaison.; on l'enfouit pour le soustraire à l'air; autrement il attireroit l'humidité et favoriseroit les gelées. On doit l'étendre le plus également qu'on le peut sur toute la surface du terrein, et non par poignées au pied des ceps : ce n'est pas à un ou deux centimètres de la souche que sont placés les orifices des racines; elles se sont traînées bien au-delà; d'ailleurs elles savent s'étendre, se détourner s'il le faut, et aller chercher l'engrais par-tout où il se trouve.

La méthode de fumer la vigne tout-à-la-fois est à réformer. D'abord, le besoin d'engrais n'est pas par-tout le même; et s'il résulte quelque accident de celui qu'on a employé, comme des obstructions dans les canaux séveux, une végétation forcée, ou quelque mauvais goût au vin, n'étant que partiel, l'effet en sera, pour ainsi dire, insensible. Il est donc préférable de n'amender annuellement qu'une certaine quantité de terre, et de renouveler les engrais plus souvent et avec discrétion, que d'en employer beaucoup à-la-fois, et seulement tous les dix ans.

Les fumiers frais, les engrais tirés des voieries, les matières fécales non encore converties en poudrette, ne sont pas les seules substances qui impriment au vin un mauvais goût, et que, par une expression impropre, on nomme généralement goût de terroir. La vigne est douée d'une telle force d'aspiration qu'elle attire, pompe, et s'assimile toutes les substances vaporisées suspendues dans l'air, ou combinées avec l'eau qui sert de véhicule à ses principes nutritifs. On devroit distinguer, je crois, deux sortes de goût de terroir : goût naturel, goût artificiel de terroir. Le premier est dû à la dissolution, à la vaporisation d'une partie des substances minérales et métalliques qui composent le sol de certains vignobles. Ces dissolutions, ces vaporisations opérées par l'action continuelle de l'air, par la chaleur et par l'humidité atmosphérique, se confondent avec les élémens de la séve, s'introduisent avec eux dans les plantes, et restent suspendues dans toutes les parties qui les composent. Tel est, sans doute, le principe du goût de terroir naturel, et qu'on désigne dans certains vins sous les noms de pierre à fusil, de goût de truffe, de violette, de framboise, etc. Ces goûts sont inhérens à la nature du sol et indépendans de la volonté et du travail des hommes ; d'ailleurs ils sont plutôt remarqués comme une qualité que comme un vice dans le vin. Mais il n'en est pas ainsi du goût de terroir artificiel. On peut attribuer celui-ci à plusieurs causes différentes. Tan-

tôt il est dû aux émanations odorantes de la corolle et quelquefois même des feuilles de quelques plantes qui croissent dans certains crûs de
vignes, et qu'on néglige de détruire à tems, telles
que l'aristoloche, le souci, la verveine, la mer-
curiale, la ronce, etc. Tantôt il résulte des parties gazeuzes des fumiers frais, des excrémens
humains, des engrais tirés des voieries et de ceux
formés des plantes grasses qui croissent sur les
bords de la mer. Quelquefois il suffit qu'une vigne
soit exposée à la fumée d'un four à chaux, d'un
fourneau de charbon, ou de quelque usine où
l'on consomme du charbon de terre, pour que
la vigne s'en imprègne, et transmette au vin un
goût détestable. Les vignes plantées sur des coteaux situés sous le vent de ces fumées sont beaucoup plus susceptibles de s'imprégner de leur
odeur, que celles de la plaine. Cette différence
doit être attribuée sans doute à l'effet de l'ascension naturelle de la fumée qui, portée par le
vent, est retenue, et, pour ainsi dire, condensée
par l'opposition que la coupe verticale et l'élévation du terrein forme à sa raréfaction. Ce fait
est constant et reconnu par tous les propriétaires
de vignobles voisins des fours à chaux. Il suffit
de voir s'élever un de ces fours, pour que l'a-
larme se répande aux environs, dans la crainte
bien fondée de la détérioration du vin et de la
diminution de plus de la moitié de son prix.

Il paroît 1°. que c'est vers l'époque où le raisin touche à sa maturité, et que l'enveloppe de ses baies et toutes les parties de la plante sont parvenues au plus haut degré de leur dilatation, que les substances fuligineuses s'implantent, pour ainsi dire, dans la pellicule des grains et dans le tissu cellulaire des rafles : aussi les habitans de Beaune, qui ont un si grand intérêt à conserver à leur vin toutes ses qualités et toute sa délicatesse, se font-ils une loi de ne brûler dans les rues, pendant les quinze jours qui précèdent la vendange, ni feuilles, ni paille, ni chenevottes, de peur que la fumée n'imprime quelque mauvais goût au vin.

2°. Que le goût de certaines substances gazéifiées auxquelles l'eau ou les élémens de la séve ont servi de véhicule pour les introduire dans la plante, est masqué dans le fruit par le muqueux-sucré, et mis à nu dans le vin par l'effet de la fermentation, puisqu'on ne l'apperçoit pas dans le fruit lorsqu'on le mange. Henckel a remarqué que des grains, pour la récolte desquels on avoit employé des excrémens humains, avoient donné une bière du plus mauvais goût. Le célèbre Rouelle a analysé à plusieurs reprises, devant ses élèves, des vins fabriqués sur les côtes de l'Aunis, où le raisin traîne sur la terre, et où l'on fume les vignes avec des plantes marines, et il en a constamment obtenu, et dans une assez forte proportion, du muriate de soude en nature.

3°. Que ce n'est pas seulement dans la rafle ou dans la pellicule des grains que résident certains principes qui donnent le goût de terroir, puisque plusieurs de ces mêmes vins ne subissent la fermentation qu'après l'égrappement ; et que, dans d'autres, la fermentation ne s'établit dans le moût qu'après avoir été séparé des pellicules du raisin.

4°. Que les principes du goût de terroir se modifient diversement dans les plantes, suivant la diversité des espèces et la variété des cépages, et peut-être aussi suivant les circonstances qui accompagnent la fermentation. On a observé que, dans le beau vignoble de Sauterne, dont les vins blancs sont si estimés, et dont le goût particulier est celui de la pierre à fusil, le peu de vin rouge qu'on y recueille a un goût de terroir très-fort et très-désagréable ; il a de l'amertume, une sorte de saveur alumineuse qui diminue, il est vrai, à mesure que le vin vieillit, mais qui ne se perd jamais en entier. Les émanations des plantes qui croissent et qui meurent dans ce sol ; celles des fumiers et des engrais qu'on répand sur le terrein, doivent être absorbées par les vignes blanches comme par les vignes colorées ; cependant, comme l'effet en est très-différent dans le vin blanc et dans le vin rouge, n'est-il pas naturel de conclure, ou qu'elles se modifient diversement dans ces deux sortes de cépages, pendant la vé-

Y 4

gétation, ou que la dissemblance de leurs résultats provient de la différence des procédés qu'on emploie dans la fabrication de l'un et de l'autre de ces vins ?

La lenteur que met la nature dans ses œuvres ne contribue pas peu , sans doute, à leur perfection. Aussi sommes-nous très-portés à croire que les substances minérales et métalliques qu'elle détache insensiblement de la masse du sol, pour être ensuite combinées avec les élémens de la séve, dans une juste mesure , et avec la sagesse qui préside à toutes ses opérations , sont les vrais principes du goût de terroir que nous avons appelé naturel , et que souvent on devroit nommer parfum. Nous pensons encore que les gaz qui s'échappent, pour ainsi dire , par flots de certaines plantes parasites , de certains engrais ou des engrais mal composés , mal appropriés au sol , sont la cause du goût de terroir artificiel et l'origine de la saveur quelquefois détestable, inhérente aux vins de certains crûs. Ces observations, qui ne sont pas étrangères , sans doute , à un certain nombre de cultivateurs, avertissent tous les vignerons qu'ils ne peuvent mettre trop de soins dans la composition des engrais , trop de circonspection dans leur distribution ; et enfin , qu'on ne peut être trop attentif, trop diligent à sarcler, à *esherber* les vignes.

SECTION V.

Des accidens et des maladies qui surviennent à la vigne, et des différens moyens de la renouveler.

Souvent les élémens, les hommes et les animaux semblent s'être concertés pour porter de funestes atteintes à la vigne, sur-tout vers les contrées du nord. Dans les régions méridionales, où les gelées sont rares, où la chaleur atmosphérique permet de donner un grand espacement aux ceps, où leur végétation est active et vigoureuse, sans que l'abondance de la séve soit un obstacle à la maturité du fruit, elle est à l'abri des maladies et des accidens, ou du moins leur effet est peu sensible ; mais, dans les pays septentrionaux, il en est tout autrement, parce que la vigne y est nécessairement foible et délicate. Il n'est pas douteux qu'une plante robuste s'apperçoit à peine d'une atteinte qui sera mortelle pour un individu de la même espèce, moins fort, moins vigoureux. Maupin, qui avoit fait cette observation, en tiroit une conséquence très-avantageuse, au premier apperçu, en faveur de son systême. Mais nous avons prouvé par le raisonnement et par l'expérience, que si la vigne étoit espacée par-tout comme il le prescrit, le raisin ne mûriroit pas dans les deux tiers de nos vignobles. Il faut donc avoir recours à d'autres moyens , du moins pour les pays où celui-ci est impraticable. Nous avons tâché de recueillir ceux qui ont été mis en usage jusqu'ici avec quelque succès , pour les présenter au lecteur. Tous ne sont pas également satisfaisans; mais on n'en peut espérer de meilleurs que du tems, des remarques et du zèle des bons observateurs.

Les accidens les plus graves , occasionnés par l'intempérie des saisons, sont les gelées du printems et la coulure. Ceux qui sont l'effet des déchirures aux racines , des blessures aux tiges , d'une séve surabondante , doivent être attribués à la négligence , à la mal-adresse ou à l'aveugle cupidité des hommes; la voracité de quelques insectes donne lieu aux autres.

« Les gelées sont aucunement destournées de
» la vigne , dit Olivier de Serres, si en les preue-
» nant on fait , en plusieurs lieux d'icelle , des
» grosses et espesses fumées avec des pailles hu-
» mides et des fumiers demi-pourris , lesquelles
» rompant l'air dissolvent ses nuisances. »

Plusieurs personnes ont fait , de nos jours , cette expérience, et elle a pleinement réussi. Voici les détails du procédé qu'emploie le citoyen Jumilhac, l'un de nos cultivateurs les plus éclairés. La gelée n'étant vraiment dangereuse que lorsque le soleil levant frappe sur les nouveaux bourgeons

de la vigne et les brûle, le grand art est de diriger la fumée de manière à intercepter ses rayons
jusqu'à ce que l'atmosphère soit assez échauffée
pour résoudre la gelée en rosée.

La vigne du citoyen Jumilhac, située dans le
département de Seine et-Oise, entre Orléans et
Paris, est exposée à l'ouest; une montagne de
sablons la garantit de l'est; au nord, elle a un
mur pour abri, et elle est ouverte au midi. Le
propriétaire fait ramasser des herbes et des roseaux; on les mêle avec de mauvais foin et de la
paille mouillée; on en forme, vers l'est, des
rondes de cinquante en cinquante pas; on en
place de même dans les allées intérieures de la
vigne et le long de ses bords. Le propriétaire fait
veiller quand il présume que le froid du matin
peut être redoutable; si la rosée n'est pas sensible
vers le milieu de la nuit, c'est un pronostic certain de la gelée. Alors, une heure avant le lever
du soleil, il fait mettre le feu aux tas d'herbes;
on a soin de leur faire donner peu de flamme,
mais beaucoup de fumée. Si le vent souffle, il
vient ordinairement du nord-ouest ou du nord-
est. On porte alors toute l'attention de ce côté,
afin que la fumée se répande sur tous les points
de la vigne. S'il ne fait point de vent, on ne s'occupe qu'à former beaucoup de fumée du côté de
l'est, pour combattre les rayons du soleil. Le 23

mai 1793, le citoyen Jumilhac lutta contre eux, depuis trois heures du matin jusqu'à huit heures, sans que le soleil pût pénétrer dans sa vigne. La fumée étoit si épaisse que les habitans d'un village éloigné de sa demeure d'environ trois kilomètres n'appercevoient le soleil que comme on le voit quand il est prêt à percer un nuage. Pour constater de la manière la plus certaine l'effet de cette expérience, le citoyen Jumilhac avoit privé de la fumée une planche entière de sa vigne, adossée au mur qui la garantit du nord. Aucun bourgeon de cette partie n'échappa au désastre de la gelée, et ceux du surplus furent presque tous conservés. Cependant ce vignoble gela en entier, le 31 mai de la même année, parce que la personne qui avoit été chargée de veiller, crut appercevoir de la rosée, à une heure du matin; elle se reposa sur cette apparence, s'endormit, et se réveilla trop tard pour combattre le fléau.

Ce moyen de la fumigation contre la gelée est pénible et coûteux à employer, cela est vrai; il suppose une vigilance constante, beaucoup de sagacité, un zèle vraiment actif: mais son effet est certain. Nous n'en pouvons pas dire autant des expédiens qui ont été employés jusqu'ici pour prévenir la coulure. Cependant il est bon d'observer que l'époque de l'ébourgeonnement peut contribuer puissamment à la prévenir ou à la favoriser.

Les étamines constituent les parties mâles de la génération des plantes, et le pistil les parties femelles. Les unes et les autres sont placées, dans la vigne, au centre de la même corolle. C'est de l'union des sexes que résulte la fructification ; et pour que cette union s'opère parfaitement, la ténuité des parties exige les circonstances les plus favorables dans le tems. Une pluie longue et froide, un vent impétueux et chaud, la dérangent nécessairement. Le froid resserre toutes les parties de la génération ; l'eau empâte les unes et bouche les autres ; la chaleur dessèche les vapeurs fécondantes, le vent les entraîne et les disperse. Dans l'un ou l'autre de ces cas, la fleur avorte, et l'avortement de la fleur produit toujours la coulure. Quand cet accident est produit par la cause dont nous venons de parler, il n'est aucun moyen de le prévenir ou de le réparer ; il faut se soumettre et n'attendre de dédommagement que de la récolte subséquente. Mais il n'arrive que trop souvent, sur-tout dans la vigne, que la coulure a lieu, même après la fécondation parfaite ; c'est-à-dire, que le fruit étant noué se détache du petit péduncule par lequel il tient à la rafle, et disparoît. Cet accident est l'effet d'une végétation trop active, ou d'une séve trop abondante. Cette séve, portée avec violence et rapidité vers les parties très-délicates de la grappe, ne donne pas le tems aux embryons de se l'approprier ; elle les chasse, pour ainsi dire, comme par l'effet d'une impulsion spontanée, et les remplace en se changeant et en se prolongeant en bois. Cette théorie paroît évidemment confirmée par l'expérience suivante : Aussitôt que les fruits d'un cep sont noués, enlevez adroitement, avec une petite lame bien tranchante, sur le vieux bois qui porte immédiatement un nouveau bourgeon, une portion de la substance corticale, jusqu'à la partie ligneuse, et seulement de la hauteur de quelques millimètres. Ayez soin que toute la partie ligneuse soit mise circulairement à découvert, mais sans être endommagée, sans avoir reçu la moindre atteinte. Recouvrez-la ensuite, en remplacement des pellicules et du liber enlevés, avec un fil de coton ou de laine, et vous serez bientôt à portée de vérifier l'effet de ce procédé. Quelque commun qu'ait été le mal de la coulure dans les autres parties de la vigne, vous verrez que la branche mise en expérience en aura été tout-à-fait exempte ; et cela, parce que la solution de continuité, dans la partie corticale, ayant nécessairement ralenti le flux de la séve, a permis à la grappe de tourner à son profit tout ce qui s'en est porté vers elle. Malheureusement ce procédé exige trop de tems et des soins trop minutieux pour pouvoir être exécuté en grande exploitation, ou ailleurs que dans les jardins et sur des treilles spécialement affectionnées ; mais il jette un grand jour sur

la marche de la séve dans les végétaux , et met à
découvert une des principales causes de la coulure des raisins. En conséquence, le citoyen Béf-
froy accuse fortement d'impéritie les vignerons
qui ébourgeonnent la vigne pendant la floraison
parce qu'ils font refluer la séve vers les grappes.
Il résulte des expériences comparatives que ce
cultivateur a faites , en ébourgeonnant la vigne,
et taillant le pêcher à trois différentes époques de
leur végétation , savoir, avant, pendant et après
la floraison , que le fruit de l'une et de l'autre
espèce de ces végétaux a constamment coulé ,
quand les retranchemens ont été faits pendant la
fleur.

Une vigne n'a pas été frappée par une gelée
récente , son fruit n'a pas coulé ; et cependant
elle présente un aspect affligeant. Quoique jeune,
elle a l'air de languir ; les pétioles sont mous ; les
feuilles sont penchées ; quelques unes même pâ-
lissent ; son fruit est fané, quand il devroit être
lisse et rebondi. Quelquefois la plus grande partie
des ceps annonce une végétation saine et vigoureuse ; mais il en est un certain nombre qui mar-
quent de la souffrance : ainsi le mal peut être général ou n'être que partiel. Il importe de se rappeller
l'état du tems, et la manière dont les saisons se sont
comportées pendant l'année précédente ; si les circonstances météorologiques n'ont pas été favora-

bles à la végétation, si les ouvrages ont été faits à contre-tems, si on a tourmenté la terre, si le fruit et les sarmens ont été nourris d'humidité, et si, au tems de la taille dernière, on n'a pas rabattu sur le vieux bois, on aura commis une grande faute. Quand les sarmens ont été frappés de la grêle, les boutons voisins de la blessure ne peuvent donner que de foibles rejetons : c'étoit encore le cas de tailler à quelques centimètres au-dessous des plaies. Si après les vendanges on n'a pas eu le soin de couper les liens qui attachent les rameaux aux pieux, aux perches, aux échalas, la neige, le givre, les frimas y séjournent, et leur contact produit des gerçures et des ulcères, qu'il est important de retrancher au tems de la taille.

Les engrais non mûrs, encore visqueux ou répandus en trop grande abondance, obstruent les conduits de la séve, et la plante ne tarde pas à succomber, si on ne s'empresse de modérer l'effet de cette nourriture trop substantielle. Le seul moyen de remédier efficacement au mal, c'est de transporter promptement dans la vigne du sable sec, du gravier, de la terre de bruyère, des débris de bâtimens, ou des décombres de carrières.

Le procédé qu'on emploie le plus communément pour provigner cause à la vigne de fréquentes maladies. Ce plancher de vieux bois que l'on construit, pour ainsi dire, entre deux terres, finit enfin
par

par se corrompre, par pourrir. Il n'est plus alors qu'un levain pestilentiel, qui se communique aux plantes voisines, et sur-tout à celles qui adhèrent encore, par leurs racines, aux vieilles mères-souches en état de décomposition. Vous voyez souffrir un cep ; le siège de la maladie n'est point apparent ; hâtez-vous de le déchausser, de fouiller la terre ; suivez la trace du vieux bois ; ce ne sera souvent qu'à un ou deux mètres de distance du provin, que vous trouverez la vraie, la seule cause du mal ; elle réside dans la partie chancie de l'ancienne souche, qui communique à la jeune un suc morbifique ; séparez-les l'une de l'autre ; extirpez la première du terrein, n'y laissez subsister aucune de ses parties. Quant à la seconde, examinez attentivement toutes ses racines ; s'il en est quelques-unes d'ulcérées, ne craignez pas de les retrancher jusqu'au vif, et recouvrez le chevelu sain qui reste avec la terre émiée de la surface du sol.

Quelque attentif que soit le vigneron, il est rare que le fer qu'il emploie au labour ou au sarclage, n'atteigne quelque tige. Il en résulte des blessures d'autant plus dangereuses, que souvent il s'en extravase abondamment une substance lymphatique, qui n'est autre chose que la séve destinée à la reproduction de toutes les parties de la plante. La blessure est ancienne ou nouvelle. Dans le premier cas, le suintement est médiocre ; on l'étanchera facilement avec l'onguent de Saint Fiacre, ou seulement avec de l'argile. J'ai éprouvé que de la suie, ou de la fine poussière de charbon, mêlée avec du savon mou, et réduite en consistance de pâte, étoit un reméde efficace. Il est plus difficile d'arrêter l'écoulement d'une plaie récente, parce qu'il est plus rapide. L'application de l'onguent dont on vient de parler, celle de la cire molle, du goudron, et même d'un fer chaud, est quelquefois insuffisante. Alors, dépouillez de sa première enveloppe extérieure toute la partie du cep qui avoisine la blessure; pompez-en l'humidité avec un linge usé, ou mieux encore, avec une éponge, et enveloppez la branche ou la tige blessée d'un morceau de vessie ou de baudruche, enduit de poix, en forme d'emplâtre; on assujettit cet appareil avec un gros fil ciré; on le laisse subsister pendant un mois. Le point important est de soustraire la blessure au contact de l'air.

Les bévues des hommes, l'intempérie des saisons, ne sont pas les seuls ennemis que la vigne ait à combattre. Plusieurs genres d'insectes lui font une guerre presque continuelle, sur-tout dans les régions septentrionales, parce que la plupart ne résistent point aux fortes chaleurs des contrées du midi. Les plus nuisibles de ces insectes sont le ver de la vigne, deux espèces de charançons, le gribouri, les hannetons, les limaçons.

I. Le ver de la vigne. Il y a apparence que
son œuf est déposé dans le tems que le grain
est encore très-petit et très-tendre, puisque la
piquure que l'insecte a faite pénètre jusqu'au
pepin, et que le pepin même en est quelquefois
profondément creusé ; mais pour l'ordinaire, et
presque toujours, il en porte l'empreinte.

Le grain dans lequel le ver a été déposé ne parvient pas à la même maturité que les grains voisins ;
il mûrit à moitié, et se dessèche sans pourrir. L'endroit de la piquure du papillon ressemble à une piquure d'épingle extrêmement fine ; tous les environs
sont légèrement bleuâtres ; la peau est lisse ; le dessous de cette peau bleuâtre est calleux, dur ; la piquure
est au centre. L'œuf éclos et devenu ver se nourrit
d'abord de la chair du grain, dont il sort en élar-
gissant la piquure, qui ressemble alors à celle d'une
grosse épingle. Ce ver, aussi tôt après sa sortie,
se file de petits conduits semblables à des tubes
qui ont des communications les uns avec les autres,
pour se porter aux grains voisins de sa retraite,
qu'il pique, et dont il tire une nourriture plus
agréable que celle du grain qui lui a servi de
berceau, puisque les premiers approchent de leur
maturité. Peut-être a-t-il besoin d'une nourriture
plus acide dans les premiers jours de son existence,
puisqu'il creuse un peu tout autour de lui, et qu'il
ne sort de son berceau que lorsque le raisin ap-

proche de la maturité. Il est aisé de distinguer le grain qui a été son berceau, des grains dont il se nourrit ensuite. La piquure de ceux-ci est toujours vers le péduncule du grain, tandis que celle des premiers est placée sur la rondeur du grain. Peut-être que la peau trop tendre ne présente pas assez de prise aux petites serres de l'insecte, mais que vers le peduncule il trouve un retour, une espèce de gouttière sur laquelle ses serres ont plus d'action.

On ne rencontre presque jamais cet insecte sur les raisins dont les grains sont très-espacés ; il est sans doute nécessaire que les grains soient serrés pour pouvoir étendre leurs soies, se ménager des communications. Peut-être est-ce aussi la raison pour laquelle ils attaquent le grain vers le pédun-cule, ne pouvant se glisser entre les grains, et par conséquent étant obligés d'établir leurs galeries dans les différentes ramifications de la grappe.

On ne doit pas être surpris si la pourriture n'affecte qu'une seule partie du raisin ; et si on examine attentivement, on verra sous ces grains pourris les galeries soyeuses de l'insecte, qui les attachent les uns aux autres.

Cet insecte est-il la cause de la pourriture ? Il l'occasionne, mais il n'en est que la cause secon-daire. Dans les années chaudes et sèches, il n'y a point de pourriture; plus l'automne est humide, plus la pourriture est complète. Dans les tems de pluie, les feuilles, les racines portent dans le raisin une séve trop abondante, trop délayée, trop aqueuse; l'écorce sans cesse renouvelée, s'amincit, se ramollit, et l'insecte la perce facilement. Dans les années sèches, au contraire, le grain est moins aqueux, l'écorce est plus dure, plus coriace, et l'insecte ne peut la pénétrer. Quand le raisin est trop chargé d'humidité, on voit souvent une gerçure longitudinale s'étendre le long de l'enveloppe, et la pulpe du grain est à découvert; alors le raisin pourrit aussitôt, parce que cette pulpe est exposée à l'air. C'est à tort qu'on attribue ce mal aux vers: ils en profitent, il est vrai, pour vivre plus commodément; mais ils n'en sont pas les auteurs, puisqu'ils ne creusent le grain qu'autant qu'il le faut pour pouvoir s'y introduire, aller butiner, entrer et sortir à leur aise; mais le trou est toujours rond. On doit distinguer ce trou de celui que font les oiseaux, quoiqu'il soit également rond. Celui que font les oiseaux est évasé, plus large à l'écorce que vers la base, et il est rare que la pourriture en soit la suite. L'oiseau ne coupe pas, ne mâche pas, mais il suce, il pompe le suc; et la quantité de la substance aqueuse étant diminuée, l'écorce s'allonge, va jusqu'au pepin, où elle adhère alors, et le fruit se conserve. Les cerises, les grains de raisin becquetés, sont même plus doux, plus sucrés, plus agréables que les autres, parce que ces animaux ont enlevé une grande partie de l'eau surabondante de la végétation, et que la substance muqueuse-sucrée s'est plus rapprochée. Il ne se fait point dans ces fruits une reproduction de nouvelle chair, mais un simple prolongement de la peau qui recouvre la chair.

Le *ver de la vigne* se tient enfermé dans le grain pendant la nuit; pendant la rosée du matin, dans les tems froids, on le voit quelquefois se promener au soleil sur le raisin; mais au moindre bruit, au plus léger mouvement, il se cache avec promptitude.

II. L'urbec et le becmore sont deux insectes très-nuisibles à la vigne. 1°. Le becmore à étuis rouges, *rhinomacer niger, elytris rubris, capite thoraceque aureis, probiscide longitudine ferè corporis*; Geoffroy. C'est le même que le *curculio Bacchus* de Fabricius. 2°. Le charançon, nommé, par Linné, *curculio betulœ, longi-rostris, thorace antrorsùm sœpè spinoso, corpore viridi aurato, subtùs concolore.* Ces deux charançons paroissent sur la vigne lorsque le bourgeon a environ deux décimètres de longueur; ils s'attachent aux feuilles nouvelles, les roulent, les tournent en spirale, et pondent, dans les replis qu'ils ont formés, deux œufs extrêmement petits. On trouve souvent enfermés dans ces espèces de cornets le

mâle et la femelle. Les deux œufs ne sont jamais
ensemble, mais dans des circonvolutions différentes. La nature, qui veille toujours à la conservation des espèces, a donné à ces insectes l'instinct
de couper le bourgeon à moitié ou aux deux tiers,
avant d'en rouler les feuilles, parce que si la séve
s'y répandoit avec trop d'activité, ils ne leur trou-
veroient pas la flexibilité nécessaire pour les con-
tourner à leur gré. La forte incision qu'ils font aux
bourgeons est le principe du mal, puisqu'elle détruit l'espoir de la récolte. La larve de ces charançons n'est pas moins funeste aux vignes que
l'insecte parfait, parce qu'elle se nourrit, comme
lui, du bourgeon et du péduncule des feuilles. Ces
insectes sont connus des vignerons sous les noms
d'*urbec*, *urbère*, *coupe-bourgeon*, *diableau*, *béche*,
lisette, *velours-verd*, *destraux.*, etc.

III. Un gribouri, que Fabricius a désigné sous
le nom de gribouri de la vigne, *cryptocephalus
vitis*; Linné le range dans les chrysomèles. Quelques écrivains ont confondu le gribouri avec les
charançons dont on vient de parler; mais la manière dont ils attaquent la vigne est très-différente.
Le gribouri ronge les feuilles, fend les grains du
raisin; mais il ne coupe ni le bourgeon ni les pé-
duncules. Lorsque la vigne est attaquée par le gribouri, ses feuilles sont percées comme un crible;
son bois maigrit, il est peu nourri; son fruit est
rare et mal conditionné.

Z 4

IV. Le hanneton , *scarabœus melolontha.*
LINNÉ. Sa larve, connue sous les noms de *ver
blanc*, de *turc*, de *man*, est beaucoup plus funeste
à la vigne que l'insecte dans son état de perfection.
Le charançon n'est, pour ainsi dire , qu'éphémère ,
mais le hanneton emploie plusieurs années à parcourir le cercle de ses diverses métamorphoses. Après
sa fécondation , la femelle creuse un trou dans la
terre avec sa queue , et s'enfonce à la profondeur
d'un mètre huit centimètres ; elle y pond ses œufs ,
quitte son repaire, se nourrit encore pendant quelque tems avec les feuilles des arbres, et disparoît
bientôt après. Vers la fin de l'été les œufs sont éclos;
il en est sorti de petits vers , qui se nourrissent de
gazon , de racines , et sur-tout du chevelu de la
vigne. Ils interrompent par leurs morsures la communication des vaisseaux qui portent une partie
de la séve dans les plantes. On devine aisément la
présence de cet insecte au pied de la vigne, par
la couleur rougeâtre que contractent ses feuilles,
et par la précocité de son fruit. A l'âge de trois
ans , le ver du hanneton a pris une telle croissance qu'il n'a pas moins d'un décimètre de longueur et six ou sept centimètres de grosseur. Sa
métamorphose de larve en scarabée a lieu au mois
de prairial , vers la fin de la quatrième année de
son existence. Si on fouille la terre à cette époque,
on y trouve non seulement des hannetons tout for

més, mais aussi des vers de son espèce, de différens degrés de grandeur.

V. Le limaçon ou escargot. Les vignerons le nomment le limaçon des vignes; mais il ne diffère en rien du limaçon commun, *helix pomatia.* C'est un ver oblong, ovipare, sans pieds ni os intérieurs, enfermé dans une coquille d'une seule pièce, d'où il sort et où il rentre à son gré. Cette coquille change de couleur à mesure que l'insecte vieillit. Le limaçon rend de tous les endroits de son corps, et particulièrement de ses parties inférieures, une humeur visqueuse et grasse, qui le retient sur les corps qu'il parcourt, et qui l'empêche d'être pénétré par l'eau. Pour ménager une liqueur si précieuse, il a grand soin d'éviter les ardeurs d'un soleil brûlant qui la dessècheroient; aussi habite-t-il communément les lieux frais. Sa coquille lui sert de demeure; il la porte par-tout avec lui, et ne semble la tenir que par le gonflement de ses parties charnues; car on ne découvre point le ligament, le muscle tendineux qui attache les autres testacées à leurs coquilles. On remarque sur le côté droit du cou du limaçon une ouverture qui est en même tems le conduit de la respiration, la vulve et l'anus; c'est de-là que sortent au besoin, et dans le même individu, les parties masculine et féminine de la génération. L'acte de l'union intime n'a lieu pleinement qu'après qu'un limaçon en a rencontré un autre de la même espèce, de la même gros-

seur et d'une coquille dont la couleur soit entièrement conforme à la sienne. Leur réunion s'annonce
par des mouvemens préliminaires assez vifs, et après
s'être mutuellement assurés d'une parfaite intelligence. Ils ont un genre d'agacerie fort singulier,
dit Valmont de Bomare. Il sort entre les parties
mâles et femelles une espèce d'aiguillon, fait en fer de
lance, à quatre appendices, qui se termine en une
pointe très-aiguë et assez dure, quoique friable.
Quand les deux limaçons tournent l'un vers l'autre
la fente de leur cou, et se touchent par cet endroit,
l'aiguillon de l'un pique l'autre; et la mécanique
qui fait agir le petit dard est telle, qu'il abandonne
en même tems la partie à laquelle il étoit attaché,
de manière qu'il tombe par terre, ou que le limaçon piqué l'emporte. Celui-ci se retire aussitôt;
mais peu de tems après il revient, rejoint l'autre,
le pique amoureusement à son tour ; et l'accouple-
ment s'accomplit, et les deux limaçons se fécondent
l'un l'autre par une action réciproque et simulta-
née. Environ dix-huit jours après, ils pondent, par
l'ouverture de leur cou, une grande quantité
d'œufs, qu'ils cachent en terre avec beaucoup de
soin et d'industrie. Aux approches de l'hiver, le
limaçon s'enfonce lui-même dans la terre, ou bien
il se retire dans quelque trou, quelquefois seul,
mais ordinairement en compagnie. Il forme alors,
avec sa bave, à l'ouverture de sa coquille, un petit
couvercle blanchâtre, assez solide, par lequel il

se met à l'abri des injures de l'air et de la rigueur
du froid. Il demeure ainsi tapi, sans mouvement,
et sans prendre de nourriture, pendant cinq ou six
mois, jusqu'à ce que le printems ait ramené les
beaux jours et la verdure. Avec l'appétit tous ses
besoins renaissent; il ouvre sa porte, et va chercher de tous côtés à réparer ses forces épuisées.
Les bourgeons et les nouvelles feuilles de la vigne
provoquent son appétit. Il cause du dégât, non
seulement par les parties qu'il absorbe pour lui
servir d'aliment, par la rupture des fibres et
des canaux séveux; mais la substance muqueuse
qu'il laisse sur les bourgeons et les feuilles qu'il
parcourt obstrue les trachées, bouche les pores,
et est un obstacle à l'aspiration et à la transpiration de la plante.

La grosseur de cet insecte et la lenteur de sa
marche permettent d'en faire la chasse aisément.
Il craint la chaleur, cherche l'ombre; il se plaît à
l'humidité. Dès que le soleil est parvenu à une
certaine hauteur, vers six ou sept heures du matin,
en été, il se tapit sous les feuilles les plus basses
et les plus épaisses des sarmens, et y reste immo-
bile jusqu'à ce que ses besoins, la fraîcheur et la
rosée de la nuit l'invitent à recommencer ses courses
et son pillage. Dans les terreins calcaires, le vigneron rencontre souvent, en donnant les labours,
des pierres plates et d'un volume assez considé-

rable ; il est obligé de les tirer de la terre, parce qu'elles sont un obstacle à la direction que veulent prendre les racines. S'il avoit l'attention d'en former, d'espace en espace, de petits tas, en les plaçant de champ les unes contre les autres, les limaçons choisiroient leur ombrage pour retraite, et il n'en échapperoit aucun à la recherche qu'on en feroit. Cette chasse, ne pouvant être accompagnée d'aucune circonstance périlleuse, puisqu'un sac et une ficelle sont les seuls instrumens qu'elle exige, peut être confiée à des enfans. Ils se porteroient avec d'autant plus de plaisir à l'exécuter, qu'elle seroit tout-à-la-fois un sujet d'exercice et un moyen de se procurer un aliment qui n'est pas dédaigné partout ; car si les limaçons de la vigne ne conviennent pas aux estomacs débiles des citadins, ceux des habitans des campagnes s'en accommodent impunément.

Il n'est pas aussi facile de détruire le ver de la vigne. Cet insecte est si petit, qu'à peine on peut l'appercevoir ; il a la vue si perçante, l'ouie si fine, tant de souplesse et d'agilité dans ses mouvemens, qu'il est en garde contre toute surprise, et qu'il a l'art de se soustraire à tous les pièges. Heureusement il est polyphage, et, par cela même, moins nuisible qu'il ne paroît l'être.

Le lieu où le charançon se loge et dépose ses œufs est très-apparent. Le mâle, la femelle et leur

progéniture sont enfermés dans des feuilles rou-
lées et à demi desséchées. Il s'agit de les couper,
de les réunir dans un tablier, de les transporter
hors de la vigne, et d'y mettre le feu. Ceux qui se
contentent de les piétiner, à mesure qu'elles tombent, prennent une peine inutile, parce que les
insectes et leurs œufs échappent à l'effet de ce mouvement. Il faudroit même, pour assurer la destruction de ces animaux et celle du hanneton, un
concours de zèle et de bonne volonté, tel, que tous
les habitans d'un canton choisissent le même jour
pour faire cette chasse. Si un particulier s'en occupe sans être secondé par ses voisins, il en est
pour la perte de son tems. Les insectes ne cor-
noissent point de bornes à leurs domaines, ils
passent rapidement d'une propriété dans une
autre.

Les larves de l'urbec, du becmore, du gribouri
et du hanneton, redoutent l'impression de l'air, et
sur-tout les vicissitudes de l'atmosphère; elles ne résistent pas plus aux froids qu'aux chaleurs. C'est
pour jouir sans doute d'une température égale,
qu'elles vont établir leur demeure dans l'intérieur
de la terre. Ne pouvant se nourrir que des racines
qu'elles rencontrent, elles se portent sur celles de la
vigne avec d'autant plus d'avidité, que la bonne
culture n'en souffre point d'autres dans un vignoble. Si une vigne souffre, si on ne peut attribuer

sa langueur à aucun vice dans ses façons, on déchausse un certain nombre des ceps les plus fatigués ; on cherche dans les bifurcations des racines, dans les houppes les plus chevelues, et l'on y découvre assez ordinairement la cause du mal. Ce sont six, sept vers et plus, de différentes espèces, occupés à les meurtrir, à les déchirer, à se nourrir de leur substance. Dans ce cas, les lois de la bonne culture non seulement autorisent mais prescrivent un labour pour l'hiver suivant. Le seul remuement de la terre, pendant la saison rigoureuse, entraînera la destruction de plusieurs myriades de ces insectes.

On a remarqué 1°. qu'ils se logent, de préférence, dans les portions de terres nouvellement engraissées de fumiers frais, onctueux et peu consommés ; 2°. que s'ils rencontrent, sur leur route, des racines de plantes herbacées ou potagères, comme celles du fraisier, de la laitue, de la fève de marais, *vicia faba*, ils dédaignent les racines ligneuses de la vigne, pour se porter sur celles-ci. Cette double observation n'est point restée sans effets. Les cultivateurs soigneux en profitent pour tendre des pièges et pour composer des appâts, afin de les attirer et de les surprendre. Les uns font distribuer dans les allées intérieures de leurs vignes, des tas de fumier convenablement espacés. La chaleur qui s'y établit, et les substances vis-

queuses qu'ils contiennent, attirent les insectes;
vers la fin de l'hiver on y met le feu, et l'on détruit la plupart de ces animaux destructeurs. Les
cendres sont réservées pour amender les parties les plus basses de la vigne. D'autres forment
autour de leurs vignes, et sur les plates-bandes
des allées intérieures, un cordon de fèves de marais, comme l'appât le plus propre à les attirer.
En effet, dès que les racines de ces plantes ont
acquis une certaine étendue, les vers de presque
toutes les espèces, entr'autres ceux du hanneton,
abandonnent la vigne pour s'y jeter. Leur présence
s'annonce par la mollesse des tiges qui se laissent
aller, et par la flétrissure des feuilles. Un coup de
bêche suffit pour arracher la plante, et entraîner
avec elle, hors de terre, tous les insectes qui la
dévoroient. Ceux-ci, exposés à l'ardeur du soleil,
ne tardent pas à succomber.

Si la nature a multiplié les insectes nuisibles
aux plantes, elle a en même tems donné à ceux-ci
des ennemis beaucoup plus redoutables que toutes
les vengeances de l'homme. Toutes les larves, par
exemple, ont un ennemi puissant dans un insecte
du genre des coléoptères, le carabe, *Carab. sycoph.*
Il est un peu plus gros que le hanneton; sa robe
verte est ornée de raies longitudinales, ou de petits points de la couleur de l'or. Cet insecte ne
touche ni aux racines, ni aux autres parties des

végétaux ; mais il attaque vigoureusement toutes les espèces de vers ; ceux de son espèce ne sont pas même à l'abri de sa voracité. Il ne faut pas s'en laisser imposer par son agilité, par sa parure brillante. Il ne faut les prendre qu'avec précaution, parce qu'ils contiennent une liqueur âcre, caustique et brûlante, capable d'occasionner une cuisson et une douleur assez vive, si elle jaillissoit dans l'œil ou sur les lèvres. Cet insecte se nomme vulgairement *jardinière*, *catherinette*, etc.

Le cultivateur le plus soigneux est souvent obligé de remplacer des ceps qui périssent, ou par vétusté (car la durée de la vie n'est pas la même pour toutes les espèces de la vigne), ou par des accidens imprévus, ou par des causes qu'il n'a été en son pouvoir ni de prévenir ni de détruire. Souvent encore il a intérêt à substituer à certains cépages, des espèces plus analogues à son climat et à la nature de son terrein.

Dans le premier cas, si la vigne est jeune, des marcottes rempliront naturellement son objet. Si la vigne étoit âgée, les marcottes viendroient difficilement à bien : l'ombrage des anciennes souches les étoufferoit ; les vieilles racines gagneroient de vîtesse celles de la nouvelle plante, pour s'emparer de la terre destinée aux dernières. Le provignage est le grand moyen que les cultivateurs ont imaginé pour regarnir les espaces vides

dans

dans les vignes d'un certain âge. Il est connu dans la plupart de nos vignobles; mais *Rozier* a relevé les fautes nombreuses que l'on commet dans la pratique commune, et lui a substitué une meilleure méthode : nous en ferons connoître ci-après les détails.

Dans le second cas, c'est-à-dire quand on veut seulement remplacer une espèce par une autre, on a recours à la greffe.

L'art de greffer la vigne est ancien, quoique plusieurs papiers publics nous l'aient annoncé comme une découverte nouvelle, il y a douze ou quinze ans. Il consiste à couper net le cep à cinq centimètres en terre, quand la séve commence à se mouvoir, et à le fendre par le milieu dans un espace sans nœuds. On insère dans cette fente deux entes taillées en coin par le gros bout et plus épais d'un côté que de l'autre. Le plus épais, garni de sa peau extérieure, doit s'adapter de façon que son *liber* coïncide avec celui du sujet. Après avoir lié la greffe avec un osier, on la butte de terre pour la garantir de l'action du soleil. Quand cette opération est bien faite, quand le sujet est bon, il en résulte des pousses vigoureuses, et que, dès la seconde année, on peut tailler assez long.

On connoît plusieurs autres méthodes de greffer la vigne; mais elles appartiennent plutôt à l'art du jardinier qu'à celui du vigneron. Au reste, il n'en est point de plus sûre que celle-ci ; encore son succès dépend-il , et de l'adresse de la personne qui l'exécute, et de plusieurs circonstances qu'il ne faut pas ignorer. Le citoyen *Beffroy* nous a communiqué les détails les plus satisfaisans sur cette opération.

La greffe réussit mal sur la vigne , dans les terreins très-caillouteux et arides, parce que le soleil la dessèche avant qu'elle soit prise ; par la même raison elle prend très-difficilement dans un sol qui n'a pas de fond. Hors ces deux cas, elle réussit également dans toutes sortes de terre, pourvu qu'on la fasse bien , en saison convenable, par un bon tems , sur des sujets vigoureux , avec des greffes soigneusement conservées, et qu'on choisisse des espèces analogues.

Pour que la greffe soit bien faite, il faut que le sujet soit sain , qu'il n'y ait pas de nœuds à la place que l'on fend , que la fente soit égale et nette , que la coupe du tronçon soit vaste, et que la greffe soit taillée à trois yeux. Le premier œil doit toucher le sujet, le second se trouver à fleur de terre, et le troisième tout-à-fait hors de terre. Il faut encore que la greffe soit taillée en forme de coin, à commencer au-dessous de l'œil le plus bas jusqu'à environ trois ou quatre centimètres en descendant, et en diminuant d'épaisseur ; que

la peau de la greffe touche celle du sujet sur autant de points qu'il est possible ; et enfin que le
tronc soit serré avec un osier mince et souple,
pour fixer la greffe.

La saison convenable pour greffer la vigne
est celle où la chaleur a imprimé le mouvement
à la séve, depuis germinal jusqu'en prairial, suivant le climat.

Le tems favorable est celui où le ciel est nébu-
leux, quand le vent tient du sud-est au sud-ouest.
Si le vent du nord règne, gardez-vous de greffer ;
si le tems est disposé à une grande sécheresse, ne
greffez pas non plus : un soleil ardent, un vent
froid dessécheroient l'intérieur de l'anastomose,
ou arrêteroient le cours de la séve ; il n'y a point
d'arbres, d'arbustes ou d'arbrisseaux, plus sensibles que la vigne aux variations de l'atmosphère.

Si le tems est décidément pluvieux, il ne faut
pas greffer ; l'eau s'infiltreroit dans l'incision de
la greffe et dévaleroit le gluten qui doit unir la
greffe au sujet.

Le bon choix des sujets consiste à les prendre
sains et pourvus de bonnes racines.

Pour se procurer de bonnes greffes, il faut les
couper, comme une crossette, avec un peu de

vieux bois. Il ne sert pas à la greffe proprement dite, mais il concourt à sa conservation jusqu'au moment de la mettre en place. On doit les couper par un tems sec et froid, pendant que la séve est privée de tout mouvement. La fin de l'automne paroît être l'époque la plus favorable pour les cueillir. On les conserve dans un cellier ou dans une cave où la chaleur et la gelée ne puissent pénétrer. On les enfonce par le gros bout dans un sable un peu humide et jusqu'à la profondeur d'un décimètre au moins. Vingt-quatre heures avant de les employer, on les tire du dépôt pour plonger dans l'eau toute la partie qui étoit enfoncée dans le sable. On doit tirer la greffe du tiers inférieur du rameau, c'est-à-dire, plus près du vieux bois que de l'extrémité supérieure. Il faut la tailler avant de la porter à la vigne, et avec la précaution de l'y transporter dans l'eau claire, afin de ne pas interposer des corps étrangers entre la greffe et le sujet.

Pour que les espèces soient analogues, il faut que le nourricier ne soit pas d'une espèce plus délicate que le nourrisson. Evitez, tant que vous le pourrez, de greffer les blancs sur les noirs; ils réussissent, mais sans aucun avantage; on est plus sûr du succès en greffant les couleurs sur elles-mêmes. Aucun arbre ne prend la greffe plus vîte que la vigne; dès l'année suivante elle pousse

vigoureusement, et dédommage le propriétaire,
pendant plusieurs années, de ses soins et de sa
dépense.

Quelques auteurs ont écrit que la greffe de la
vigne étoit nuisible à la qualité du vin; mais ils
n'en ont jamais fourni la preuve; ils n'ont jamais
donné des raisons plausibles de cette assertion. Il
est assez prouvé, au contraire, que la greffe per-
fectionne le fruit sur lequel on la pratique. Le
marron d'Inde paroît avoir été jusqu'à présent le
seul qui se soit montré rebelle à ce moyen d'amé-
lioration; encore perd-il un peu de son amertume
lorsqu'il a été greffé plusieurs années de suite sur
lui-même. Peut-être qu'en variant la manière d'o-
pérer et y revenant toujours, on parviendroit, à
force de tems, à l'adoucir entièrement. Aucun fruit
greffé sur un sujet sauvage ne perd de sa qualité
pour prendre celle du fruit sauvage; un fruit
acerbe, au contraire, greffé sur lui-même s'amé-
liore et perd son âcreté.

La greffe prend sur la vigne avec tant de facilité, et s'anastomose si parfaitement, qu'aucune
autre espèce d'arbre ne paroît, mieux qu'elle,
destinée par la nature à ce moyen de perfection.
Et l'on voudroit que cette opération altérât la qualité du raisin, tandis qu'elle bonifie celle des
autres fruits! cela n'est pas possible. Greffez du
Muscat sur un Chasselas, et comparez la qualité

de son fruit à celle du Muscat non greffé, vous conviendrez que la production de la greffe l'emporte ; faites la même épreuve avec du maurillon sur du chasselas, et vous verrez que la greffe ajoute à la qualité du raisin. On sait bien que les raisins des jeunes greffes ne produisent pas d'aussi bon vin que ceux des mêmes espèces anciennement greffées ; mais cette différence ne dépend pas de la greffe proprement dite ; elle ne doit être attribuée qu'à la différence d'âge dans les sujets. Au surplus il n'est point de moyen plus simple et plus prompt de changer une mauvaise espèce en une bonne, et nous ajouterions, de rajeunir les vieux ceps si l'art de provigner nous étoit inconnu.

Avant de décrire les meilleurs procédés du provignage, il est bon de faire connoître les vices de ceux qu'on emploie le plus généralement dans nos vignobles. On se contente presque par-tout de coucher un sarment, en laissant subsister le cep. Le père, ou, comme on le dit en plusieurs endroits, la mère en souffre, et on ne regarnit qu'une seule place vide. Il est de fait que la séve suit plus facilement et plus librement une route qui lui est déjà connue, qu'elle ne s'en forme une nouvelle. Les branches gourmandes des arbres, les sarmens qui s'emportent lorsque leurs vrilles s'attachent à des supports, qui les forcent de s'élever verticalement, en sont la preuve. Le cep dont on couche un rameau est comme un arbre auquel on laisse une mère - branche ; elle attire presque toute la substance de la tige ; et , si cet arbre pousse quelques rejetons , leur force , leur vigueur ne sont jamais comparables à celles des jets gros et robustes de la mère - branche. Supposons un cep qui ait trois branches ou trois cornes ; chacune de ces cornes aura sa flèche , laquelle doit produire du bois et des raisins. Or , comment ce cep pourra-t-il répondre à votre attente , s'il nourrit un provin ? Celui-ci ne tire-t-il pas naturellement la meilleure partie de la substance du cep ? ne dérobe-t-il pas aux autres jets un bien qui leur appartenoit en propre, qui leur étoit nécessaire ? en favorisant l'un ne préjudicie-t-on pas aux autres ? On dira que le sarment une fois couché reçoit de la terre, par ses racines des sucs suffisans pour n'être plus à charge au cep auquel il tient, et que, semblable à la crossette que l'on met en terre pour former une nouvelle plantation, il se suffit à lui-même et n'exige plus aucun secours étranger. Mais, qui entretient, qui nourrit ce sarment jusqu'à ce qu'il n'ait plus besoin du cep ? n'est-ce pas par la communication continuelle et progressive de la substance même du cep, qu'il acquiert la force de pousser des racines ? Ce fait est si bien démontré, que si vous séparez au printems le provin de sa mère-nourrice, il mourra en moins

A a 4

de huit jours. La communication de la séve étoit donc établie, nécessaire, indispensable. C'est en floréal, prairial, messidor, et ainsi successivement, que le provin produit les racines qui le mettent en état de pouvoir se soutenir, l'année suivante, par lui-même. Il faut donc que, jusqu'au moment où il ne devra plus rien aux autres, il partage avec eux la plus grande partie de leurs sucs nourriciers. On s'apperçoit bien, dès la récolte suivante, de l'effet de cette fatale division ; le raisin de toutes les branches du cep est maigre et peu nourri ; il est moins vigoureux lui-même, et il se dépouille de ses feuilles long-tems avant les autres ceps qui l'avoisinent. On ne peut admettre aucune comparaison entre la première manière de végéter d'une crossette et celle d'un provin. La crossette est mise en terre ou venant d'être coupée sur le cep, et après avoir trempé quelques heures dans l'eau, ou après avoir été coupée depuis quelque tems et conservée dans du sable ou dans une terre un peu humide. Dans le premier cas, elle commençoit à être en séve ; l'eau avoit ouvert ses pores et lui avoit communiqué l'humidité nécessaire pour la conserver en terre ; les conduits séveux, plus dilatés, ont facilement absorbé les vapeurs nourricières de la terre ; et les racines ont poussé. Dans le second, les rudimens des racines commençoient à paroître ; elles n'ont eu qu'à se développer. Mais le provin n'est qu'un sarment

sans préparation; il fait tous ses efforts pour produire des racines, mais il n'en produira jamais
s'il est séparé du cep aussitôt qu'enterré. Le provin
tire donc pendant long-tems toute sa nourriture
du cep; et si la mère-souche n'est pas détruite par
la soustraction de sa substance, au moins elle en
sera épuisée. Ce mal n'arriveroit pas si, quand on
veut provigner, on couchoit le cep entier; alors le
cep ne vit plus pour lui, mais seulement pour
conserver l'existence des rameaux qui doivent le
reproduire. Il est vrai que, dans quelques cantons, on couche le cep entièrement; mais on ne
lui donne jamais une fosse assez profonde. On se
contente d'égratigner la terre à la profondeur
d'un décimètre et demi ou deux, de faire décrire
au cep une ligne inclinée, au lieu de le déchausser
jusqu'à ses racines; non seulement il est contraint,
forcé et gêné dans cette posture, mais il est sans
cesse exposé à être mutilé par l'instrument des
labours. On se propose, dans cette opération, de
faire pousser au vieux bois enterré une quantité
suffisante de racines propres à nourrir le jeune
bois et à l'amener à l'état de cep; et il arrive
qu'en couchant ainsi négligemment une mère-
souche, elle pousse peu de racines, qu'elles s'é-
tendent toutes à la surface du peu de terrein
qu'on a remué; et qu'elles sont par conséquent exposées à toutes les intempéries des saisons. Au
reste, il n'est pas un vigneron de bonne foi qui

ne convienne que ces sortes de provins ne sont jamais de longue durée, et qu'ils sont incapables de retarder la ruine d'une vigne.

Si vous avez une place à regarnir, ou si vous voulez substituer un bon plant à un mauvais, ouvrez une fosse de quatre ou six décimètres de profondeur, suivant l'élévation des ceps ; sa largeur doit dépendre du nombre des tiges que vous aurez à remplacer ou à coucher. Il est impossible d'en prescrire la forme ; c'est au vigneron qu'il appartient d'en juger : mais on ne sauroit couper trop perpendiculairement ses bords, sans exposer le terrein à écrouler par l'effet des gelées et des pluies. La terre ayant été enlevée avec soin et ménagement au pied du cep, les racines séparées et détachées, on défoncera la base de la fosse, et l'on couchera horizontalement le cep, dans le milieu ou sur l'un des bords de la fosse, suivant les circonstances et la nécessité, et l'on disposera les sarmens dans les angles, pour remplacer les ceps qui ont péri, ou qu'on a jugé à propos de supprimer. En dressant les sarmens contre les parois de la fosse, on évitera scrupuleusement de les couder. Ils seront légèrement recouverts de terre, mais cependant assez bien assujettis pour que les vents ou telle autre cause ne leur fassent pas perdre la direction qu'on leur a donnée. Une fois disposés et fixés à la place qu'ils doivent occuper, on jettera, par-dessus le peu de terre qui les recouvre, quelques pelletées de bon terreau. Ayez l'attention, quand vous donnerez le premier labour à la vigne, de ne pas combler cette fosse; afin d'obliger les racines qui pousseront à chaque œil du sarment couché, à aller chercher leur nourriture plutôt dans l'intérieur qu'à la surface de la terre. Cette observation est sur-tout importante pour les vignes plantées dans le rocher, dans les sables et les graviers. Si les fosses étoient trop tôt remplies, les racines s'étendroient dans cette terre meuble et y seroient plus exposées aux rigueurs des gelées et de la sécheresse. Taillez le provin à deux ou trois yeux sitôt que vous l'aurez dressé, et ne négligez pas de planter le tuteur, formé de vieux bois, qui doit servir de soutien aux bourgeons que vous en obtiendrez, et à leur faire prendre la direction que vous jugerez à propos de leur prescrire. Nous demandons que le pieu ou l'échalas soit de vieux bois, parce qu'on emploie communément à cet usage le chêne et le châtaignier, et que lorsqu'ils sont verts ils communiquent à la terre et de suite au jeune plant une substance âcre, amère, qui souvent le fait périr. On peut suppléer à la vieillesse du bois en le faisant tremper dans l'eau pendant quelques mois. Par l'effet de l'immersion, il est dégagé de cette substance acrimonieuse qui nuit à la vigne. N'oubliez jamais de faire écorcer

les bois que vous emploierez à former des échalas, n'importe de quelle espèce ils soient. On voit
souvent des pieux de saule, refendus en quatre,
prendre des racines, pousser des branches et vivre en parasites; en les dépouillant de leur écorce,
on les prive de la faculté de végéter. D'ailleurs,
les insectes piquent l'écorce, y déposent leurs
œufs; il en sort des vers qui se nourrissent de la
substance du bois et y forment des galeries; l'humidité les pénètre, s'unit à la sciure du bois, la
fait pourrir, et pourrit en même tems l'échalas.

Telle est la bonne méthode pour provigner. En
la suivant avec exactitude, on regarnit promte-
ment et sûrement les places vides; on substitue
aux mauvais plants des plants meilleurs; on s'assure de la qualité et de la durée de son vin; on
fume, on amende insensiblement sa vigne, et sans
altérer la qualité de la récolte. Mais si le propriétaire ne surveille pas lui-même ce travail, il sera
mal exécuté. En général, le vigneron sur la bonne-
foi duquel on se repose aveuglément ne provigne
que dans les endroits où les fosses sont faciles à
creuser, parce que l'ouvrage est plutôt expédié
et le salaire plus aisément gagné. S'il provigne
dans le rocher, la fosse ne sera pas assez profonde; il fait souvent des provins inutiles, pour
profiter du cep qu'il remplace; n'étant pas occupé
en hiver, il provignera pendant que la terre est

couverte de neige, ou quand sa surface est gelée;
si le paiement des provins fait partie des frais généraux de la main-d'œuvre, il n'en fera presque
pas, ou du moins il n'entreprendra d'en faire que
dans le terrein le plus facile à creuser. Ce sera
bien autre chose si vous exigez de lui quelques
changemens dans sa manière ordinaire de procé-
der, si vous voulez l'assujettir à une innovation,
quelque bien entendue qu'elle soit. Non seulement il ne donnera pas à son travail les soins de
détail qui en assureroient le succès; mais, pour
vous en dégoûter vous-même, il emploiera tous
les moyens qui lui sembleront propres à l'empêcher. *Rozier* nous a transmis, à ce sujet, une anecdote qu'il importe aux propriétaires de connoître.

Un particulier, dans le Lyonnais, et dans un
canton où le vin est précieux, cultivoit une vigne
de hauteur moyenne. Cette vigne étoit déjà vieille;
il auroit fallu bientôt l'arracher. *Rozier* lui proposa de la renouveler par le provin. Le maître
fit tailler sa vigne en conséquence et abattre quelques divisions sur chaque cep afin d'obtenir des
autres des sarmens forts et vigoureux. A la fin de
l'automne suivant, *Rozier* lui envoya deux vignerons experts dans ce genre de travail. Ceux du
particulier ne tardèrent pas à chercher chicane
aux nouveaux venus; le maître parla, les agres-
seurs se turent. Les nouveaux venus travaillèrent,

et les provins furent commencés. On se doute bien que les épigrammes ne furent pas oubliées ; le maître tint bon, et l'ouvrage fut achevé. Cependant un des anciens vignerons du maître vint lui dire avec un air inquiet que la plupart des ceps avoient perdu pendant la nuit la direction qui leur avoit été donnée, et même que plusieurs s'étoient relevés. Les vignerons étrangers affirment que cela ne peut être, à moins qu'on n'ait employé l'artifice. Le maître, pour s'assurer du fait, et voyant que les ceps couchés ne se relevoient point pendant le jour, fit applanir le terrein voisin de plusieurs fosses par un domestique de confiance, exact et discret. Le lendemain, nouvelles plaintes, nouveaux sarcasmes, nouveaux ceps redressés. La trace des pieds indiqua heureusement la fourberie. Le maître alla lui-même la nuit suivante faire le guet dans un des coins de sa vigne. Les ouvriers ne tardèrent pas à venir recommencer la même opération ; mais les ceps cessèrent bientôt d'être élastiques, et leur élasticité passa dans la canne du maître. Si ce propriétaire n'avoit pas voulu se convaincre par lui-même du stratagême, non seulement il auroit renoncé à cette méthode, mais sa pratique eût été réputée impossible dans le pays ; cette opinion s'y seroit transmise de père en fils, et le bien ne se seroit jamais fait. L'exemple donné par ce particulier est suivi maintenant dans tout le canton.

Quant à l'époque la plus propre à former des provins, *Olivier de Serres* l'indique en deux mots: « Le tems de prouigner est celuy même du plan-» ter, auec remarque des circonstances repré-» sentées des lieux chauds et froids, secs et hu-» mides ».

La vieillesse d'une vigne, l'époque prochaine de sa destruction, s'annoncent par la foiblesse de ses pousses, par le peu de surface que présentent ses feuilles, par la rareté et la petitesse de ses grappes. Quand elle a cessé pendant deux ou trois années consécutives de dédommager le proprié-taire de toutes ses avances, de quelque nature qu'elles soient, et quand on ne peut raisonnable-ment imputer sa stérilité ni à l'intempérie des sai-sons, ni aux ravages des insectes, ni aux vices de sa culture, il faut bien l'attribuer à sa vieillesse; mais avant d'en ordonner l'arrachage dans les pays où, pour obtenir la maturité du raisin, on est forcé de n'espacer les ceps que de cinq à sept décimètres, on doit employer un moyen de la restaurer, de la vivifier, qui n'a presque jamais été mis en usage sans succès. Il consiste à dédou-bler les plants, à conserver l'un, à supprimer l'autre, ainsi de suite alternativement, et de ma-nière que la plantation n'en conserve pas moins la forme du quinconce. Par cette méthode, on peut prolonger d'un tiers la durée d'une vigne déjà vieille. Les racines conservées vont insensiblement occuper la place de celles qu'on a retranchées ; et une moitié de plants tourne ainsi à son profit toute la nourriture qu'elle étoit obligée de partager avec l'autre. Ce n'est pas ici le cas de redouter l'effet du grand espacement ; les organes des vieilles plantes ont perdu leur souplesse ; les canaux qui filtrent la séve ne sont plus susceptibles de se dilater comme dans la jeunesse ; la séve deviendra plus abondante, il est vrai, mais son cours sera modéré ; la plante ne recouvrera de sa vigueur que peu-à-peu et de manière que la qualité de ses produits n'en soit point altérée.

Je termine ici ce traité. La plupart de ceux qui ont écrit avant moi sur la culture de la vigne en France n'ont guère enseigné que l'art de se procurer beaucoup de raisins. Ce n'étoit pas la peine de faire des livres pour remplir une pareille tâche ; car la vigne est tellement vivace de sa nature, que, secondée par la culture la plus ordinaire, les accidens à part, elle donne les récoltes les plus abondantes. Ne voulez-vous que du raisin en quantité ? plantez en bonne terre, fumez souvent, labourez trois ou quatre fois l'année, taillez long, et vous ne saurez où loger votre récolte. J'ai suivi une marche différente ; je me suis encore plus occupé de la qualité des fruits que de leur abondance, dans l'espoir de me conformer davantage

au

au goût des cultivateurs qui lisent. Quelques uns regretteront peut-être de ne pas trouver ici tous les procédés, toutes les méthodes applicables à la culture de la vigne, dans toutes les circonstances, dans tous les terreins, à toutes les expositions. Mais les modifications dont cette culture est susceptible sont tellement multipliées, qu'il nous eût semblé absurde d'entreprendre de les désigner. Au reste, elles dérivent toutes des principes généraux; et nous avons tâché de les établir clairement.

Je n'ai parlé ni des tranchées à faire dans les vignobles, pour faciliter l'écoulement des eaux, ni des maladies auxquelles la vigne est exposée dans les terreins humides, parce que je n'ai pas dû présumer qu'on fît choix d'un sol de cette nature pour ce genre de culture.

SECTION VI.

De la vigne en treille, de la récolte et de la conservation des raisins (1).

Cette manière de disposer les ceps de la vigne, en les adossant à un mur, présente de grands

---

(1) La vigne en tonnelle ne mûrit que très-difficilement dans les climats de la France. On réunit tous les jets pour les dresser en berceau; mais ils forment un buisson

avantages, pour les pays sur-tout où la vigne en grande culture ne peut parvenir, ou ne parvient que difficilement à sa maturité. Comme la vigne est douée d'une force de végétation qui la rend susceptible de croître dans toutes sortes de terres ; comme en la dirigeant contre un mur on lui procure la réverbération des rayons du soleil, qui double l'intensité de la chaleur atmosphérique ; il n'existe peut-être pas une propriété rurale, même dans les contrées les plus septentrionales de la France, où l'on ne puisse se procurer des raisins très-bons à manger. Mais c'est toujours en vain, il ne faut pas se le dissimuler, qu'on a cherché à obtenir des vins de quelque qualité des raisins produits par des treilles, même quelque douce, quelque agréable, quelque parfumée qu'en fût la saveur. Il faut pour la formation du muqueux-sucré, qu'on ne doit pas confondre, comme nous l'avons déjà dit tant de fois, avec le muqueux-doux, il faut que toute la plante nage pour ainsi

---

qui ne permet pas aux rayons du soleil de frapper le raisin, de parvenir jusqu'à lui. Le raisin éprouve à peine l'action de l'air ; il est caché par les feuilles, et elles sont placées d'une manière si confuse qu'elles se nuisent mutuellement. Cette manière de diriger la vigne n'est seulement admissible que dans les régions brûlantes, et où les terres sont excessivement sèches, parce que le berceau y sert à maintenir et à condenser autour de la plante le peu de vapeur et d'humidité qui s'exhale.

dire, et pendant un tems assez long, dans un bain de chaleur, qui paroît n'exister réellement, au moins dans nos climats, que près de la terre.

La couleur de la terre n'est pas d'un blanc éclatant, comme celle d'un mur crépi à chaux et à sable, ou enduit de plâtre; ses pores sont plus écartés que ceux des matières dont on construit les murs, et par conséquent elle ne réfléchit pas les rayons du soleil avec autant de force que ceux-ci; mais elle se pénètre de leur chaleur pendant le jour, et elle la transmet aux plantes pendant la nuit. Il paroît qu'une chaleur durable est plus propre au développement du principe sucré qu'une chaleur plus forte, mais de moindre durée; aussi avons-nous observé que les murs en terre et en brique sans enduits, sont plus favorables à la maturité des fruits en général, que ceux formés de grosses matières, crépis à chaux et à sable, ou recouverts de plâtre.

Un mur servant de clôture ou de pignon, et qui a l'exposition du sud-est, du sud, ou du sud-ouest, peut être également propre à l'espaliement d'une vigne. On rejette 1°. l'aspect du soleil levant, parce que la vigne y seroit trop fréquemment exposée aux gelées; 2°. celle du couchant, parce qu'elle ne jouiroit pas assez long-tems de ses regards bienfaisans; 3°. celle du nord, parce que le raisin n'y mûriroit presque jamais. Le proprié-

taire doit se régler, dans le choix des trois premières expositions dont on vient de parler,
d'après la nature du sol et la température
moyenne du climat qu'il habite. Plus sa demeure
se rapproche des régions humides et froides,
moins sa terre est divisée, plus il doit rechercher
le soleil et la lumière. Le même principe le diri-
gera dans le choix des cépages propres à former
les treilles. Les maurillons, le pineau, le sauvignon, la donne, le muscadet enfumé, le ciotat,
le grec, l'africain, le malvoisie, le bordelais, les
muscats, les chasselas, sont tous de très-bons
raisins, quand ils sont parvenus à leur point;
mais ils ne mûrissent pas tous à la même température. Le bordelais, par exemple, qui produit
un excellent raisin dans la ci-devant Guienne, ne
donne dans le climat de Paris, même en treille,
que du verjus, et il n'y est guère connu que sous
ce nom. Les muscats, cultivés en plein champ
daus nos départemens méridionaux, y rapportent
des fruits exquis; et les mêmes cépages, quoique
dirigés en espalier, ne mûrissent que difficilement et très-rarement dans nos provinces du
centre. Le climat a une telle influence sur les
variétés et les espèces de la vigne, que telle qui
est précoce dans un lieu, respectivement à ses
congénères, est plus tardive qu'elles dans un
autre. Au nord de la Loire, les espèces blanches
mûrissent ordinairement les dernières; et en s'ap-

prochant du midi, on voit leur maturité précéder celle des cépages colorés. Cependant, il en est une espèce, parmi celles que nous avons nommées, dont les produits, peu recommandables, il est vrai, pour être convertis en vin, jouissent de la réputation la mieux méritée, comme fruits de table, comme comestibles. Je parle du chasselas : il réunit la double qualité, et de le disputer pour la saveur aux raisins les plus exquis, et d'être si peu délicat sur le climat, que, dirigé en treille, placé à une bonne exposition et cultivé avec soin, il prospère sur presque tous les points de la France. On connoît la renommée des chasselas de Montreuil, de Fontainebleau, de Tomeri. Ce genre de culture réussit si bien dans ces endroits à ceux qui s'en occupent, que quelques personnes pensent qu'ils emploient des moyens particuliers, dont ils font un mystère aux étrangers. Mais c'est une erreur : ils n'ont d'autre secret que de donner à cette culture tous les soins de détail ,dont elle est susceptible. Nous avons vu, dans le beau jardin planté à Ris par l'ancien musicien *Cupis*, des treilles de chasselas bien soignées ; le raisin qu'elles produisoient formoit la principale branche du revenu de cet artiste, et ne le cédoit à celui de Fontainebleau, ni pour la qualité, ni pour l'abondance de la récolte, ni pour sa valeur vénale : mais *Cupis* et ses successeurs cultivoient par eux-mêmes ; ils mettoient la main à l'œuvre, et travailloient pour ainsi dire sans relâche, sur-tout depuis le moment où le raisin étoit tourné, jusqu'à celui de la cueillette.

Quelles que soient les espèces de raisin dont vous vous proposez de former une ou plusieurs treilles, n'hésitez pas à leur consacrer exclusivement un mur ou une grande partie de mur.

L'usage de planter alternativement un cep de vigne, un pêcher ou un poirier, est très-vicieux. Il n'y a pas un bon écrivain sur le jardinage qui ne le condamne. Pour vouloir trop avoir, on n'a rien ou presque rien. Les racines de ces diverses plantes se rapprochent, se mêlent les unes avec les autres, et se nuisent mutuellement. La vigne, comme plus vivace, affame tellement celles qui l'avoisinent, qu'elle finit par les stériliser et les détruire. On cherche en vain à justifier cette méthode, en disant qu'on se borne à tirer de chaque cep un seul cordon, qui, adossé au chaperon, occupe peu de place, et par conséquent ne peut nuire aux arbres, dont il ne fait que le couronnement. Mais on ne réfléchit pas que cette tige en cordon se garnit d'un large et épais feuillage, qui, formant une espèce d'auvent par-dessus l'arbre, lui ravit les bienfaits des pluies et des rosées, lui donne de l'ombre, et s'oppose au renouvellement de l'air indispensable pour sa respiration. D'ailleurs, les pampres forment des

gouttières sur les branches et sur les fruits des
arbres à noyaux, qui, lors des grandes averses,
cavent et carient leurs blessures, ou leurs cica-
trices, et font extravaser la séve de tous les côtés,
où elle se montre peu après en consistance de
gomme. Le mauvais effet de ces cordons domi-
nant d'autres arbres est très-remarquable. Il est
peu d'agriculteurs qui n'aient été à portée de
voir les bras d'une treille arrêtés, par exemple,
perpendiculairement à l'axe d'un pêcher dirigé à
la montreuil. On voit que toutes les branches qui
partent du côté surmonté par la vigne sont basses,
foibles et languissantes, et que toutes celles du
côté opposé sont fortes, vigoureuses, d'une belle
venue, et disposées à prendre l'essor de l'indé-
pendance ; elles dépasseroient bientôt le cordon
de la vigne, si le jardinier n'avoit soin de les incliner quand il les palisse. Ce fait prouve assez
qu'en persistant à prolonger des cordons de vigne
au-dessus des espaliers, on s'obstine seulement à
mal faire.

Si le mur que vous avez choisi pour y adosser
une vigne n'est pas construit en terre, en pisé ou
en briques bien jointes, faites-le revêtir d'un bon
enduit de plâtre, ou crépir de mortier à chaux
et à sable. Il est important que toutes les cre-
vasses, que tous les trous disparoissent ; ils serviroient de retraite aux insectes nuisibles à la

vigne; et vous aurez assez d'autres ennemis à combattre : d'ailleurs, les surfaces unies sont les plus
favorables, à la maturité des fruits. Comme nous
n'avons point à redouter la surabondance de la
séve pour ce genre de culture, parce que nous
nous procurons, par le moyen du reflet, toute
la chaleur qui lui est nécessaire; nous ne craignons
ni la multiplication des racines, ni le nombre des
feuilles, ni le volume et l'étendue qu'elles donneront à la plante. Cependant, puisqu'elle doit être
soumise à la taille, il faut fixer un terme au prolongement de ses branches-mères. Le degré
d'élévation du mur et l'espèce de la vigne doivent
servir de règle pour l'espacement des ceps. Plus
le cep est destiné à couvrir de surface en hauteur, moins on doit laisser prendre d'étendue
à ses bras ou à ses branches horizontales. Par
exemple, si le mur est bas, s'il n'est élevé que
d'un mètre cinq décimètres, on ne pourra tirer
de l'arbre que deux cordons, un à droite, l'autre
à gauche; mais ils pourront être prolongés jusqu'à cinq mètres chacun, et leurs pieds être par
conséquent espacés du double. Si le mur est élevé
de deux mètres, les cordons de la vigne seront
doublés sans inconvénient ; elle produira deux
branches horizontales de chaque côté; la branche
supérieure plus élevée que l'inférieure d'environ
5 à 6 décimètres: dans ce cas on placera les ceps à
7 mètres les uns des autres. Enfin, si le mur est

porté à une élévation d'un tiers, de moitié ou de plus encore, et si l'on présume pouvoir tirer des tiges trois, quatre ou cinq cordons, il faudra rapprocher les ceps dans la même proportion, et ne pas oublier que plus on les force à s'élever, que plus on présente à la séve de différentes routes à parcourir en sens vertical, plutôt on doit arrêter sa marche en largeur, ou dans les conduits placés horizontalement. Mais soit que vous espaciez vos ceps de dix, de sept ou de cinq mètres, n'oubliez pas qu'il est des espèces plus vivaces les unes que les autres. La végétation du pineau, du muscadet, du sauvignon, du ciotat, du grec, est beaucoup moins forte que celle des muscats, des chasselas, de la donne et du bordelais. La différence qui existe entre leurs diverses manières de végéter et de croître est très-remarquable. Les premiers portent, comparativement aux autres, des grappes et des grains petits, des feuilles minces et étroites, et leur substance moëlleuse occupe peu de place. On présume assez qu'il y auroit de l'inconséquence à vouloir obtenir autant de produit des unes que des autres; ainsi, en restreignant à une moindre étendue les branches des ceps les plus délicats, on peut les rapprocher davantage les uns des autres dans la plantation.

Je suppose votre mur prêt et vos espèces déterminées. Si le terrein dans lequel vous voulez planter est sec et léger ou calcaire, ou s'il repose sur un banc de marne, faites creuser en brumaire, à deux décimètres de la muraille, des trous de sept décimètres de profondeur, et d'un mètre carré d'ouverture; si la terre est humide, argileuse, de simples trous seroient insuffisans; les racines auroient trop de peine à la pénétrer; faites faire une tranchée d'environ un mètre en tous sens; garnissez le fond d'une couche de pierres, de gravois, de cailloux et de gros sable. Cette couche donnera une issue aux eaux; elle assainira le terrein; mais il sera bon de la recouvrir, de même que la terre du fond, dans des trous simples, de quelques travers de doigt de bonne terre végétative, mêlée d'un tiers de marne et d'un tiers de sable de ravins. Evitez toute parcimonie dans les frais d'une telle plantation; si rien n'y manque, elle aura la durée des siècles. Placez vos marcottes ou vos plants, quels qu'ils soient, au lieu et à la distance que vous aurez déterminés, et ne permettez pas qu'on piétine la terre dont on les recouvre; celle qui formoit la surface du sol doit être la première employée. Dès la première année chaque cep vous donnera plusieurs pousses, dont une au moins assez forte pour devenir une bonne tige. Si par l'effet de quelque circonstance imprévue, aucun des sarmens nouveaux d'un cep ne répondoit à votre attente dans la première année, faites-les disparoître tous au tems de la taille. La pousse de la seconde année vous donnera le jet que vous attendez. Laissez-le subsister seul : enlevez sur la souche tous les brins qui partageroient sa nourriture; et quand il sera parvenu à la hauteur de plus d'un mètre, taillez vers la fin de l'automne tout ce qui excède cette mesure; éteignez tous les yeux inférieurs, et ne laissez subsister que les deux boutons les plus voisins de la taille : il en sortira deux bourgeons, qui, étant tirés l'un à droite, l'autre à gauche, seront fixés à la muraille et dans une direction parfaitement horizontale, avec des loques que l'on est libre de remplacer ensuite par de simples crochets de bois. Ces rameaux formeront la première division de la tige, et suffiront pour faire une treille à deux branches. Les deux points d'où elles partent ne sont pas géométriquement placés vis-à-vis l'un de l'autre; mais il ne s'en faut ordinairement que de la distance d'un bouton à l'autre : cette petite irrégularité est à peine remarquable. Pour vous procurer deux nouvelles divisions supérieures, ménagez les deux sarmens qui sortiront sur chaque branche des deux yeux les plus voisins de chaque coudure; laissez-les croître verticalement; taillez-les, après la maturité du bois, à la hauteur de quatre ou cinq décimètres; éteignez, comme vous l'avez déjà fait sur le sarment dont vous avez formé une tige, tous les yeux inférieurs à celui qui avoisine la taille, et il sortira de même de celui-ci un rameau qui, appliqué horizontalement au mur, formera une double branche à chacun des côtés de la tige. Si la hauteur du mur permet de donner encore plus d'élévation à la treille, en multipliant ses branches on peut répéter le même procédé trois, quatre, cinq fois, et tout autant qu'on en a besoin. Le cep étoit-il déjà fort au moment de la plantation ? c'est une avance précieuse : il donnera du fruit dès la seconde année. A la quatrième, il couvrira une grande étendue de muraille, et produira une récolte abondante. Toutes les grappes sont portées par le jeune bois qui sort des branches horizontales, et c'est sur ce bois de l'année qu'on exécute la taille. Le cultivateur opérant ici sur un sujet sain et presque toujours très-vigoureux, il est moins assujetti aux petites précautions, que s'il travailloit sur les plants foibles et délicats de nos vignes en grande culture. Qu'il se garde cependant de tirer indiscrètement à fruit : s'il commettoit cette imprudence pendant quelques années de suite, il ruineroit sa treille; il faudroit bientôt, sinon l'arracher, du moins supprimer tout le vieux bois pour se procurer des mères-branches nouvelles, et quelques récoltes extraordinaires qu'on auroit obtenues ne dédommage-roient pas d'une privation absolue pendant trois ou quatre ans. On peut tailler, sur les espèces les plus vivaces, à trois et quatre nœuds, et à un ou

deux tout au plus sur les espèces délicates, à proportion de leur force. Il est à propos de supprimer
de tems en tems sur les unes et sur les autres le
bois de l'année et celui de deux ans qu'on prévoit
devoir jeter de la confusion dans l'ensemble des
produits, ou les multiplier avec excès. Quelques
amateurs du jardinage possèdent des treilles diri-
gées avec l'art et dans l'ordre dont nous venons
de donner le modèle. Il faut les avoir vues pour
se faire une idée de la fraîcheur d'une pareille
décoration, de la beauté des fruits et de la richesse
des récoltes, sur-tout quand les soins du cultivateur viennent seconder à propos les dispositions
naturelles de ces sortes de vignes. On ne peut lui
offrir de meilleur exemple à cet égard, que la
pratique des habitans de Fontainebleau et de Tomeri. A peine le fruit est noué, qu'ils appliquent
des échelles aux murailles, et s'en servent deux
fois le jour pour observer jusqu'aux moindres
effets de la végétation. Armés de ciseaux et d'une
broche de fer un peu courbée vers l'un de ses
bouts, on les voit occupés, tantôt à retrancher le
petit péduncule des grains qui ont coulé, tantôt à
supprimer les grains mêmes qui paroissent de
foible venue ou qu'on suppose devoir mettre obstacle, par leur pression, au développement des
mieux nourris. Souvent le cultivateur enlève d'un
coup de ciseaux quatre ou cinq centimètres de la
base de la grappe, parce qu'elle parvient rare-

ment au même degré de maturité que la partie
supérieure, et qu'elle absorbe en vain une certaine quantité de séve. Il n'est pas une seule
grappe qui échappe dans le cours de la journée
à leurs soins attentifs, on pourroit dire, à leur
sollicitude, et ils prolongent cet exercice jusqu'au
moment de la cueillette. Plus l'époque de la maturité s'approche, plus ils redoublent de vigilance.
La broche dont nous avons parlé, leur sert ou à
arracher les grains pourris, ou ceux qui ont été
attaqués par quelques insectes. Ils en font usage
aussi pour tirer hors des branches les grappes
que les rayons du soleil ne pourroient frapper,
et pour écarter les feuilles qu'ils ne croient pas
devoir supprimer, mais qui empêcheroient le
raisin de contracter cette belle couleur d'ambre
dans les espèces blanches, et ce beau velouté noir
ou pourpré dans les espèces colorées, qui sont
un témoignage non équivoque de la saveur douce
et de la bonté du fruit. On exécute chacun de ces
procédés avec autant de promptitude que de légèreté. On évite soigneusement de ne porter que
le moins possible la main sur les grappes, afin
de ne pas les priver de cette espèce de duvet aé-
rien qu'on nomme fleur, et qui est une qualité
pour le raisin comme pour la pêche.

Les habitans de Fontainebleau n'ont guère à
redouter les atteintes des insectes et des oiseaux.
Presque toutes leurs treilles sont placées près des

habitations et dans des cours pavées (1), assez proprement tènues pour que les insectes - scarabées n'y puissent trouver d'asyle. Quant aux oiseaux, la présence presque continuelle du cultivateur suffit pour les écarter.

Il est certain que celui qui possède de vastes enclos ou qui est obligé de partager ses soins entre plusieurs genres de culture ne peut mettre la même assiduité dans la direction et l'entretien de ses treilles, qui sont plutôt pour lui un objet d'agrément que d'utilité : mais il ne falloit pas laisser ignorer que les succès extraordinaires qu'obtiennent les habitans de Montreuil, de Fontainebleau et de Tomeri, tiennent aux grands soins qu'ils donnent à cette sorte de culture ; et il faut convenir aussi qu'ils y sont provoqués par un grand intérêt. Revenons aux ennemis des treilles.

Plus elles sont éloignées de la maison, moins on les visite, et plus le raisin est exposé à devenir leur proie. Les rats et les loirs, les mouches, les

_____

(1) Le pavé y produit un autre bien. Autant il seroit déplacé sur un terrein humide, argileux, parce qu'il faciliteroit la pourriture des racines ; autant il est avantageux sur la terre aréneuse et excessivement sèche de ce canton. Le pavé en mettant obstacle à l'évaporation de l'humidité souterraine, la retient au pied des plantes, et, par ce moyen, en favorise puissamment la végétation.

oiseaux, ceux à gros bec sur-tout, lui font une guerre continuelle. Les grains les plus doux, les plus mûrs ou les plus près de la maturité, sont constamment l'objet de leur choix ; ils ne s'y trompent jamais. On tend des assommoirs de quatre-de-chiffre pour détruire les petits quadrupèdes ; on suspend de distance en distance des fioles aux trois quarts remplies d'eau sucrée ou miélée pour attirer et noyer les mouches. Pour soustraire le raisin à la voracité des oiseaux, on a imaginé d'introduire les grappes ou dans des sacs de papier huilé, ou dans des sacs de crin. Mais ces divers moyens ne sont pas sans inconvéniens. Les sacs de papier huilé sont un obstacle à la circulation de l'air, à l'action des rayons du soleil ; le raisin qu'ils enferment mûrit mal et n'est jamais coloré. Ce n'est pas tout : les rats attaquent, mangent ou déchirent ces sacs, et quand ils restent entiers, ils communiquent au raisin un goût de rancidité. Le tissu des sacs de crin est moins serré, l'air pénètre à travers leur tissu : mais le soleil n'atteint pas le fruit qu'ils contiennent. Agités par les vents, pendant les orages et les tempêtes ; les pointes dont leur intérieur est hérissé frappent incessamment les grains, les meurtrissent et les disposent par toutes ces petites plaies à contracter promptement la pourriture. Le raisin ainsi conservé ne peut donc être un fruit de garde ; mais, sous cette enveloppe de crin, il n'est pas même à l'abri l'abri de l'attaque des merles et des geais. Quand aucune autre récolte ne couvre plus la terre, à l'époque où le raisin est le seul fruit qui pende encore aux arbres, ces oiseaux, pressés sans doute par la faim, dirigés par l'instinct que la nature leur a départi, devinent, on ne sait comment, que ces sacs recèlent un aliment précieux; ils les attaquent à coups de bec avec une vigueur, avec un acharnement qui leur assure toujours la victoire, si un coup de fusil tiré à propos ne les frappe de terreur et ne les disperse. Quelque mobiles que soient les épouvantails, quelque forme grotesque qu'on leur donne, quelque soin que l'on prenne de les changer souvent, les oiseaux s'y habituent et ne tardent pas à les braver. Mais j'ai vu des treilles voisines même des grands bois, où ces animaux sont plus nombreux que par-tout ailleurs, entièrement garanties de leurs attaques, par l'attention qu'on avoit de tirer quelques coups de fusil le long des murs, à trois différentes époques de la journée; le matin à une demi-heure de soleil; vers midi; et le soir, une ou deux heures avant le coucher de cet astre. On répète ces explosions pendant quelques jours de suite; on étend d'abord quelques uns de ces petits picoreurs sur la place; et cet exemple ne reste pas sans effet.

On connoît le plus haut point de maturité auquel le raisin puisse parvenir dans le climat où l'on habite, par la couleur des grains, par la pâ-

leur des feuilles , et sur-tout par le dessèchement
du péduncule et de la rafle. Tandis que la queue
du raisin et sa grappe sont encore vertes, c'est une
preuve que la séve y circule et qu'elle parvient
jusqu'au grain ; ainsi il n'est pas encore parvenu
au degré de maturité auquel il est susceptible
d'atteindre. Mais dès que la rafle et son péduncule
sont devenus de couleur brune , dès qu'ils ont pris
une consistance tout-à-fait ligneuse, ils ne filtrent
plus de séve; ils n'ont plus rien à communiquer
au fruit : il est tems de le cueillir. Nous avons cité
quelques bons vignobles , il est vrai, où l'on est
dans l'usage de laisser le raisin aux ceps assez
long-tems encore après cet indice de sa maturité,
pour lui faire perdre son eau surabondante, pour
concentrer encore le muqueux-sucré. Mais le raisin de treille est destiné à être conservé dans le
fruitier : c'est là qu'il doit se perfectionner. Si on
le laissoit exposé aux premières gelées, son enveloppe durciroit ; il seroit beaucoup moins agréable
à manger.

Soyez encore plus délicat sur le choix d'un
beau jour pour récolter le raisin, que pour cueillir
tout autre fruit ; car , pour se conserver, il veut
être rentré très-sec. A mesure que le coup de ciseaux sépare les grappes de la treille, et que vous
en avez détaché avec une aiguille tous les grains
suspects , étendez légèrement les grappes sur des

claies garnies d'un lit de mousse très-sèche; ne les touchez que le moins possible; isolez-les sur la claie; et quand elle sera couverte d'une simple couche de fruit, faites-la transporter à la maison, comme sur une civière, par deux personnes qui éviteront avec soin les heurts et les secousses. Déposez successivement toutes vos claies en un lieu sec sans toucher au raisin. Il est sans doute inutile de dire qu'elles doivent être placées l'une à côté de l'autre, et non les unes par-dessus les autres. Si la journée du lendemain est belle, sereine, si les nuages n'interceptent point les rayons du soleil, on portera de nouveau, et avec les mêmes précautions, les claies dans le jardin; le raisin y sera exposé à la plus forte chaleur de la saison; après quelques heures on retournera légèrement les grappes, et quand elles seront dégagées de toute humidité extérieure, on les introduira dans le fruitier.

Le lieu le plus propre à leur conservation doit être sec et d'autant moins aéré, que l'humidité s'introduit d'autant plus que l'air pénètre plus aisément, ou se renouvelle plus souvent. Tous les moyens de conserver le raisin, de même que les autres fruits, sont bons, dès qu'ils les mettent à couvert de l'action de l'air, puisque c'est elle qui d'abord le flétrit pour le corrompre bientôt après. Les méthodes suivantes sont incontestablement les plus sûres.

1°. Suspendez les grappes à des cordeaux ou à des gaulettes de bois très-sec, et de manière qu'elles ne se touchent ni les unes ni les autres. Quelques personnes portent l'attention jusqu'à fixer les grappes aux cordeaux ou aux gaulettes avec des fils attachés au petit bout de la grappe. Par ce moyen elles procurent à chaque grain un isolement précieux pour sa conservation. Cette manière de garder le raisin est la plus simple et la plus commune, toutefois quand les circonstances locales se trouvent d'accord avec les soins du surveillant, et que celui-ci ne laisse séjourner à la grappe aucun grain entaché : il n'est pas rare de posséder d'excellens raisins après sept et huit mois de récolte.

2°. Faites faire une ou plusieurs caisses d'un mètre en tout sens, selon la quantité de raisins qu'on veut conserver ; faites garnir leur intérieur de gaulettes ou de ficelles auxquelles vous suspendrez les grappes, sans qu'elles puissent se toucher. Fermez ces caisses ; appliquez un enduit de plâtre sur toutes les jointures ; faites-les transporter à la cave et recouvrir de deux ou trois décimètres de sable fin et très-sec. Le raisin se conserve ainsi très-long-tems ; mais si tôt que chaque caisse est entamée, il faut promptement consommer le fruit.

3°. Choisissez un hectolitre qui ait contenu de bon vin ; arrangez-y les grappes comme ci-dessus ;

refoncez cette pièce ; introduisez-la dans une seconde futaille ; remplissez de vin tout le vide qui les sépare l'une de l'autre, et bouchez exactement. Cette méthode est dispendieuse ; mais elle conserve le raisin pendant une année presque entière.

4°. On prend des cendres de sarment bien tamisées, on les détrempe en consistance de bouillie claire ; on y plonge les grappes à différentes reprises, jusqu'à ce que la couleur des grains ne soit plus apparente ; on les range ensuite dans une caisse, sur un lit des mêmes cendres, non mouillées ; on les recouvre d'un second rang ; celui-ci d'une couche de cendres sèches, et ainsi de suite, jusqu'à ce que la boîte soit remplie. Après l'avoir soigneusement fermée, on la dépose à la cave. Pour servir le fruit, il suffit de le plonger à plusieurs reprises dans de l'eau fraîche ; la cendre s'en détache facilement, et il s'est conservé aussi beau, aussi frais qu'au moment où on l'a cueilli. Cette méthode permet de faire usage d'une partie des raisins sans nuire à la conservation du surplus.

5°. On ensevelit quelquefois le raisin dans de la menue paille bien sèche, lit par lit ; il se conserveroit très-bien ainsi, s'il n'étoit exposé aux ravages des souris.

6°. Si l'on veut borner ses soins à la conservation d'un petit nombre de raisins, il suffit de les isoler sur une planche, et de couvrir chaque grappe avec un vase creux de verre ou de faïence, par exemple, avec des cloches à melons ; on les enveloppe, on les surmonte d'une couche de sable fin ; et le fruit s'y conserve exempt de toute espèce d'atteinte.

Nous terminerons cet article par la description d'un procédé très-ingénieux, employé par un jardinier de la ci-devant Lorraine, pour servir sur la table, même après l'hiver, des ceps garnis de feuilles et de fruits, aussi frais qu'au commencement de l'automne.

Munissez-vous, avant la taille, d'une caisse de trois décimètres de grandeur et de profondeur. Ménagez dans le fond un trou assez grand pour introduire dans cette caisse un sarment qui, par la grosseur de ses nœuds, vous promette du fruit. Faites supporter cette caisse à la hauteur de la branche choisie, par deux crochets fixés dans le mur, ou par des appuis de fenêtre, s'il s'en trouve à portée. Taillez le sarment à deux ou trois yeux au-dessus de la caisse, et remplissez-la de bonne terre. Arrosez abondamment et souvent, car cette terre en caisse se dessèche très-vîte. Le rameau prend racine et pousse bientôt des bourgeons chargés de belles grappes. Quelques tems avant leur maturité, on sépare cette marcotte de la treille, en coupant la mère-branche de celle-ci rez le dessous de la caisse : on retranche toutes les

parties des nouveaux sarmens qui sont supérieurs
à la grappe la plus élevée ; et l'on transporte cette
plante, avant les gelées, dans un lieu où elle soit à
l'abri des grands froids. Il suffit alors de l'arroser
de tems en tems pour posséder, en germinal, ou
même en floréal, des grappes de raisin couronnées
de feuilles et aussi fraîches qu'au moment où on
les cueille à la treille. Il résulte quelques autres
avantages de ce procédé. 1°. Il en résulte, pour
l'année suivante, un plant chevelu dont la bonté
n'est pas équivoque. 2°. Il est un moyen facile et
immanquable de propager certaines espèces qu'on
ne provigne que difficilement. Il ne s'agit, pour
cela, que de retirer au printems le cep de sa caisse,
avec la motte, et de le remettre en pleine terre.
Il souffre si peu de cette transplantation, que, dès
l'automne suivant, il est chargé de fruits comme
l'année d'auparavant. Enfin, il peut être employé
avec le même succès à produire des raisins très-
précoces. Mais alors, au lieu de remettre le cep
en pleine terre, il faut le faire passer, et toujours
en motte, dans une caisse plus grande, la conserver dans un lieu et à une exposition convenables,
l'arroser fréquemment, et tailler le bois très-court.
Si le plant est du Chasselas, il mûrira dès le commencement de messidor. Cette expérience a réussi
à tous ceux qui l'ont faite avec soin.

Après avoir tracé dans cet Ouvrage les principes qui doivent diriger l'agronome intelligent

dans la culture de la vigne, après avoir décrit les méthodes-pratiques les plus usitées pour prolonger sa durée, et en obtenir des raisins doués des qualités les plus spiritueuses et les plus agréables, il est tems de s'occuper du plus précieux de ses produits, DU VIN. Cette liqueur si douce, si amie de l'homme, dont l'usage modéré entretient ses forces, renouvelle sa vigueur, fut long-tems fabriqué par la routine, ou par des méthodes purement locales qui assuraient la prééminence aux vins de certains crûs, sans donner au produit de tous, le plus haut degré de perfection dont ils étoient susceptibles. Il étoit réservé à la chimie moderne, en dévoilant les principes constituans du vin, de tracer les meilleures méthodes à employer dans sa fabrication, d'indiquer les moyens de corriger ses défauts. Quel écrivain pouvoit le faire avec plus de succès que l'homme instruit qui appliqua toujours ses théories savantes aux arts utiles!

Fin du Tome premier.

www.ingramcontent.com/pod-product-compliance
Lightning Source LLC
Chambersburg PA
CBHW060526220326
41599CB00022B/3441